教育部高等学校电子信息类专业教学指导委员会规划教材

高等学校电子信息类专业系列教材·新形态教材

天线理论与工程设计

陈彭　主编

刘璐　肖军　马中华　董建涛　杜渊　副主编

清华大学出版社

北京

内 容 简 介

全书共 9 章。第 1 章介绍天线的概念、基本原理和发展现状。第 2 章介绍天线的辐射原理,详细介绍天线的主要辐射特性参数。第 3 章介绍对称振子天线的辐射原理,并计算其辐射特性参数。第 4 章围绕直线阵列天线的原理和应用,介绍方向图乘积定理、均匀直线阵列的波瓣控制原理和相控阵原理。第 5 章在介绍镜像原理、惠更斯等效原理的基础上,介绍单极子天线、喇叭天线、反射面天线及微带天线等常用天线的辐射原理与参数特性。第 6 章围绕天线仿真技术,介绍矩量法、时域有限差分法等数值算法的求解原理。第 7 章和第 8 章通过天线仿真工程案例分别介绍电磁场仿真软件飞谱 Rainbow-FEM3D 和 HFSS 的主要功能及设计流程。第 9 章介绍天线辐射和阻抗参数的测量方法。

本书适合作为高校通信工程、电子信息工程等相关专业学生学习天线相关课程的教材,也可以作为天线、射频微波技术等领域工程技术人员的自学参考用书。

图书在版编目(CIP)数据

天线理论与工程设计 / 陈彭主编. -- 北京 :清华大学出版社,2024.9. -- (高等学校电子信息类专业系列教材). -- ISBN 978-7-302-67212-8

Ⅰ. TN82

中国国家版本馆 CIP 数据核字第 202470Q9Y1 号

责任编辑:崔 彤
封面设计:李召霞
责任校对:申晓焕
责任印制:宋 林

出版发行:清华大学出版社
    网　　　址:https://www.tup.com.cn,https://www.wqxuetang.com
    地　　　址:北京清华大学学研大厦 A 座　　邮　　编:100084
    社 总 机:010-83470000　　邮　　购:010-62786544
    投稿与读者服务:010-62776969,c-service@tup.tsinghua.edu.cn
    质量反馈:010-62772015,zhiliang@tup.tsinghua.edu.cn
    课件下载:https://www.tup.com.cn,010-83470236
印 装 者:三河市君旺印务有限公司
经　　销:全国新华书店
开　　本:185mm×260mm　　印　张:16.25　　字　数:395 千字
版　　次:2024 年 9 月第 1 版　　印　次:2024 年 9 月第 1 次印刷
印　　数:1~1500
定　　价:49.00 元

产品编号:096943-01

前言
PREFACE

天线作为信息的传输媒介,将电磁波转换为可感知和利用的信号,扮演着桥梁的角色。它们不仅在无线通信系统中发挥着重要作用,也应用于雷达、卫星通信、遥感、天文学和许多其他领域。天线的设计涉及多个学科和技术领域,包括电磁场理论、微波工程、信号处理和材料科学等。本书旨在将这些关键概念和技术结合起来,为读者提供一个全面的指南。

在本书中,我们将从基础的天线理论开始,介绍天线的辐射原理和基本特性。我们将探索不同类型的天线结构,包括线天线、面天线、阵列天线等,并详细讨论它们的特点、性能和设计原则。

除了理论知识,本书还将重点关注实际工程设计,以及天线参数的测量方法和仪器设备的使用。我们将介绍天线设计的常用工具和全波仿真软件,并提供实际案例和应用示例,以帮助读者将理论知识转换为实际应用能力。我们还将探讨天线的性能优化和参数调整方法,以满足不同应用需求。

编写本书的目标是为读者提供一套系统、全面且易于理解的学习资源,以便在天线设计中获得坚实的理论基础和应用技能。无论您是初学者、专业人士还是研究者,希望本书能为您提供帮助。

本书是一本由高校和企业联合编写的教材,由集美大学、中电科思仪科技股份有限公司和无锡飞谱电子信息技术有限公司共同组建编写团队完成编写。首先我要感谢无锡飞谱的高级应用工程师张潜和赵健,虽然他们的名字没能出现在编者名单中,但在本次编写工作中他们表现出了非常优秀的专业能力和团队精神,这进一步增强了我对国产 CAE/EDA 软件的信心。其次我要感谢参与本书编写和出版的所有工作人员、研究生王丽华、林煜萌、王丹、甘宗盛及其他志愿者,由于他们认真细致的工作,本书才能顺利出版。最后我要感谢本书的编写和编辑团队,正是基于他们对教学的钻研,对专业的热爱,才能有这本书的问世。同时也要感谢所有对天线领域作出贡献的科学家和工程师。

由于编者水平有限,书中难免有疏漏和不足之处,恳请读者批评指正! 希望本书能为您提供有关天线理论与工程设计的相关知识,祝愿您在学习、研究和实践中取得成功!

陈 彭

2024 年 8 月

学习建议

教 学 内 容	学习要点及教学要求	课 时 安 排	
		全部	部分
第 1 章　绪论	• 掌握天线的概念 • 理解天线的原理 • 熟悉天线的应用领域 • 掌握天线的分类方法	2	2
第 2 章　天线的辐射原理	• 掌握天线的辐射原理 • 掌握电流元、磁流元的辐射 • 掌握天线的辐射特性参数：辐射方向图、方向性系数、效率、增益系数、极化及辐射场的划分	6	4
第 3 章　对称振子天线	• 掌握对称振子天线的辐射原理 • 掌握对称振子天线的辐射特性参数及电路特性参数 • 熟悉对称振子天线的馈电技术 • 掌握天线的电路特性参数	6	4
第 4 章　直线阵列天线	• 掌握方向图乘积定理 • 掌握均匀直线阵列波束最大指向特性及波束指向控制原理 • 掌握均匀直线阵列栅瓣及栅瓣控制原理 • 了解均匀直线阵列零点及零点宽度 • 掌握均匀直线阵列方向性系数及主瓣宽度 • 掌握均匀直线阵列副瓣位置及副瓣电平 • 理解汉森-伍德亚德端射阵方向性增强原理 • 掌握相控阵基本原理	8	2
第 5 章　常用天线	• 掌握镜像原理及单极子天线辐射特性 • 理解惠更斯等效原理 • 掌握喇叭天线工作原理与辐射特性 • 掌握平面反射器及抛物面反射天线辐射特性 • 掌握微带天线工作原理与辐射特性 • 理解传输线模型与腔膜理论	8	2

续表

教 学 内 容	学习要点及教学要求	课 时 安 排	
		全部	部分
第 6 章　天线的仿真设计原理与技术	• 了解电磁仿真方法基本背景 • 了解矩量法建模与求解原理 • 了解时域有限差分法建模与求解原理 • 掌握不同数值算法的优缺点	2	1
第 7 章　飞谱 Rainbow-FEM3D 天线设计应用	• 了解 Rainbow-FEM3D 软件 • 掌握 Rainbow-FEM3D 软件的计算原理 • 掌握 Rainbow-FEM3D 软件的使用技巧 • 掌握 Rainbow-FEM3D 软件天线设计方法	8	4
第 8 章　HFSS 天线设计应用	• 了解 HFSS 软件 • 了解 HFSS 软件的模型建立和仿真设置 • 掌握参数化建模 • 掌握软件数据处理方法	6	2
第 9 章　天线测量	• 了解天线特性测试方法 • 了解天线自由空间测试场和微波暗室 • 理解天线特性测试的指标参数 • 熟练掌握微波暗室天线方向图、增益、极化测量	4	2

目 录
CONTENTS

视频目录
VIDEO CONTENTS

视 频 名 称	时长/分钟	位　置
201 电流元辐射	3	2.1 节节首
202 辐射方向图	2	2.3.1 节节首
301 对称阵子天线辐射原理	3	3.1 节节首
302 不同长度对称阵子的 E 面方向图	2	3.1 节结尾
303 天线带宽	2	3.4.3 节节首
401 二元阵基本原理	4	4.1 节节首
402 平行排列二元阵例题讲解	6	4.1 节节尾
403 主瓣最大值及波束指向	7	4.2.2 节节首
501 镜像原理	4	5.1.1 节节首
502 导体平面上的单极子天线	3	5.1.2 节节首
503 微带天线结构及工作原理	6	5.3.1 节节首
601 电磁仿真方法简介	4	6.1 节节首
602 积分方程方法的基本原理	7	6.2.1 节节首
603 矩量法简介	4	6.2.2 节节首
701 Rainbow-FEM3D 概述	1	7.1 节节首
702 Rainbow-FEM3D 软件界面介绍	5	7.1.3 节节首
703 Rainbow-FEM3D 仿真设计实例	3	7.3.3 节节首
801 微带贴片天线设计实例	18	8.3.1 节节首
802 对称阵子天线设计实例	17	8.3.2 节节首
803 倒 F 天线设计实例	37	8.3.3 节节首
901 网络分析仪的校准	2	9.3 节节首
902 S 参数测量	2	9.3 节结尾
903 方向图测量	1	9.5 节节首
904 增益测量	1	9.6 节节首

第1章

绪　　论

1.1　天线的概念

人类之间的通信最早是通过语言来完成的。为实现远距离通信,先后又出现了旗语、烟火等可视方法,这些通信方式都利用了电磁波谱中的光波部分。直到近代,电磁波谱中可见光以外的部分无线电波才在通信中得到应用。

麦克斯韦(Maxwell)在 1864 年提出了著名的电磁场方程组,预示了电磁波的存在;1865 年,赫兹(Hertz)采用电火花间隙发射机和环形天线验证了电磁波的存在;1895 年,马可尼(G. Marconi)成功地进行了 2.5km 的电报传送实验;1896 年,波波夫(A. Popov)进行了约 250m 的类似实验;1901 年,借助电磁波马可尼再次发出的信息跨越了大西洋3200km,从英国到达加拿大,开启了电磁波信息传输的时代。

根据 IEEE 有关天线术语的标准定义,天线定义为"辐射或接收无线电波的装置"。换言之,天线提供了由传输线上的导行波向"自由空间"波的转换(接收状态反之),因而可不借助任何中间设备,进行不同地点间的信息传递。除辐射或接收能量外,通常还要求天线能增强某些方向的辐射,并抑制其他方向的辐射。因而,天线除了作为辐射器外,还必须具有方向性。为满足特殊需要,天线可以取各种形式,可以是一段导线、一个口径,也可以是辐射源的组合、反射面等。

发射天线是将导行电磁波(高频电流)转换为在预定方向辐射的空间电磁波的装置;接收天线是将空间的特定电磁波转换为导行电磁波(高频电流)的装置。发射和接收可以在同一个天线上实现,如基站用双工器来实现同一天线的发射和接收;手机用开关来实现同一天线的发射和接收。因此,天线是空间电磁波和导行电磁波(高频电流)的转换器、空间与收发机间的媒介。

1.2　从传输线到天线的变换

图 1-1(a)所示为常规传输线系统(这里假定为无耗理想传输线),图中的激励源为交变源。从图 1-1(a)可见,传输线两臂上的交变电流始终保持等幅反向,信源通过传输线的两臂,直接与负载 Z_L 相连,形成一个不开放的、线路上有连接的闭合回路,该回路中的电流是连续的。

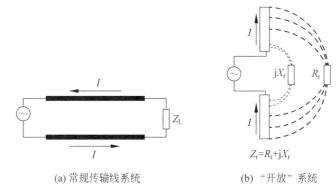

(a) 常规传输线系统　　　　　(b) "开放"系统

图 1-1　传输线与天线之间的类比和演化关系

如果把上述系统中的负载 Z_L 去掉,让传输线的两臂张开,形成图 1-1(b)的"开放"系统,虽然单独依靠传导电流,已无法直接构成物理连接的回路。但开放传输线上仍然能维持某种电流分布 I,它将在空间中建立电磁场分布,形成感应场(如图 1-1(b)中的细虚线所示)和辐射场(如图 1-1(b)中的粗虚线所示)。从等效电路的角度看,系统中一部分能量以辐射的形式从传输线中的一臂"流出",耦合到自由空间中无穷远处的辐射电阻 R_r 上,然后又通过辐射的形式从另一臂"返回"到系统中,另一部分则在两臂附近作电磁振荡并维持其感应场,对外等效成辐射电抗 jX_r。于是,激励源的能量就能等效地"消耗"在假想的辐射阻抗 Z_r 上,而且仍然能维持起完整的广义闭合回路。对照图 1-1(a)中对常规传输线系统的描述,不妨将该过程进行如下表述:在如图 1-1(b)所示的天线(开放的传输线)系统中,天线两臂的交变电流 I 始终保持等幅同相,信源通过天线的两臂,间接与天线以外的辐射阻抗 Z_r 相连,形成一个开放的、线路上无连接的空间闭合回路,该回路中的电流同样是连续的。

通过纯粹物理概念上的定性类比,结合电磁场的基本理论,可以得出以下结论。

(1) 传输线通过"传导"的方式,形成一个"线路有连接"的闭合回路,这是一种从"电路"角度来理解的、由"传导电流"(conductive current)维持起来的(常义)"闭合回路"。

(2) 天线通过"感应+辐射"的方式,形成一个"线路无连接"的空间闭合回路,这是一种从"电磁场"角度来理解的、由"传导电流"和"位移电流"共同维持起来的"广义闭合电路"。

(3) 两种回路均满足麦克斯韦方程组对全电流连续性的要求(安培环路定律)。

(4) 传导电流表征"传输线效应",位移电流表征"天线效应"。

(5) 利用位移电流所形成的"空间连接"广义闭合电路,可以通过电磁波实现能量和信息的远距离传输和耦合,进而实现其接收和恢复,这就是"无线传输"(包括通信、遥感、识别和能量传输等不同用途)得以实现的基本原理。

为了更定量而精确地描述上述物理过程与以上 5 点结论,提出描述全电流安培环路定律的积分方程(麦克斯韦方程组)中第一个旋度方程,即

$$\oint \boldsymbol{H} \cdot \mathrm{d}l = \int_S \left(\boldsymbol{J}_c + \varepsilon \frac{\partial \boldsymbol{E}}{\partial t} \right) \cdot \mathrm{d}\boldsymbol{S} = \int_S (\boldsymbol{J}_c + \boldsymbol{J}_d) \cdot \mathrm{d}\boldsymbol{S} = \begin{cases} \int_s \boldsymbol{J}_c \cdot \mathrm{d}s, & (\boldsymbol{J}_d = 0) \\ \int_s \boldsymbol{J}_d \cdot \mathrm{d}s, & (\boldsymbol{J}_c = 0) \end{cases} \tag{1-1}$$

对照安培环路定律的积分表达式可知,无论线路上是否有连接,也无论工作频率高低,方程的左侧总是磁场强度 $\boldsymbol{H}$ 关于封闭曲线(磁场通过的"闭合回路")的积分,说明"闭合回

路"的条件在电磁场(电路)现象中总是普遍存在的,这样一个"闭合回路",正是依靠电流(流经该闭合围成面积)的连续性维持起来的。这种电流连续性既可以由传导电流 $\boldsymbol{J}_c$ 和位移电流 $\boldsymbol{J}_d$ 共同维持("全电流"),也可以由二者之一维持起来。因此,从前述 5 点结论出发,还可以进一步得到 4 个推论。

(1) 对于理想传输线(有线,以"传导"方式传输"导行电磁波")的情况,闭合回路是线路连接的"狭义闭合回路",其中只有传导电流分量($\boldsymbol{J}_d=0$),对外不产生辐射,全电流积分方程只描述电磁波的传导效应。

(2) 对于理想天线(无线,以"感应＋辐射"方式传输"自由电磁场和电磁波")的情况,闭合回路则是空间连接的"广义闭合回路",其中只有位移电流分量($\boldsymbol{J}_c=0$),全电流积分方程描述电磁波的感应和辐射效应。

(3) 然而,对于天线物理可以实现的情况,总是两种电流都存在,即:传导电流分布于天线所在的位置(源区),而在源区以外的区域(感应场区和辐射场区)则只有位移电流,两者共同维持起广义闭合回路中的全电流连续性,故全电流积分方程既描述电磁波的传导效应,又描述其感应和辐射效应。

(4) 在交流工作状态下,任何电路都是既有传输线效应又有天线效应的($\boldsymbol{J}_c$ 和 $\boldsymbol{J}_d$ 均不等于 0),尤其是在电路和元器件的尺寸与其工作波长可比拟的情况下,上述两种效应是同等显著的。

基于上述 4 个推论,在设计射频电路时,需要设法降低电路走线和布局产生的感应与辐射效果,避免寄生耦合给传输线路带来串扰和振荡;而设计天线时,既要设法提高天线单元的辐射效率,又要尽量降低传输线和电路耦合辐射对天线性能的影响。可见,与常规低频电路设计相比,射频电路和天线的设计不仅需要用到"路"的分析方法,更多情况下还需要借助"场"的基本理论,而且要根据不同的实际需求,分别对上述效应加以规避或利用。

1.3 天线的应用

1. 广播电视

广播电视是通过无线电波或导线传播声音、图像、视频的新闻传播工具。只播送声音的,称为声音广播;播送图像和声音的,称为电视广播。广播电视天线是无线广播电视传输及接收系统中的重要设备之一。

在广播电视发射天线中应用较为广泛的是蝙蝠翼天线,蝙蝠翼天线是在对称振子的基础上发展起来的,该天线具有较宽的频带,在高层建筑上风阻小,可采用整体结构设计生产,坚固轻巧,易于使用。

2. 无线通信

无线通信是指多个节点间不经由导体或缆线传播进行的远距离传输通信,包括移动通信、卫星通信、短波通信和微波通信等不同形式。在无线通信方式中,信号借助电磁波通过地球及其周围的空间区域,由发射端传送到接收端。图 1-2 给出了无线通信系统的简单框图,从工作过程来看,任何一个无线通信系统都应包含电磁波的发射、接收和传播三个过程,而发射和接收电磁波都需要使用天线。

移动通信是应用最广泛的无线通信形式,采用频段遍及低频、中频、高频、甚高频和特高

图 1-2　无线通信系统的简单框图

频。移动体与移动体之间通信时,必须依靠无线通信技术;而移动体与固定体之间通信时,除了依靠无线通信技术还依赖有线通信技术,如公用电话交换网(PSTN)、数据库(VLR/HLR)和基站控制器(BSC)等。移动通信为人们随时随地、迅速可靠地与通信的另一方进行信息交换提供了可能,适应了现代社会信息交流的迫切需要。

第五代移动通信(5G 通信)网络为目前最先进的商用移动通信网络,总体网络架构如图 1-3 所示。截至 2022 年 7 月底,我国累计建成开通 5G 基站 196.8 万个,5G 移动电话用户达到 4.75 亿户,已建成全球规模最大的 5G 网络,已开通 5G 基站占全球 5G 基站总数的 60%以上,登录 5G 网络的用户占全球 5G 登网用户的 70%以上。

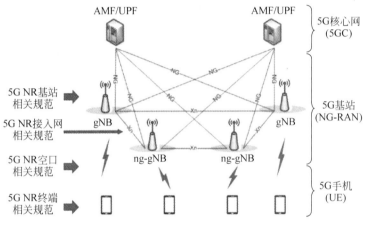

图 1-3　第五代移动通信总体网络架构

卫星通信是指利用人造地球卫星作为中继站在两个或多个地球通信站之间进行的无线电通信。用作无线电通信中继站的人造地球卫星统称为通信卫星。通信卫星转发无线电信号,实现卫星通信地球站(含手机终端)之间或地球站与航天器之间的通信。

除此之外,短波通信也是一种非常重要无线通信手段,它可以通过电离层的反射而达成超远距离的通信。由于其设备小巧,背负式短波电台就可以达成上千千米的通信,因此成为重要的军事通信方式。

而微波通信是使用波长在 1mm～1m 的电磁波进行通信。微波通信具有通信容量大、通信质量好、传输距离远等优点,因此是国家通信网的一种重要通信手段,也普遍适用于各种专用通信网。

3. 雷达

雷达天线是雷达中用以辐射和接收电磁波并决定其探测方向的设备。雷达天线具有将电磁波聚成波束的功能,定向地发射和接收电磁波。雷达的重要战术性能,如探测距离、探测范围测角(方位仰角)精度、角度分辨力和反干扰能力,均与天线性能有关。

雷达的工作机理是电磁波在传播过程中遇到物体会产生反射,当电磁波垂直入射到接近理想的金属表面时所产生的反射最强烈,因此可根据从物体上反射回来的回波获得被测物体的有关信息。雷达必须具有产生和发射电磁波的装置(发射机和天线),以及接收物体的反射波(简称回波)并对其进行检测、显示的装置(天线、接收机和显示设备)。发射与接收电磁波都需要使用天线,根据天线收发互易原理,一般雷达使用收发开关实现收发天线的共用,这样雷达系统就只需要使用一部天线。另外,雷达的天线系统一般需要旋转扫描,因此还需天线控制系统。图 1-4 为雷达系统的组成框图。

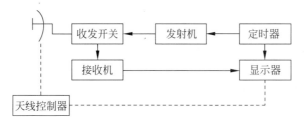

图 1-4 雷达系统的组成框图

4. 定位导航

目前全世界较为成熟的卫星定位导航系统包括美国的全球定位系统(Global Positioning System,GPS)、俄罗斯的格洛纳斯(Global Navigation Satellite System,GLONASS)和中国的北斗卫星导航系统(Beidou Navigation Satellite System,BDS,又称 COMPASS)。

GPS 应用最早,其导航卫星天线主要用来实现导航无源定位信号的播发。为了实现较好的等 EIRP(有效各向辐射功率,Effective Isotropic Radiated Power)用户接收体验,线波束形状为地球匹配波束,波束中心始终指向地球,从 GPS 卫星的高度来看,地球两个边缘之间的视角大约是 27.7°。GPS 天线整体技术方案是采用 12 个螺旋单元组阵方式形成地球匹配波束,阵面安装在卫星的对地面上,这种无源设计具有较高的可靠性。具体实现方式如下:

(1) 天线整机为 12 元平面阵;

(2) 用 8 元+4 元方式分布在两个同心圆上;

(3) 内外圈功率分配不同,并且相位反相,从而达到比较好的地球匹配效果;

(4) 在 GPSIIR 之前,均是由低损耗波束形成网络给天线阵面各单元馈电,波束形成网络将功率一分十二,波束形成网络由同轴电缆和 12 路功分器组成。

北斗卫星导航系统是中国自行研制的全球卫星导航系统,也是继 GPS、GLONASS 之后的第三个成熟的卫星导航系统。相对于 GPS 等其他的定位系统,北斗卫星导航系统具有以下特点。

(1) 北斗卫星导航系统空间段采用三种轨道卫星组成的混合星座,与其他卫星导航系统相比高轨卫星更多,抗遮挡能力强,尤其低纬度地区性能优势更为明显。

(2) 北斗卫星导航系统提供多个频点的导航信号,能够通过多频信号组合使用等方式提高服务精度。

(3) 北斗卫星导航系统创新融合了导航与通信能力,具备定位导航授时、星基增强、地基增强、精密单点定位、短报文通信和国际搜救等多种服务能力。

5. 天文观测

射电望远镜是观测和研究来自天体的射电波的基本设备,可以测量天体射电的强度、频谱及偏振等量。射电望远镜通过天线接收来自遥远天体的电磁辐射信号,分析其强度、频谱和偏振,一般由收集射电波的定向天线,放大射电信号的高灵敏度接收机,信息记录、处理和显示系统等组成。如图 1-5 所示,"中国天眼"是目前世界最大的也是最灵敏的单口径射电望远镜。"中国天眼"的建成使用,可以将我国空间测控能力由月球同步轨道延伸到太阳系边缘,为我国火星探测等深空研究奠定重要基础。

图 1-5 "中国天眼"射电望远镜

6. 射频识别

射频识别(Radio Frequency Identification,RFID)技术,又称为电子标签(E-Tag)技术,是一种非接触式的自动识别技术。其工作原理是标签进入磁场后,接收读写器发出的射频信号,凭借感应电流所获得能量发出存储在芯片上的信息;或者标签主动发出某一频率信号,读写器读取信息并解码后,送到数据管理系统进行数据处理。其原理图如图 1-6 所示。相对于条码、二维码等识别系统,RFID 系统具有读取距离远、可同时读取多个标签、标签可存储数据等优点。

天线、芯片和读写器是射频识别系统的主要组成部分,射频信号通过天线在标签和读写器之间进行传输。如图 1-7 所示,标签由天线和 IC 芯片组成,服务于特定的应用。在 RFID 系统中,天线是通信的桥梁纽带。RFID 标签与周围环境之间的无线通信线路的效率和可靠性直接取决于天线。同时,RFID 系统设计的难点更多集中在标签天线,尤其是天线线路设计上。对于应用于个性化、小规模化定制的特殊场景的 RFID 标签而言,天线设计尤为重要。

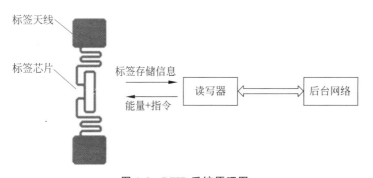
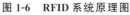

图 1-6 RFID 系统原理图

图 1-7 一种 RFID 标签天线

1.4 天线的分类

天线的形式多样,种类复杂。如表 1-1 所示,为了便于分析可将天线按多种规则分类。

表 1-1 常见的天线种类

分 类 方 法	天 线 种 类
按用途	通信天线、广播天线、雷达天线、导航天线、测向天线等
按工作频段	长波天线、中波天线、短波天线、超短波天线、微波天线等
按方向性	全向天线、定向天线
按极化特性	线极化天线、圆极化天线等
按工作原理	驻波天线、行波天线、阵列天线等
按波束控制法	固定波束天线、电调天线、相控天线、智能天线等
按基本结构	线天线、面天线、缝隙天线、微带天线等
按电尺寸	电小天线、电大天线

习题

1. 天线的应用领域有哪些？
2. 简述我国在天线的应用中有哪些世界领先的成就。

第 2 章

天线的辐射原理

在实际的无线通信系统中,天线位于射频前端模块与自由空间之间。根据天线在无线通信系统中的位置,不妨将天线的定义表述为:将电路中的导行电磁波(简称"导波")转换成空间中自由辐射电磁波的装置。由于天线在无线通信系统中的特殊位置,它不可避免地具有一些独特性质:一方面,天线要实现与前端电路的匹配,必然具有常规导波元件的"电路特性",如阻抗、匹配等;另一方面,天线又是一个开放结构,用来完成导行电磁波和自由传播电磁波的相互转换,具有"辐射特性"。所以必须从"电路特性参数"和"辐射特性参数"两个方面分别描述天线。本章从辐射特性方面对天线进行详细分析。

2.1 电流元的辐射

微课视频

电流元,或称电基本振子,是一段载有高频电流的理想短导线,其长度远远小于波长。电流元上各点电流的振幅相等,相位相同,它是构成各种线式天线的最基本单元,任何线式天线都可以分解为许多电流元,天线在空间中的场可以由这些电流元的辐射场叠加得到。因此,要研究各种线式天线的特性,首先要了解电流元的辐射特性。

设一个时变电流元 Il 位于坐标原点,其长度为 l,沿 z 轴放置,如图 2-1 所示。空间的媒质为线性均匀各向同性的理想介质。根据电流元的定义,l 应很短,沿 l 上的电流振幅相等,相位相同。根据电磁场理论可知,电流元 Il 产生的矢量磁位(只有 z 分量)为

$$\boldsymbol{A}(r)=\frac{\mu Il}{4\pi r}\mathrm{e}^{-\mathrm{j}\beta r}\boldsymbol{e}_z=A_z\boldsymbol{e}_z \tag{2-1}$$

利用球坐标与直角坐标单位矢量之间的互换关系式,可知矢量磁位 $\boldsymbol{A}$ 在球坐标系中的三个分量

$$\begin{aligned}
A_r &= A_z\cos\theta \\
A_\theta &= -A_z\sin\theta \\
A_\varphi &= 0
\end{aligned} \tag{2-2}$$

则电流元产生的磁场强度为

$$\boldsymbol{H}=\frac{1}{\mu}\,\nabla\times\boldsymbol{A}=\frac{1}{\mu r^2\sin\theta}
\begin{vmatrix}
\boldsymbol{e}_r & r\boldsymbol{e}_\theta & r\sin\theta\,\boldsymbol{e}_\varphi \\
\dfrac{\partial}{\partial r} & \dfrac{\partial}{\partial\theta} & \dfrac{\partial}{\partial\varphi} \\
A_r & rA_\theta & 0
\end{vmatrix} \tag{2-3}$$

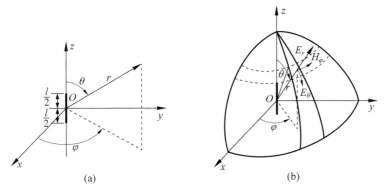

图 2-1 电流元的辐射特性分析

将式(2-2)代入式(2-3)即可求得

$$H_r = 0$$

$$H_\theta = 0$$

$$H_\varphi = \frac{Il\sin\theta}{4\pi r}\left(j\beta + \frac{1}{r}\right)e^{-j\beta r} \tag{2-4}$$

代入麦克斯韦方程组 $\nabla \times H = j\omega\varepsilon E$，有

$$\boldsymbol{E} = \frac{1}{j\omega\varepsilon}\nabla \times \boldsymbol{H} = \frac{1}{j\omega\varepsilon r^2 \sin\theta}\begin{vmatrix} e_r & re_\theta & r\sin\theta e_\varphi \\ \dfrac{\partial}{\partial r} & \dfrac{\partial}{\partial \theta} & \dfrac{\partial}{\partial \varphi} \\ 0 & 0 & r\sin\theta H_\varphi \end{vmatrix} = E_r e_r + E_\theta e_\theta + E_\varphi e_\varphi \tag{2-5}$$

将式(2-4)代入式(2-5)可得

$$E_r = -j\frac{Il\cos\theta}{2\pi\omega\varepsilon r^2}\left(j\beta + \frac{1}{r}\right)e^{-j\beta r} \tag{2-6}$$

$$E_\theta = -j\frac{Il\sin\theta}{4\pi\omega\varepsilon r^2}\left(-\beta^2 r + j\beta + \frac{1}{r}\right)e^{-j\beta r} \tag{2-7}$$

$$E_\varphi = 0 \tag{2-8}$$

式中，相移常数 $\beta = \dfrac{2\pi}{\lambda} = \dfrac{\omega}{\upsilon} = \omega\sqrt{\mu\varepsilon}$。在自由空间中，媒质的介电常数 $\varepsilon = \varepsilon_0 = \dfrac{1}{36\pi}\times 10^{-9}$(F/m)，磁导率 $\mu = \mu_0 = 4\pi\times 10^{-7}$(H/m)。

分析电流元在空间产生的各个磁场分量可知，电流元的电场具有 r 和 θ 两个分量，而磁场只有 φ 一个分量。同时，这 3 个场的分量是互相垂直的，电流元的 3 个场分量分别由其中两项或三项组成，每一项都随着距离 r 的增大而减小。根据距离的远近，把电磁场分成 3 个区来讨论。3 个区分别为远场区($\beta r \gg 1$)、近场区($\beta r \ll 1$)和过渡区。本节主要对远场区内电流元的辐射特性进行讨论。

因为天线通常工作在远场区，所以有实用意义的是辐射远场。当 $\beta r \gg 1$ 时，电流元的磁场主要由含 $1/r$ 的项决定，含 $1/r^2$ 及 $1/r^3$ 的项相比于前者，可忽略不计。电流元的电场和磁场分量可变换为

$$E_\theta = j\frac{Il\omega\mu}{4\pi r}\sin\theta e^{-j\beta r}$$

$$H_\varphi = j\frac{Il\omega\ \sqrt{\mu\varepsilon}}{4\pi r}\sin\theta e^{-j\beta r} \tag{2-9}$$

$$H_r = H_\theta = 0$$

$$E_r = E_\varphi = 0$$

电流元远场区的场所蕴含的物理意义如下。

（1）远场区电场与磁场相互垂直，且与传播方向垂直，电场与磁场的比值等于媒质的本征阻抗，即$\dfrac{E_\theta}{H_\varphi}=\eta$。

（2）远场区电磁场只有横向分量，在传播方向上分量等于零，所以远场区为 TEM 波。

（3）远场区是辐射场。

可以利用坡印廷矢量法计算电流元在远场区产生的辐射功率。用一个球面将电流元包围起来，电流元的辐射功率将全部穿过球面，则电流元产生的总辐射功率为

$$P_r = \oint S \cdot dS = \int_0^{2\pi}\int_0^\pi \frac{\eta}{2}\left|\frac{Il}{2\lambda r}\sin\theta\right|^2 r^2\sin\theta d\theta d\varphi = \frac{\pi\eta}{3}\left(\frac{Il}{\lambda}\right)^2 \tag{2-10}$$

将 $\eta = \eta_0 = 120\pi$ 代入上式中，可得自由空间中电流元的辐射功率为

$$P_r = 40\pi^2 I^2\left(\frac{l}{\lambda}\right)^2 \tag{2-11}$$

得到的辐射功率为有功功率，存在功率的损耗，这是电磁能从电流元表面不断向外辐射引起的。式（2-11）说明在满足远场条件下，功率 P_r 距离 r 的无关，这种功率也称为辐射功率。根据电路理论可知，电阻 R_r 与实功功率 P_r 的关系如式（2-12）所示

$$P_r = \frac{1}{2}I^2 R_r \tag{2-12}$$

可得电流元的辐射电阻为

$$R_r = 80\pi^2\left(\frac{l}{\lambda}\right)^2 \tag{2-13}$$

辐射电阻是用来衡量天线辐射能力的，辐射电阻越大意味着天线向外辐射的功率越大，天线的辐射能力越强。

（4）电流元的辐射有方向性。

电流元的电场分量和磁场分量表明，电流元辐射的强弱与方向有关。远场区电场和磁场都和 $\sin\theta$ 成正比，电流元辐射的强度大小与 θ 有关，而与方位角 φ 无关。沿 z 轴放置的电流元，在 $\theta=0$ 或 $\theta=\pi$ 方向上辐射为零，在 $\theta=\pi/2$ 方向上辐射能力最强。

2.2　磁流元的辐射

与电流元相对应的另一类基本辐射单元称为磁流元，或磁基本振子。虽然实际上并不存在磁流元，但是很多种天线，如载流圆环或缝隙天线等，它们内部及周围的场都相当于一个磁流元的场。除了采用严格复杂的分析推导外，还可以用与电流元场相对比的方法得到磁流元场的相关特性。由于已经对电流元辐射进行了详细的推导，磁流元的辐射就不再赘述。

2.3 天线的辐射特性参数

虽然电磁场表达式可以准确全面地表征天线的辐射特性,但是电磁场表达式不方便实际应用,因此制定了能够简洁定量表征天线辐射特性的参数,其中主要包括辐射方向图、方向性系数、效率、增益系数和极化等。天线作为电磁波的辐射器和接收器,辐射特性是其主要特性,下面逐一介绍这些参数的概念。

2.3.1 辐射方向图

微课视频

辐射方向图可以定义为天线的辐射特性与空间坐标间的函数图形。在大多数情况下,辐射方向图在远场区确定,并表示为方向坐标的函数。

辐射方向图一般选用球坐标系来表示,如图 2-2 所示。坐标原点选在天线的相位中心,观察点 $P(r,\theta,\varphi)$ 位于远场区,此时辐射场就仅有横向分量 E_θ 和 E_φ。

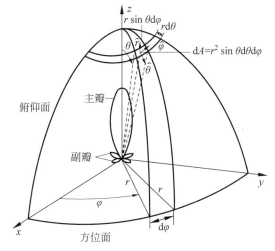

图 2-2 用于天线分析的球坐标系

在距离 r 等于常数的球面上,场强随方向坐标的变化绘制的图形,称为场强方向图。将天线辐射场的表达式在距离等于常数的球面上归一化,使其最大值等于 1,则归一化场强方向图函数的表达式为

$$F(\theta,\varphi) = \frac{E(\theta,\varphi)}{E_{\max}(\theta,\varphi)} \tag{2-14}$$

式中,$E_{\max}(\theta,\varphi)$ 是半径为 r 的球面上 $E(\theta,\varphi)$ 的最大值,电流元的归一化场强方向图的函数为

$$F(\theta) = \frac{E(\theta)}{E_{\max}(\theta)} = \sin\theta \tag{2-15}$$

除了场强方向图,一般还会利用功率方向图来描述天线的辐射特性。功率方向图是表示功率密度的角函数。功率密度可由坡印廷矢量求出。由于远场区只有横向分量,所以坡印廷矢量可表示为

$$S_r = \frac{1}{2}(E_\theta H_\varphi^* - E_\varphi H_\theta^*) \tag{2-16}$$

则归一化辐射功率方向图函数可以用坡印廷矢量来表示

$$P_n(\theta,\varphi) = \frac{S(\theta,\varphi)}{S_{max}(\theta,\varphi)} = |F(\theta,\varphi)|^2 \tag{2-17}$$

电流元的归一化功率方向图函数为

$$P_n(\theta,\varphi) = \sin^2\theta \tag{2-18}$$

三维方向图描述天线的辐射特性较为直观,但在大多数实际应用中,用极坐标更为常见。电流元的三维平面极坐标方向图如图 2-3 所示。

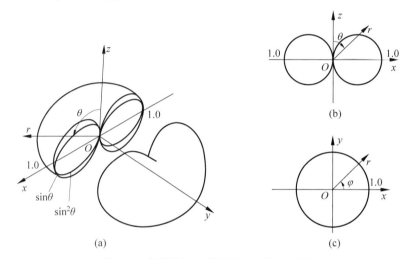

图 2-3　电流元的三维平面极坐标方向图

广义而言,天线的辐射作用分布于整个空间,因而天线的方向图应该是一个分布在三维空间的图形,如图 2-3(a)所示。一般来说,立体的方向图需要用两个互相垂直的剖面上的方向图来概括整个天线的辐射性能。例如图 2-3 所示的线元(电流元或磁流元的统称)的方向图,电流元轴线的平面为 xOz 面和 yOz 面,而垂直于电流元轴线的平面为 xOy 面。与地球形状相比较,前者包含子午线,也被称为子午面,而后者称为赤道面。从图 2-3(b)和图 2-3(c)所示的方向图可以看出,电流元在子午面的方向图呈"8"字形,在赤道面为圆形。这表示电流元在子午面内具有一定的方向性,而在赤道面内无方向性。

强方向性天线的方向图可能包含多个波瓣,分别为主瓣、副瓣和后瓣,如图 2-4 所示。主瓣集中了天线辐射功率的主要部分,主瓣的宽度对天线方向性的强弱有最直接的影响。主瓣最大辐射方向两侧,场强为最大场强的 0.707 倍,即功率密度为最大方向上功率密度一半的两点间夹角,称为半功率点波瓣宽度,用 $2\theta_{0.5}$ 表示。当用分贝表示时,半功率点比最大功率点低 3dB,故半功率波瓣宽度又称为 3dB 波瓣宽度。

主瓣最大方向两侧,第一个零辐射方向间的夹角,称为零点波瓣宽度,用 $2\theta_0$ 表示。图 2-4 和图 2-5 分别为在极坐标的功率方向图以及在直角坐标系中的场强方向图,图中分别给出了它们的半功率点和零点波瓣宽度。主瓣宽度越小,天线辐射能量越集中,定向性越好。对于电流元:$2\theta_0 = 180°$,$2\theta_{0.5} = 90°$。

副瓣方向表征天线不需要辐射或接收的方向。一般来说,希望副瓣的幅度越小越好。

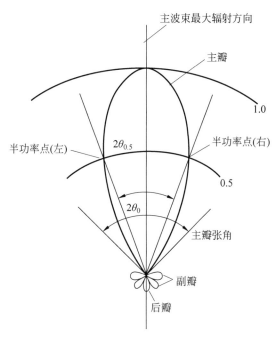

图 2-4 典型的极坐标功率方向图

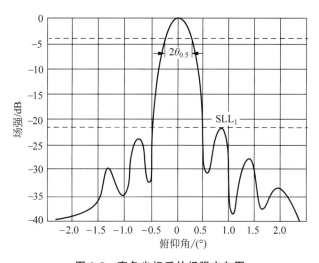

图 2-5 直角坐标系的场强方向图

通常把副瓣方向上的功率密度与主瓣最大辐射方向上的功率密度之比(或相应的场强平方之比)的对数值称为副瓣电平,可用式(2-19)表示

$$SLL_i = 10\lg\frac{P_{i\max}}{P_{\max}} = 20\lg\frac{|E_{i\max}|}{|E_{\max}|}(dB) \tag{2-19}$$

式中,$P_{i\max}$ 表示第 i 个副瓣的功率密度最大值,$P_{\max}$ 表示主瓣的场强最大值,这样可以求出每个副瓣相对于主瓣的电平值,也便于不同副瓣间功率的比较。而工程上副瓣电平值常指最大的一个副瓣的电平,一般是主瓣旁的第一个副瓣,用 SLL_1 表示。正常情况下,副瓣总是小于主瓣,所以副瓣电平的对数值一般为负值。

2.3.2　方向性系数

天线辐射的方向特性(或指向性)是天线的重要特性之一,天线的方向特性可以用方向性函数或方向图表示。方向图可以形象地表示天线的方向性,但不便于与不同的天线之间进行比较。方向图一般只能表示一副天线各个方向辐射的相对大小或比较不同天线的方向性,而不能比较不同天线在同一方向上辐射能量的集中程度。因此,为了比较不同天线把辐射能量集中于某一方向的能力,引入方向性系数 D 来表征辐射电磁能量集中的程度。

方向性系数通常指最大辐射方向的数值,所以方向性系数 D 可定义为,在远场区的某一球面上最大辐射功率密度与其平均值之比,所以方向性系数 D 的定义式可表示为

$$D = \frac{S_{\max}}{S_{\mathrm{av}}} = \frac{|E_{\max}|^2}{|E_{\mathrm{av}}|^2} \tag{2-20}$$

通常采用理想的无方向性天线作为待测天线方向性系数的参考标准。理想的无方向性天线是没有方向性的,在空间各个方向上辐射强度均相等,所以理想的无方向性天线形成的方向图为一个球面,并且是无损耗的。实际上这种天线并不存在,人们常把理想的无方向性天线的方向系数规定为1。

由于理想的无方向性天线的功率与场强均匀分布,所以方向性系数的定义式也可以理解为:在远场区的球面上,相同辐射功率条件下,待测天线最大辐射功率密度(或最大辐射场强振幅的平方值)与理想的无方向性天线产生于同一点的辐射功率密度(或场强振幅的平方值)之比。

下面改写一下定义式,从另外的角度来理解方向性系数的物理概念。因为

$$S_{\mathrm{av}} = \frac{1}{4\pi r^2} \int_{\varphi=0}^{\varphi=2\pi} \int_{\varphi=0}^{\varphi=\pi} S(\theta,\varphi)\sin\theta r^2\,\mathrm{d}\theta\,\mathrm{d}\varphi = \frac{1}{4\pi}\iint\limits_{4\pi} S(\theta,\varphi)\,\mathrm{d}\Omega \tag{2-21}$$

式中,$\mathrm{d}\Omega = \sin\theta\,\mathrm{d}\theta\,\mathrm{d}\varphi$,所以方向性系数 D 可以改写为

$$D = \frac{4\pi S_{\max}(\theta,\varphi)}{\iint\limits_{4\pi} S(\theta,\varphi)\,\mathrm{d}\Omega} = \frac{4\pi}{\iint\limits_{4\pi}\left[S(\theta,\varphi)/S_{\max}(\theta,\varphi)\right]\mathrm{d}\Omega} = \frac{4\pi}{\iint\limits_{4\pi} P_n(\theta,\varphi)\,\mathrm{d}\Omega} \tag{2-22}$$

为了更好地说明波束与方向性系数的关系,这里将引入"波束立体角"(beam solid angle)的概念。

波束立体角可定义为:假如辐射强度恒定且等于最大值,流过某一个立体角的功率等于天线辐射功率,那么该立体角称为波束立体角,可用 Ω_{A} 表示。根据定义可推导得出

$$\Omega_{\mathrm{A}} = \frac{1}{P(\theta,\varphi)_{\max}}\int_0^{2\pi}\int_0^{\pi} P(\theta,\varphi)\sin\theta\,\mathrm{d}\theta\,\mathrm{d}\varphi = \int_0^{2\pi}\int_0^{\pi} P_n(\theta,\varphi)\,\mathrm{d}\Omega \tag{2-23}$$

那么,方向系数 D 可表示为

$$D = \frac{4\pi}{\int_0^{2\pi}\int_0^{\pi} P_n(\theta,\varphi)\,\mathrm{d}\Omega} = \frac{4\pi}{\Omega_{\mathrm{A}}} \tag{2-24}$$

可见,方向性系数等于球面立体角与波束立体角之比。在工程应用中,天线的波束立体角可近似表示为两个主平面内半功率波束宽度的乘积:

$$\Omega_{\mathrm{A}} \approx 2\theta_{0.5\mathrm{E}}2\varphi_{0.5\mathrm{H}} \tag{2-25}$$

方向性系数常用分贝表示,需选择一个参考天线。

（1）若以各向同性天线为参考，分贝表示为 dBi，$D(\text{dBi})=10\log D$。

（2）若以半波偶极子（$D=1.64$）为参考，分贝表示为 dBd，即 $D(\text{dBd})=10\log D-2.15$。

2.3.3　效率

天线的总效率包括辐射效率和馈电效率。一般常说的天线效率特指天线的辐射效率 η_A。

根据能量守恒定律，天线的输入功率一部分向空间辐射，另一部分被天线自身消耗。因此，实际天线的输入功率往往要大于辐射功率。天线的效率是用来衡量天线将高频电流或导波能量转换为电磁波能量的有效程度，是天线的一个重要性能参数。天线的辐射功率与输入功率之比称为天线的辐射效率，用式（2-26）表示

$$\eta_A=\frac{P_r}{P_{in}}=\frac{P_r}{P_r+P_L}=\frac{\dfrac{1}{2}\mid I_{in}\mid^2 R_r}{\dfrac{1}{2}\mid I_{in}\mid^2 R_r+\dfrac{1}{2}\mid I_{in}\mid^2 R_L} \tag{2-26}$$

$$=\frac{R_r}{R_r+R_L}=\frac{R_r}{R_{in}}$$

式中，P_L 为欧姆损耗功率，而实际中，辐射电阻 R_r 常用来度量天线辐射功率的能力。

由式（2-26）得出，要提高天线的效率应尽可能提高辐射电阻，降低天线的损耗电阻。损耗电阻主要来源于天线系统的导体损耗和介质损耗，工程应用中为了降低损耗电阻，常采用导电率较高的金属材料（如铜、铝和银等）和绝缘良好的介质材料（如聚四氟乙烯等）来设计天线。许多天线的效率接近 100%，例如超短波和微波天线因其辐射电阻大、损耗小，效率接近于 100%。而长、中波天线由于工作波长较长、电长度小、辐射电阻小，并且它们与馈线之间的阻抗匹配一般也较差，所以总的效率往往会很低。长、中波天线和电小天线的效率可能低于 10%。通常需要采取一些特殊的措施，比如铺设地网和设置顶负载来改善其效率。

2.3.4　增益系数

以数量的形式表征天线性能的另一重要指标是天线的增益系数。输入功率相同时，天线在最大辐射方向上产生的功率密度（或场强振幅的平方值）与理想的无方向性天线在同一点产生的功率密度（或场强振幅的平方值）之比，称为天线的增益，即

$$G=\frac{S_{max}}{S_0}\bigg|_{P_{in}=P_{in0}}=\frac{\mid E_{max}\mid^2}{\mid E_0\mid^2}\bigg|_{P_{in}=P_{in0}} \tag{2-27}$$

式中，P_{in} 和 P_{in0} 分别为待测天线和理想的无方向性天线的输入功率。在形式上，增益系数与方向性系数十分相像，有时甚至完全相同。但是，方向性系数只从数量上描述天线的方向特性，而增益系数则能同时描述天线的方向特性和效率。与方向性系数相似，增益系数通常指最大辐射方向的数值。

增益系数也可以定义为：在天线最大辐射方向上产生相等电场强度的条件下，理想的无方向性天线所需的输入功率与被测天线的输入功率之比，即

$$G=\frac{P_{in0}}{P_{in}}\bigg|_{\mid E_{max}\mid=\mid E_0\mid} \tag{2-28}$$

　　若假定理想的无方向性天线的效率 $\eta_{A0}=1$，因为 $P_\Sigma=\eta P_{in}$，此时理想的无方向性天线的辐射功率等于输入功率，那么由上述关系可以得到增益与方向性系数和效率之间的关系为

$$G=\frac{P_{in0}}{P_{in}}=\frac{P_{\Sigma 0}}{P_\Sigma}\cdot\eta=\eta D \tag{2-29}$$

　　在超短波、微波波段，常用理想的无方向性天线作为参考天线，所以天线的相对增益系数为

$$G'=\eta D \tag{2-30}$$

　　在短波波段，常用自由空间中无耗半波振子作为参考天线，而自由空间中半波振子在最大辐射方向的方向系数为 1.64，所以天线相对于半波振子的相对增益系数为

$$G'=\frac{\eta D}{D_{\lambda/2}}=\frac{\eta D}{1.64}=\frac{G}{1.64} \tag{2-31}$$

　　增益亦可用分贝表示，即

$$G(dB)=10\log G \tag{2-32}$$

　　为了表明计算增益系数时所用参考标准的类型，以对数表示的增益系数的单位有 dBi 与 dBd。dBi 表示以理想的无方向性天线为参考，dBd 表示以半波对称振子天线为参考。半波对称振子天线本身的增益值为 2.16dBi，所以，同一天线以 dBi 为单位时的增益值要比 dBd 为单位的值高出 2.16dB。

　　在实际天线增益的测试中，可以通过比较待测天线和一个已知增益的参考天线，在相同输入功率下所辐射的最大功率密度，获得待测天线的增益值。待测天线和参考天线的增益计算公式分别如式(2-33)和式(2-34)所示

$$G(待测天线)=\frac{S_{max}(待测天线)}{P_{in}/4\pi r^2} \tag{2-33}$$

$$G(参考天线)=\frac{S_0(参考天线)}{P_{in}/4\pi r^2} \tag{2-34}$$

所以，可以由已知增益的参考天线测出待测天线的增益值

$$G(待测天线)=\frac{S_{max}(待测天线)}{S_0(参考天线)}G(参考天线) \tag{2-35}$$

2.3.5　极化

　　天线的极化是在最大辐射方向上电磁波的极化，即在远场区天线最大辐射方向上某一固定位置上电场矢量的末端随时间变化所描绘的轨迹。它描述了电场矢量的方向和相对幅度随时间变化的状态。根据电场矢量末端所描述的轨迹可以将天线的极化形式分为三大类：线极化、圆极化和椭圆极化，如图 2-6 所示。

　　为了更加直观地分析不同极化方式，利用电场对不同极化方式进行定量分析。电场矢量的两个正交分量可分别表示为

$$\boldsymbol{E}_x=a_x E_{xm}\cos(\omega t-\beta z+\varphi_x) \tag{2-36}$$

$$\boldsymbol{E}_y=a_y E_{ym}E_{xm}\cos(\omega t-\beta z+\varphi_y) \tag{2-37}$$

沿 $+z$ 方向传播的电磁波，电场矢量的末端点轨迹可以表示为

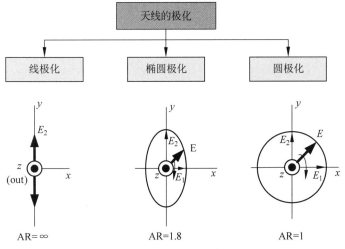

图 2-6　天线极化分类图

$$\boldsymbol{E} = \boldsymbol{E}_x + \boldsymbol{E}_y = \boldsymbol{a}_x E_{xm} \cos(\omega t - \beta z + \varphi_x) + \boldsymbol{a}_y E_{ym} \cos(\omega t - \beta z + \varphi_y) \quad (2\text{-}38)$$

$$\tan\varphi = \frac{E_{ym}\cos(\omega t - \beta z + \varphi_y)}{E_{xm}\cos(\omega t - \beta z + \varphi_x)} \quad (2\text{-}39)$$

1. 线极化

从图 2-7 可看出,线极化的夹角不随时间变化,$\boldsymbol{E}$ 矢量末端点的轨迹不随时间变化,在传播过程中,末端点的轨迹为一直线,故称为线极化。

两正交分量同相或反相,振幅比为任意常数。此时合成的电场矢量 $\boldsymbol{E}$ 为线极化,其斜率为两分量振幅比

$$\tan\varphi = \pm\frac{E_y}{E_x} = \pm\frac{E_{ym}}{E_{xm}} = 常数 \quad (2\text{-}40)$$

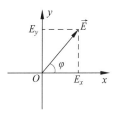

相对于地而言,线极化存在两种特殊情况:合成的电场矢量 $\boldsymbol{E}$ 平行于地面,形成水平极化,垂直于地面时则为垂直极化。

图 2-7　线极化电场的分解图

2. 圆极化

如果 $E_{xm} = E_{ym}$,$\varphi_x - \varphi_y = \pi/2$,即 E_x、E_y 等幅,E_x 超前 E_y 相位 $\pi/2$,

$$\tan\varphi = \tan(\omega t - \beta z + \varphi_x) \quad (2\text{-}41)$$

$$\varphi = \omega t - \beta z + \varphi_x \quad (2\text{-}42)$$

当 z 等于常数时,$\boldsymbol{E}$ 矢量末端点的轨迹为圆,夹角随着时间 t 增加发生旋转,旋转方向与传播方向构呈右手螺旋关系,故称为右旋圆极化,如图 2-8(a)所示。

同理,若 z 等于常数时,$\boldsymbol{E}$ 矢量末端点的轨迹为一圆,夹角随时间 t 增加发生旋转,旋转方向与传播方向构成左手螺旋关系,故称为左旋圆极化,如图 2-8(b)所示。

尤其要注意,左(右)旋极化天线只能辐射和接收左(右)旋极化波,但是左(右)旋极化波的反射波为右(左)旋极化。

3. 椭圆极化

电场矢量的末端点轨迹是椭圆,所以称为椭圆极化。当 E_x 相位超前 E_y 相位时,为右

旋圆极化,否则为左旋椭圆极化。椭圆极化分解图如图 2-9 所示。

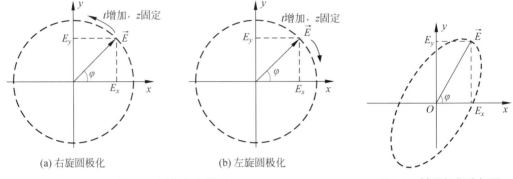

(a) 右旋圆极化   (b) 左旋圆极化

图 2-8   圆极化分解图   图 2-9   椭圆极化分解图

极化的定义是以坐标 z 固定,时间 t 增加时的旋转方向来判断左旋还是右旋的。如果以时间 t 固定,而坐标 z 增加看电场矢量的轨迹,由于 $\omega t - \beta z$ 中 t 和 z 的符号相反,故旋转情况将会相反。

一般来说,为了保证天线的有效工作,接收天线和来波电场(发射天线发射的电磁波电场方向)的极化方式必须相互匹配,否则会出现极化失配,产生极化损耗,从而造成系统可靠性和系统容量的下降。因此,引入极化损耗因子 PLF 来描述极化匹配的程度:

$$PLF = \cos^2 \psi_p \tag{2-43}$$

式中,ψ_p 是接收天线与来波电场的极化方向间的夹角。来波的极化方式主要取决于发射天线的极化方式。因而,PLF 取决于发射和接收天线的相对极化方向。以图 2-10 线极化天线的极化匹配情况为例对极化损耗进行分析,其中图 2-10(a)表示发射和接收天线的极化一致,极化方式完全匹配,没有极化损耗,此时 $\psi_p = 0$,PLF=1;图 2-10(b)表示两者的极化方式之间相差夹角 ψ_p,此时接收功率损失为 PLF=$\cos^2 \psi_p$;图 2-10(c)表示两者的极化正交,极化方式完全失配,无法接收到信号,则 PLF=0。椭圆极化(包括圆极化)天线的极化损耗同时与接收及发射天线的极化形式、极化倾角和旋向等因素相关。

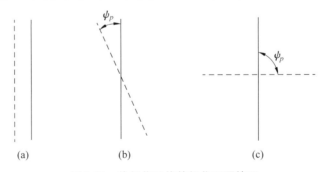

(a)   (b)   (c)

图 2-10   线极化天线的极化匹配情况

不同极化形式的天线也可以互相配合使用,比如线极化天线可以接收圆极化波,但效率极低,因为只能收到两个分量之中的一个分量。圆极化天线可以有效地接收旋向相同的圆极化波或椭圆极化波,但旋向不一致不能接收。

在实际通信中,一般采用线极化天线。但在某些场合,如设备存在剧烈的摆动或旋转以及地磁的影响,电波在经过电离层后,极化平面发生变化时,则采用圆极化天线,因为圆极化天线可以接收任意取向的线极化波。例如，人造卫星或导弹在空中沿一定轨道运动时，其天线的指向经常改变，采用圆极化天线来跟踪，不会使目标丢失。

实际应用中，由于材料和工艺的非理想性，天线表面总会激发起不同方向上的电流分布，而不可能只有一种极化方式。由于电流分布强弱的不同，不同极化分量的强度也不一样，总有一种或两种极化分量占优势。所以，在工程应用中将天线主要的极化方式称为主极化，将与之正交、幅度较弱的极化方式称为交叉极化。与波的极化定义类似，天线的线极化和圆极化都是椭圆极化的特例。一般情况下，会要求天线的交叉极化电平越小越好。

2.4　辐射场的划分

任意取场点 P，点 P 到坐标原点的距离矢量为 r。在天线上任取一源点 M，源点 M 到坐标原点的距离矢量为 r'，令源点 M 到场点 P 的距离矢量为 R，那么 $R=r-r'$，如图 2-11 所示。

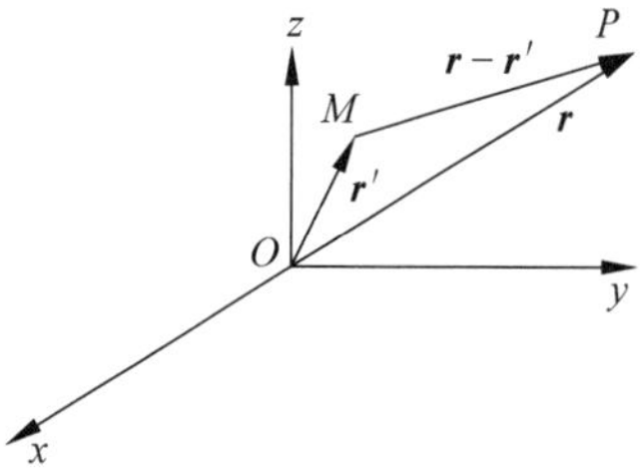

由 2.1 节可推知，天线辐射场的解析是通过计算磁矢位 A 得到的。

$$A = \iiint\limits_{v'} J\, \frac{\mathrm{e}^{-\mathrm{j}kR}}{4\pi R}\mathrm{d}v' \qquad (2\text{-}44)$$

式中，R 是源点到场点的距离，在直角坐标系中

$$R = \sqrt{(x-x')^2 + (y-y')^2 + (z-z')^2} \qquad (2\text{-}45)$$

图 2-11　场点和源点

在球坐标系中

$$R = |\, r-r' \,| = (r^2 - 2r\cdot r' + r'^2)^{1/2} = (r^2 - 2rr'\cos\alpha + r'^2)^{1/2} \qquad (2\text{-}46)$$

式中，α 是 r' 与 r 的夹角。由于被积函数的复杂性，式(2-44)的积分一般无法实现。为了得出 R 的近似表达式，采用二项式定理将式(2-46)展开

$$R = r - r'\cos\alpha + \frac{1}{r}\left(\frac{r'^2}{2}\sin^2\alpha\right) + \frac{1}{r^2}\left(\frac{r'^3}{2}\cos\alpha\sin^2\alpha\right) + \cdots \qquad (2\text{-}47)$$

若 r' 小于 r，随着 r' 幂次的增加，级数中的项减小。R 的表达式[式(2-47)]用于辐射积分式[式(2-44)]不同阶的近似。

2.4.1　远场区

在远场区，由于 r 比天线尺寸大很多，$r \gg r' \geqslant r'\cos\alpha$ 在式(2-44)的分母中(仅影响幅度)，令

$$R \approx r \qquad (2\text{-}48)$$

在相位项 $-kR$ 中，R 必须精确。

$$R \approx r - \hat{r}\cdot r' = r - r'\cos\alpha \qquad (2\text{-}49)$$

式(2-48)和式(2-49)称为远场近似，远场近似具有简单的几何解释。若由源上各点画平行射线，如图 2-12 所示，式(2-49)很容易验证。平行射线的假设仅当场点在无限远时是严格的，但当场点在远场区时平行射线的假设是个很好的近似。辐射的计算通常由假设平行射线开始，而后用几何的方法确定相位项中的 R。

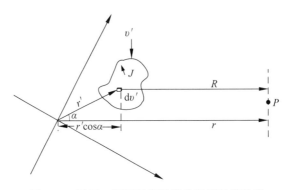

图 2-12 用于一般源远场计算的平行射线近似

根据以上分析,远场区起始的距离 r_{ff} 应为平行射线的假设不再能成立的距离。确切地说,r_{ff} 是由于忽略式(2-47)中级数的第三项引起的路程偏差($\lambda/16$)对应的相位差 $\left(\dfrac{2\pi}{\lambda}\cdot\dfrac{\lambda}{16}=\dfrac{\pi}{8}\,\mathrm{rad}=22.5°\right)$ 的 r 值。

若 L 为天线的最大尺寸,可令式(2-47)第三项的最大值,也就是 $r'=L/2,\alpha\approx90°$,等于十六分之一波长

$$\frac{(L/2)^2}{2r_{ff}}=\frac{\lambda}{16} \tag{2-50}$$

得出

$$r_{ff}=\frac{2L^2}{\lambda} \tag{2-51}$$

远场条件如下

$$r>\frac{2L^2}{\lambda} \tag{2-52}$$

$$r\gg L \tag{2-53}$$

$$r\gg\lambda \tag{2-54}$$

$r\gg L$ 条件保证幅度近似式(2-48),$r\gg\lambda$ 条件保证远场仅取 r^{-1} 项。一般对于工作在 VHF 或以上频段的天线,$r>2L^2/\lambda$ 是远场的充分条件。在低频,天线可能比波长小,为满足式(2-53)和式(2-54)远场距离可能大于 $2L^2/\lambda$。

$r>2L^2/\lambda$ 为远场区,在这个区域内,电场、磁场和传播方向两两之间相互垂直。电场、磁场满足平面波关系。天线辐射实功率,辐射场占主导,场的角分布与距离无关。

2.4.2 辐射近场区

若观察者的距离小于 $2L^2/\lambda$,近似式(2-49)产生的波程差大于 $\lambda/16$。为了保证波程差小于 $\lambda/16$,必须保留式(2-47)中级数的第三项

$$R=r-r'\cos\alpha+\frac{1}{r}\left(\frac{r'^2}{2}\sin^2\alpha\right)+\frac{1}{r^2}\left(\frac{r'^3}{2}\cos\alpha\sin^2\alpha\right)+\cdots$$

$$R\approx r-r'\cos\alpha+\frac{1}{r}\left(\frac{r'^2}{2}\sin^2\alpha\right)=r-r'\cos\alpha+\frac{r'^2}{2r}\sin^2\alpha \tag{2-55}$$

将第四项对 α 求导,并令其等于零,可求出第四项的最大值所对应的 α 角

$$\frac{\partial}{\partial\alpha}\left[\frac{1}{r^2}\left(\frac{r'^3}{2}\cos\alpha\sin^2\alpha\right)\right]=\frac{r'^3}{2r^2}\sin\alpha\left[-\sin^2\alpha+2\cos^2\alpha\right]=0 \tag{2-56}$$

若取 $\alpha=0$，第四项等于零为最小值，因而取

$$\left[-\sin^2\alpha+2\cos^2\alpha\right]_{\alpha=\alpha_m}=0 \tag{2-57}$$

$$\alpha_m=\arctan(\pm\sqrt{2}) \tag{2-58}$$

将式(2-57)、式(2-58)代入第四项

$$\frac{(L/2)^2}{r^2}\cos\alpha_m\sin^2\alpha_m=\frac{2}{3}\frac{L^3}{16r^2}\left(\frac{1}{\sqrt{3}}\right)=\frac{L^3}{24\sqrt{3}r^2}=\frac{\lambda}{16} \tag{2-59}$$

由此可得出

$$r=0.62\sqrt{\frac{L^3}{\lambda}} \tag{2-60}$$

$0.62\sqrt{L^3/\lambda}\leqslant r<2L^2/\lambda$ 为辐射近场区，在这个区域范围内，辐射功率密度大于无功率密度，场方向图是径向距离 r 的函数，并且可能有相当大的径向场分量。

2.4.3 感应近场区

$0<r<0.62\sqrt{L^3/\lambda}$ 为感应近场区，在这个区域范围内，无功功率占主导。

总之，天线周围的空间可划分为三个区域，主要分为感应近场区、辐射近场区和远场区。三个区域的场结构具有明显差别，但无严格界限，越过区域边界，场结构不发生突变。天线场区的划分图如图 2-13 所示。

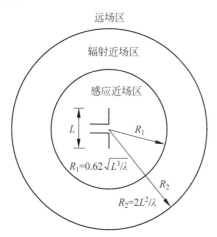

图 2-13 天线场区的划分图

习题

1. 简述电流元辐射原理。
2. 简述方向性系数与增益的关系。
3. 简述天线的场区划分及理由。

第 3 章

对称振子天线

任何一个高频电路,只要不是完全屏蔽起来,都可以辐射或接收电磁波。但是这样的高频电路不能作为天线使用,因为它接收或辐射电磁波的能力很差,因此天线在辐射性能上必须满足一定的要求。

例如,由放大元件和振荡回路所组成的自激式振荡器可以产生高频振荡的电磁能,但这时电能全部集中在电容器的极板之间,而磁能则全部集中在电感线圈内,电磁能被束缚在一个很小的范围内,不易向空间辐射。

如果将振荡回路展开,使电磁场分布在空间很大的范围,这将为辐射提供有利条件。实际上展开的振荡电路就是一个最简单的天线。随着波长的缩短,电感和电容可以用长线来代替,这就构成了简单的对称振子天线。

对称振子天线是最基本、最常用的天线,由它可以变形并衍生出丰富的其他天线种类。本章从最简单的对称振子天线开始展开讨论,介绍对称振子天线辐射的基本原理、性质和馈电技术。

微课视频

3.1 对称振子天线的辐射原理

对称振子(也称偶极子)可视作由图 3-1 所示的终端开路平行双线向外张开 $180°$,对称振子的两臂长度均为 l、半径为 a 且振子无限细满足 $2a \ll l$ 条件,振子的中心接高频交变源作为激励。

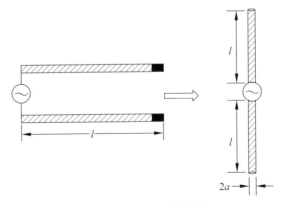

图 3-1 对称振子的结构

　　在对称振子的中心馈以交变源,振子上就会维持一定的电流分布,从而在周围空间产生辐射。如果已知振子上的电流分布,便容易求出振子远场区的辐射场。一般来说,如果要严格求解振子周围的场,需要采用比较复杂的数学推导。因此,工程上经常采用近似的估算方法和实验来确定振子上的电流分布,这种方法就是所谓的"长线法",即把振子看成由平行双线的两臂向外张开而成,两臂上的电流仍然与张开前一样。

　　如图 3-2 所示,无限细振子上的电流分布和无耗开路长线上的电流分布是很接近的,均为正弦分布,粗振子的电流分布与正弦分布略有差别,但差别较小,只是在波节点(终端节点除外)附近差别稍大。由于振子周围的电磁场主要由幅度较大的电流决定,而电流节点附近电流极小,即使有所差别,对场的影响也不大,所以在分析对称振子的辐射场时,可以近似分析为:对称振子上的电流分布是正弦分布,振子终端是电流波节,电流分布关于振子中心对称,两臂上的电流大小相等、相位相同。根据电流分布,可依次推算出其位函数和辐射场函数。假定振子的中心与坐标原点重合,振子放置在 z 轴上,则电流分布可以写为

$$\dot{I}(z) = I_{\mathrm{m}} \sin\left[\beta(L/2 - z)\right] \tag{3-1}$$

式中,I_{m} 为电流分布复振幅的最大值,β 为相位常数或波数($\beta = 2\pi/\lambda$),L 为振子的物理长度。振子全长 L 为半个波长($\lambda/2$)的情况,称为半波振子;振子全长为一个波长(λ)的情况,称为全波振子。半波振子与全波振子的电流分布已在图 3-2 中给出。

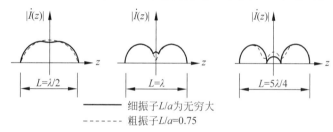

图 3-2　对称振子上的电流分布

3.2　对称振子天线的辐射特性参数

　　对于线性媒质来说,麦克斯韦方程和边界条件都是线性方程,可以应用叠加定律把无数小段电流元(基本振子)的场叠加起来,叠加结果就是对称振子天线的总辐射场。

　　电流为 I_Z 的电流元辐射场为

$$E_\theta = \mathrm{j}\frac{I_Z \omega\mu}{4\pi r}\sin\theta\, \mathrm{e}^{-\mathrm{j}\beta r} \tag{3-2}$$

$$\mathrm{d}E_\theta = \mathrm{j}\frac{60\pi I_z\, \mathrm{d}z}{\lambda r}\sin\theta\, \mathrm{e}^{-\mathrm{j}\alpha r} \tag{3-3}$$

　　如图 3-3 所示,设对称振子天线沿 z 轴放置,中心设置在原点上,为对称振子天线建立球面坐标系,则对称振子天线上的电流分布为

$$I = I_{\mathrm{m}} \sin\beta(h - |z|) \tag{3-4}$$

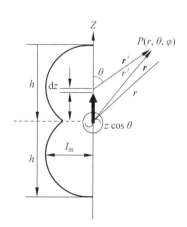

图 3-3　球面坐标系下对称振子的辐射场

式中,h 为振子天线的臂长,z 为电流元与坐标原点的距离。

取远场中任意的观察点 $P(r,\theta,\varphi)$,$\boldsymbol{r}$ 是对称振子天线中点到观察点 P 的距离矢量,$\boldsymbol{r}'$ 是振子臂上任意的元天线 $\mathrm{d}z$ 到观察点的距离矢量,θ 是振子轴与 $\boldsymbol{r}'$ 的夹角。则由式(3-3)、式(3-4),$\mathrm{d}z$ 的辐射场为

$$\mathrm{d}E_{\theta} = \mathrm{j}\,\frac{60\pi}{\lambda}\sin\theta I_{\mathrm{m}}\sin\beta(h-\mid z\mid)\frac{\mathrm{e}^{-\mathrm{j}\beta r'}}{r'}\mathrm{d}z \tag{3-5}$$

该对称振子天线总长为 L,为了获得对称振子天线远场区的辐射场,应对式(3-5)在整个天线上积分

$$E_{\theta} = \mathrm{j}\,\frac{I_{\mathrm{m}}60\pi}{\lambda}\frac{\mathrm{e}^{-\mathrm{j}\beta r}}{r}\sin\theta\int_{-h}^{h}\sin\beta(h-\mid z\mid)\mathrm{e}^{-\mathrm{j}\beta z\cos\theta}\mathrm{d}z$$

$$E_{\theta} = \mathrm{j}\,\frac{\omega\mu}{4\pi}\frac{\mathrm{e}^{-\mathrm{j}\beta r}}{r}\sin\theta\dot{I}_{\mathrm{m}}\int_{-L/2}^{L/2}\sin[\beta(L/2-\mid z\mid)]\mathrm{e}^{-\mathrm{j}\beta z\cos\theta}\mathrm{d}z \tag{3-6}$$

在远场区,由于 $r\gg L/2$,$\beta r\gg1$ 对于分母可近似取 $\dfrac{1}{r}\approx\dfrac{1}{r'}$。但对于相位因子,由于引入的误差过大,所以利用 $r'=\sqrt{r^2+z^2-2zr\cos\theta}\approx r-z\cos\theta$ 近似,可得对称振子辐射场:

$$E_{\theta} = \mathrm{j}\,\frac{I_{\mathrm{m}}60\pi}{\lambda}\frac{\mathrm{e}^{-\mathrm{j}\beta r}}{r}\sin\theta\int_{-h}^{h}\sin\beta(h-\mid z\mid)\mathrm{e}^{-\mathrm{j}\beta z\cos\theta}\mathrm{d}z$$

$$E_{\theta} = \mathrm{j}\,\frac{\omega\mu}{4\pi}\frac{\mathrm{e}^{-\mathrm{j}\beta r}}{r}\sin\theta\dot{I}_{\mathrm{m}}\int_{-L/2}^{L/2}\sin[\beta(L/2-\mid z\mid)]\mathrm{e}^{-\mathrm{j}\beta z\cos\theta}\mathrm{d}z \tag{3-7}$$

经积分推导可得

$$E_{\theta} = \mathrm{j}\,\frac{\omega\mu}{4\pi}\frac{\mathrm{e}^{-\mathrm{j}\beta r}}{r}F(\theta)$$

式中

$$F(\theta) = \frac{\cos[(\beta L/2)\cos\theta]-\cos[\beta L/2]}{\sin\theta}$$

则对称振子天线的归一化方向图函数为

$$F(\theta) = \frac{\cos[(\beta L/2)\cos\theta]-\cos[\beta L/2]}{\sin\theta} \tag{3-8}$$

3.2.1　方向图

如图 3-4 所示,对称振子天线方向图在 E 面内为"∞"形,H 面内为圆形。

对称振子的立体方向图是一个与振子轴相切的瓣绕 z 轴旋转一周得到的空间方向图,如图 3-5 所示。

对称振子天线的方向图函数为

$$F(\theta) = \frac{\cos[(kL/2)\cos\theta]-\cos[kL/2]}{\sin\theta} \tag{3-9}$$

于是可以画出振子长度不同的情况下,对称振子天线的 E 面方向图,如图 3-6 所示。

观察图 3-6,可以得到以下几点结论。

(1) $\theta=0°$ 和 $180°$ 时,$F(\theta)=0$,即沿天线的轴线方向无辐射;

(2) $L<1.5\lambda$ 时,在 $\theta=90°$ 方向有两个主瓣,无副瓣,且 $\theta_{-3\mathrm{dB}}$ 随着 L 的增加而减小,即

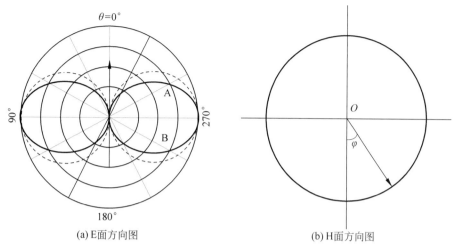

(a) E面方向图　　　　　　　　　　　(b) H面方向图

图 3-4　对称振子天线的平面方向图

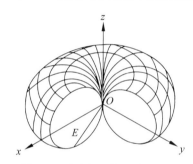

图 3-5　对称振子的立体方向图

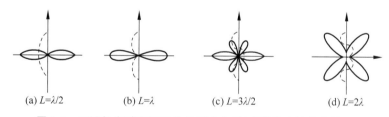

(a) $L=\lambda/2$　　(b) $L=\lambda$　　(c) $L=3\lambda/2$　　(d) $L=2\lambda$

图 3-6　不同长度对称振子的 E 面方向图（虚线为电流分布情况）

天线越长,主瓣的半功率张角越小;

（3）$L\geqslant1.5\lambda$ 时,E 面方向图开始出现 4 个副瓣,而原有的主瓣随着振子长度的增加逐渐变小。

（4）$L>2\lambda$ 时,主瓣偏离 $\theta=90°$ 方向,有 4 个副瓣,且长度 L 越大,主瓣的方向越靠近 $\theta=0°$ 和 180°,副瓣的数目也越多(波瓣数为 $2L/\lambda$)。

3.2.2　辐射功率与辐射电阻

辐射功率是指单位时间内天线辐射能量的平均值。由于天线的辐射功率与其输入功率大小有关,不便于相互比较,因此引入辐射阻抗的概念。可以把天线所辐射的功率看作被一个等效的阻抗所"吸收"的功率,而这个等效的阻抗就被称为辐射阻抗。

为计算辐射功率,可作一个大球面把天线包围起来,将中心放在坐标原点,振子沿 z 轴方向,球面半径的尺寸要达到 $r \gg \lambda/2\pi$ 的条件,此时球面上的电磁场满足远场区的条件,计算时就只考虑辐射场。由坡印廷矢量积分法,有

$$P_{\Sigma} = \oint (\boldsymbol{E} \times \boldsymbol{H}^*) \cdot \mathrm{d}s \tag{3-10}$$

式中,$\boldsymbol{E}$ 是电场强度矢量,$\boldsymbol{H}^*$ 是磁场强度 $\boldsymbol{H}$ 的共轭,$\mathrm{d}s$ 取沿封闭曲面外法线方向。显然 $\boldsymbol{S} = \boldsymbol{E} \times \boldsymbol{H}$ 是复数形式的坡印廷矢量。

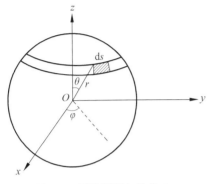

图 3-7　用坡印廷矢量求 P_{Σ}

如图 3-7 所示,式(3-10)中的面元

$$\mathrm{d}s = r^2 \sin\theta \mathrm{d}\theta \mathrm{d}\varphi \tag{3-11}$$

且在远场区电场与磁场矢量互相垂直且同相,即 $\boldsymbol{H} = \boldsymbol{E}/120\pi$,所以

$$P_{\Sigma} = \oint \frac{|\boldsymbol{E}|^2}{120\pi} \mathrm{d}s$$

$$= \frac{1}{120} \int_{\varphi}^{2\pi} \int_{\theta}^{\pi} |\boldsymbol{E}|^2 r^2 \theta \mathrm{d}\theta \mathrm{d}\varphi \tag{3-12}$$

令

$$E = \frac{60 I_{\mathrm{m}}}{r} f(\theta, \varphi) \tag{3-13}$$

式中,I_{m} 是天线的波腹点电流,$f(\theta, \varphi)$ 是天线的方向函数。

把式(3-13)代入式(3-12),得

$$P_{\Sigma} = \frac{30}{\pi} I_{\mathrm{m}}^2 \int_0^{2\pi} \int_0^{\pi} f^2(\theta, \varphi) \sin\theta \mathrm{d}\theta \mathrm{d}\varphi \tag{3-14}$$

由式(3-14)和式(3-15)计算归于波腹点电流的辐射电阻,可得

$$R_{\Sigma} = \frac{30}{\pi} \int_0^{2\pi} \int_0^{\pi} f^2(\theta, \varphi) \sin\theta \mathrm{d}\theta \mathrm{d}\varphi \tag{3-15}$$

通过式(3-14)和式(3-15)可以计算任意天线的辐射功率和辐射电阻。

3.3　对称振子天线的馈电

给天线馈电应满足天线对电流和阻抗匹配的要求。许多天线天然是对称的,如对称振子,因此馈电电流也应该是对称的,即平衡的。但是对称天线的馈电电流平衡与馈电结构密切相关。对于对称振子,如果用双导线馈电,则电流平衡,但如果用同轴馈电就可能出现电流不平衡的问题。

如图 3-8 所示,对称振子与同轴线直接相连,其中一臂与屏蔽导体相接,另一臂与内导体相接。假定同轴线是用理想导体制成的,则内导体(芯线)上的电流与屏蔽导体内壁的电流应该满足等幅反向条件,屏蔽导体外壁上不会存在电流,电磁场完全集中在同轴线的内部。也就是说,在理想同轴线的外壁上,由于满足理想导体切向电场为零的边界条

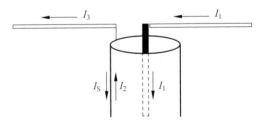

图 3-8　同轴线与对称振子天线直接相连的电流流向

件、处处无电压降,故不会产生沿着表面流动的切向电流,电缆的外壁呈"电中性"。这种状态通常被称为"冷电缆"(cool cable)状态,这也正是同轴线常常被称为屏蔽线的原因。

实际的金属材料当然不可能是理想导体。当对称振子天线直接与同轴线相连时,同轴线屏蔽导体外壁上的切向电场并不为零,必然会产生图 3-8 所示的外壁电流 I_S,它与电流 I_3 之和才等于屏蔽导体的内壁电流 I_2,右臂的电流 I_1 与屏蔽导体的内壁电流 I 等幅反相。外壁电流 I_S 的存在,将会导致以下现象:左右两臂的电流不等($I_1 \neq I_3$),默认的"对称性"假设被破坏,这就会造成对称振子天线方向图的变形;外壁电流 I_S 产生的辐射,其极化方式与对称振子辐射的极化方式是垂直的,这将导致天线极化纯度下降,还会引起方向图的畸变。上述这些效果具体表现如下:

(1) 因为馈线上的电流与振子的电流产生两种极化正交的辐射场,故叠加后将导致 E 面方向图出现"偏头"现象;

(2) 由于存在交叉极化分量,除了"偏头"以外俯仰面方向图"8"字的零点也不够"深";

(3) 由于电缆外皮的分流,还会造成测得的天线增益下降;

(4) 电缆外皮带有辐射电流,意味着同轴线的屏蔽效果不佳,用手接触馈线,仪表读数会产生明显波动,难以获得准确稳定的结果,这就是所谓的"热电缆"(hot cable)效应。

对于结构对称的振子天线来说,外壁电流 I_S 往往表现出一种不利情况。研究人员很早就已经注意到这个现象,R. King 首次结合基本电磁理论,根据传输线与天线各自对应的电场或电荷分布、边界条件和连接关系,定性分析了不平衡现象产生的可能机理,指出了工程中各种不平衡效应规避方法的基本原理,从而四分之一波长扼流筒、多元共线阵等经典天馈器件和天线阵列被设计应用。在此基础上,W. Kelvin 建立了非平衡工作状态下振子天线的理论模型,完善了天线平衡馈电理论。

3.4 天线的电路特性参数

当天线与收发机连接时,从收发机角度来看,天线是单端口负载,这时描述天线特性的是从馈电端口向天线看去的输入阻抗。

因此描述单端口负载的电路参数都可以描述天线的电路特性,如回波损耗、驻波比、工作带宽等。

3.4.1 输入阻抗

天线输入阻抗(input impedance)Z_A 就是天线馈电端输入电压 U_{in} 与输入电流 I_{in} 的比值。完整的天线输入阻抗应由辐射电阻(radiation resistance)R_r、损耗电阻(loss resistance)R_L、输入电抗(input reactance)X_{in} 三部分组成,即

$$Z_A = \frac{U_{in}}{I_{in}} = R_A + jX_A = R_r + R_L + jX_{in} \tag{3-16}$$

辐射电阻表征天线辐射电磁波的能力,它在输入电阻中所占的比例越大,天线辐射电磁波的能力越强;损耗电阻主要表征非理想电介质、导磁体和导体引入的各种欧姆损耗;辐射电抗则表征没有辐射出去的以电抗形式存储在天线近区场内的电磁能量,如果电抗值为正,则储能呈感性,近区场的磁场储能占优势;反之呈容性,近区场的电场储能占优势;当

近区场的电场和磁场储能区域动态平衡时,电抗趋于 0,天线呈"谐振"状态。

3.4.2　反射系数与驻波比

常见的射频系统多采用同轴电缆作为传输介质,其特性阻抗为 50Ω 或 75Ω。若天线的阻抗不恰好等于系统特性阻抗的共轭值,当系统与之相连时,两者之间就会因为出现阻抗失配而发生反射。衡量天线的反射特性以及与前端系统的匹配特性,就需要引入反射系数(reflection coefficient)或驻波比(Standing Wave Ratio,SWR)等参数。

根据微波技术的基本理论,假定天线的输入阻抗为 Z_A,系统的特性阻抗为 Z_0,则两者通过特性阻抗为 Z_0 的传输线相连后,如图 3-9 所示,从端口输入处往天线(负载)方向看进去的反射系数 Γ 的表达为

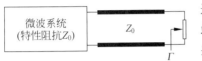

图 3-9　天线的反射系数

$$\Gamma = \frac{Z_A - Z_0}{Z_A + Z_0} \tag{3-17}$$

为了方便运算,工程中常采用对数形式,即分贝(dB)数来描述反射系数,有时将其称为回波损耗(Return Loss,RL)。采用回波损耗描述天线的匹配特性时,分贝数应该取正值。

$$\Gamma(\mathrm{dB}) = 10\lg|\Gamma|^2 = 20\lg|\Gamma|(\mathrm{dB}) = 20\lg\left|\frac{Z_A - Z_0}{Z_A + Z_0}\right|(\mathrm{dB}) \tag{3-18}$$

$$RL(\mathrm{dB}) = -10\lg|\Gamma|^2 = -20\lg|\Gamma|(\mathrm{dB}) = -20\lg\left|\frac{Z_A - Z_0}{Z_A + Z_0}\right|(\mathrm{dB}) \tag{3-19}$$

另一种常用方式是采用"驻波比"来表述部件的阻抗匹配特性,驻波比为

$$\mathrm{SWR} = \frac{1 + |\Gamma|}{1 - |\Gamma|} \tag{3-20}$$

从上述指标的描述可知:回波损耗为正数,取值在 0 到无穷大之间;回波损耗越大,表示匹配越好,反之越差;0 表示"全反射",无穷大表示"完全匹配"。由于实际测试仪器的动态范围有限,一般认为 40dB 以上的回波损耗已经没有太大的实际意义。驻波比的数值在 1 到无穷大之间,如果驻波比等于 1,表示完全匹配;如果驻波比无穷大,则表示全反射,即完全失配。天线输入阻抗对频率的变化往往十分敏感,当天线工作频率偏离设计频率时,天线与传输线的匹配变坏,致使传输线上的电压驻波比增大,天线馈电效率降低。馈电效率 η_ϕ 可用式(3-21)表示

$$\eta_\phi = 1 - |\Gamma|^2 = 1 - \left|\frac{\mathrm{SWR} - 1}{\mathrm{SWR} + 1}\right|^2 \tag{3-21}$$

对于微波频段的多数应用场合而言,通常要求天线的驻波比低于 1.5(回波损耗大于 14dB);对于某些反射特别敏感的系统(如电视系统),为了保证传输质量,驻波比要求低于 1.2;对于某些工作频带很宽、频率不高的情况,(比如带宽超过 100∶1 的电磁兼容性测量系统),天线的驻波比甚至可放宽至 3～4。通常情况下,如果天线驻波比过大,就意味着系统匹配性能不佳,可能会造成各种不必要的反射干扰,影响传输质量和系统性能;对于接收机而言,过大的驻波比会恶化整机的噪声性能;对于发射机而言,功放输出端和天线不匹配造成的驻波比增加会降低发射效率,严重失配时甚至可能损坏末级功率放大器。所以在微波频段上,总是要尽可能降低天线的驻波比。

微课视频

3.4.3 带宽

在天线的工作频率范围内,天线能够保持相对稳定的电磁特性,而在此范围外的电磁特性就不一定能保持稳定,甚至有可能恶化或畸变,导致天线无法正常工作。因此,要确定天线的带宽(bandwidth),应该综合考虑天线不同指标参数的频率响应特性,以及不同指标参数提出的要求。工程中所说的"天线带宽",通常情况下包括"阻抗带宽"、"方向图带宽"、"增益带宽"及"轴比带宽"等不同含义。另外,天线带宽还可以将其中心频率归一化,从而转换成百分数形式的"相对带宽"来表示。不同特性带宽的定义叙述如下。

(1)阻抗带宽:一般指天线驻波比或反射系数不高于某一数值(如驻波比不高于2,或反射系数不大于 -10dB 等)的工作频带。

(2)方向图带宽:一般指方向图形状保持相对稳定特性的工作带宽,比如对金属振子天线,将最大辐射方向始终保持在垂直于振子轴线方向上的稳定工作带宽称为"最低次偶极模式方向图带宽"或"基模辐射带宽"。

(3)增益带宽:一般指某个特定方向或波束范围内,天线的增益波动不超过某一数值(如 3dB)的工作频带。

(4)轴比带宽:一般指某个特定方向或波束范围内,天线的轴比不超过某一数值(如 3dB)的工作频带,通常只对圆极化天线提出轴比带宽的指标要求。

可见,对不同天线参数提出要求,就能得到相应的天线带宽。如果对天线的几个电性能参数同时提出了要求,就应该取几种带宽中最窄的一种天线作为天线的真实带宽,也就意味着天线的真实带宽是不同性能参数带宽的交集,而不是并集。

假设某个圆极化天线的相对阻抗带宽(按驻波比低于 2 计)为 10%,相对方向图带宽为 50%,相对增益带宽(按最大辐射方向增益波动不大于 3dB 计)为 5%,相对轴比带宽(按最大辐射方向的轴比不高于 3dB 计)为 3%,则该天线的真实相对带宽应该是最小值 3%,而不是最大值 50%。并且还需要进一步验证 3% 的轴比带宽频带是否包含在阻抗带宽、方向图带宽和相对增益带宽的频带内,如果并没有完全包含在上述频带内,则天线的相对带宽应小于 3%。

3.4.4 对称振子天线的输入阻抗

计算天线的输入阻抗可以用边值法、传输线法或坡印廷矢量法等。本节采用传输线法计算对称振子的输入阻抗。

比较双线传输线与对称振子的异同点。相同之处是两者的电流分布近似相同,且都是分布参数系统。两者区别如下。

(1)双线传输线是非辐射系统,对称振子则是辐射系统。

(2)传输线的两线间距处处相等,是均匀的分布参数系统,它的特性阻抗是一个定值。对称振子的两根导线张开成 $180°$,因而对应的线元之间间距不等,随着离开输入端间距的增大,对应线元之间分布电容逐渐减小,分布电感逐渐增大,因而特性阻抗也逐渐增大。

根据上述两点区别,在使用传输线法计算对称振子的输入阻抗时,必须修正原来的假设。

在计算对称振子的辐射场时,假定振子上的电流分布和无耗开路长线上的电流分布相同(为正弦分布),这样计算得到的结果和根据严格理论计算求得的方向图相差不大。但线天线的输入阻抗是一种与输入功率相联系的等效概念,在求天线的输入阻抗时,不能再假设振子上的电流分布与无耗长线上的相同。天线向空间辐射能量会导致天线上电流的衰减,如果还假设振子等效为无耗长线,则振子上的电流就不会减弱,那么所求的输入阻抗将是纯电抗,输入阻抗的电阻部分将等于零。这就是说,天线的输入功率将为零,天线也就没有功率可辐射了,这与实际情况不符。因此,在计算对称振子的输入阻抗时,必须考虑振子上电流的衰减,应将对称振子等效为有耗的开路长线。

另外,考虑到振子的特性阻抗是由输入端向外逐渐增大的,用传输线法求振子的输入阻抗时,可以把沿振子全长逐渐变化的特性阻抗用它的平均值来代替。

根据双线传输理论,长度为 l 的有耗开路长线的输入阻抗可以用下式计算

$$Z_A = Z_C \operatorname{cth}\gamma l \tag{3-22}$$

式中,Z_C 为有耗传输线的特性阻抗,表达式为

$$Z_C = \sqrt{\frac{R_1 + \mathrm{j}\omega L_1}{G_1 + \mathrm{j}\omega C_1}} \tag{3-23}$$

式中,R_1、G_1、L_1、C_1 分别是单位长度上的分布电阻、分布电导、分布电感和分布电容。

$$\gamma = \beta + \mathrm{j}\alpha = \sqrt{(R_1 \mathrm{j}\omega L_1)(G_1 + \mathrm{j}\omega C_1)} \tag{3-24}$$

式中,γ 为传输线的传播常数,β 为衰减常数,α 为相位常数。

在式(3-24)中,由于 $G_1 \ll \omega C_1$,G_1 可略去,于是可得到 Z_C 的近似式为

$$Z_C \approx Z_0 \left(1 - \mathrm{j}\frac{\beta}{\alpha}\right) \tag{3-25}$$

式中,$Z_0 = \sqrt{L_1/C_0}$ 为无耗传输线的特性阻抗。

由传输线理论可知,衰减常数和相位常数分别为

$$\beta = \frac{R_1}{2Z_0} \tag{3-26}$$

$$\alpha = \omega\sqrt{L_1 C_1} = \frac{\omega}{V_C} = \frac{2\pi}{\lambda}$$

将传输线的特性阻抗 Z_C 用其近似式(3-25)代替,并代入式(3-22),得到有耗传输线的输入阻抗 Z_A 为

$$\begin{aligned}
Z_A &= Z_C \operatorname{cth}\gamma l = Z_0 \left(1 - \mathrm{j}\frac{\beta}{\alpha}\right)\operatorname{cth}(\beta + \mathrm{j}\alpha)l \\
&= Z_0 \left(1 - \mathrm{j}\frac{\beta}{\alpha}\right)\frac{\operatorname{sh}2\beta l - \mathrm{j}\sin 2\alpha l}{\operatorname{ch}2\beta l - \cos 2\alpha l} \\
&= Z_0 \frac{\operatorname{sh}2\beta l - \dfrac{\beta}{\alpha}\sin 2\alpha l}{\operatorname{ch}2\beta l - \cos 2\alpha l} - \mathrm{j}Z_0 \frac{\dfrac{\beta}{\alpha}\operatorname{sh}2\beta l + \sin 2\alpha l}{\operatorname{ch}2\beta l - \cos 2\alpha l}
\end{aligned} \tag{3-27}$$

若将式(3-27)用于对称振子,还应做以下三点修正。

(1) 要用对称振子的平均特性阻抗 Z_a 代替无耗开路长线的特性阻抗 Z_0。

如图 3-10(a)所示,无耗开路长线的特性阻抗为

$$Z_0 = 120\ln\frac{D}{a} \tag{3-28}$$

式中，D 为双线间距，a 为导线半径。

对于图 3-10(b)所示的对称振子，$D=2z$，设振子各点的 D 不同，特性阻抗也不同，必须用振子的平均特性阻抗作为其特性阻抗。

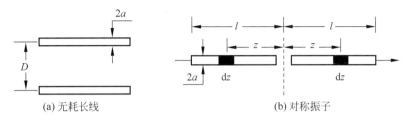

(a) 无耗长线　　　　　　　　　(b) 对称振子

图 3-10　计算对称振子的平均特性阻抗

对称振子在距输入端 z 处的特性阻抗为

$$Z(z) = 120\ln\frac{2z}{a} \tag{3-29}$$

沿振子全场 l 的平均特性阻抗为

$$Z_a = \frac{1}{l}\int_0^l 120\ln\frac{2z}{a}\mathrm{d}z = 120\left(\ln\frac{2l}{a}-1\right) \tag{3-30}$$

可见对称振子特性阻抗随 l/a 变化，振子越粗，l/a 越小，特性阻抗就越低。

(2) 要用对称振子的等效衰减常数 β_A 代替有耗长线的衰减常数 β。

对称振子电流的衰减是由辐射引起的，将对称振子的辐射功率看成是沿振子臂的欧姆损耗。假设 R_1 是两臂单位长度的损耗电阻，线元 $\mathrm{d}z$ 处的电流为 $I(z)$，则对应的 $\mathrm{d}z$ 段的辐射功率为

$$\mathrm{d}P_\Sigma(z) = |I(z)|^2 R_1\mathrm{d}z \tag{3-31}$$

对称振子的总辐射功率为

$$P_\Sigma = \int_0^l |I(z)|^2 R_1\mathrm{d}z \tag{3-32}$$

另外，对称振子的辐射功率也可以用它的辐射电阻表示，即

$$P_\Sigma = |I_\mathrm{m}|^2 R_\Sigma \tag{3-33}$$

故

$$|I_\mathrm{m}|^2 R_\Sigma = \int_0^l |I(z)|^2 R_1\mathrm{d}z \tag{3-34}$$

设 R_1 沿线不变(辐射等效的欧姆损耗均匀地分布于振子臂上)，代入 $I(z)=I_\mathrm{m}\sin\alpha_a(1-z)$，（$\alpha_a$ 为振子电流相位常数），积分得

$$R_1 = \frac{2R_\Sigma}{l\left(1-\dfrac{\sin2\alpha_a l}{2\alpha_a l}\right)} \tag{3-35}$$

因此，对称振子电流的衰减常数为

$$\beta_A = \frac{R_1}{2Z_a} = \frac{R_\Sigma}{Z_a l\left(1-\dfrac{\sin2\alpha_a l}{2\alpha_a l}\right)} \tag{3-36}$$

由式(3-36)可见，对称振子电流的衰减常数 β_A 随辐射电阻 R_Σ 的增大而增大，随平均

特性阻抗 Z_A 的减小而增大。即振子的辐射电阻越大、振子越粗,特性阻抗越低,电流衰减越严重。

(3) 要用对称振子电流的相位常数 α_a 代替传输线电流的相位常数 α。对称振子辐射引起振子电流的衰减,使振子电流的相速减小,波长缩短,相位常数 α_a 大于自由空间相位常数 α。另外,由于振子不是无限细而有一定的粗度,因而末端分布电容增大(称为末端效应),振子末端电流实际不为零。这等效于振子长度增加了 δ,如图 3-11 所示。振子越粗,末端效应越显著,且特性阻抗也越低。这样就要改变振子电流的衰减常数 β_A(使变大),并影响相位常数 α_a。

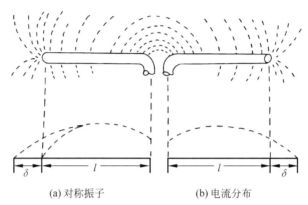

(a) 对称振子　　　　　　　(b) 电流分布

图 3-11　对称振子的末端效应

设末端效应等效于引起振子长度增加 δ,振子的等效长度 $l' = l + \delta$。规定振子电流的相位常数 α_a 与自由空间相位常数 α 之比为波长缩短系数 n,即

$$n = \frac{\alpha_a}{\alpha} = \frac{\lambda}{\lambda_a} \tag{3-37}$$

$$\alpha_a = n\alpha$$

将 l'、α_a、Z_a、β_A 分别代替式(3-24)中的 l、α、Z_0、β,就得到对称振子的输入阻抗 Z_A,表达式为

$$Z_A = Z_a \frac{\text{sh}2\beta_A l' - \frac{\beta_A}{\alpha_a}\sin 2\alpha_a l'}{\text{ch}2\beta_A l' - \cos 2\alpha_a l'} - jZ_A \frac{\frac{\beta_A}{\alpha_a}\text{sh}2\beta_A l' + \sin 2\alpha_a l'}{\text{ch}2\beta_A l' - \cos 2\alpha_a l'} \tag{3-38}$$

考虑到末端效应,式(3-36)中的 l 也应当用 l' 代替,但影响不大。按式(3-38)计算的对称振子输入电阻与输入电抗随 l'/λ_a 变化的曲线如图 3-12 所示,图中参变量是振子的特性阻抗 Z_a。在一级近似下,忽略振子末端效应引起振子的伸长 δ,式(3-36)和式(3-37)的 l' 可换成 l。

由图 3-12 可以看出,对称振子的阻抗特性和频率特性概述如下。

(1) 对称振子的特性阻抗越低,输入阻抗 Z_A 随 l/λ 的变化越小,曲线越平缓,其频率特性越好。实用上常用加大振子直径的办法降低特性阻抗,以展宽工作频段。短波波段使用的笼形对称振子就是基于这一原理。

(2) 当 $l < \lambda_a/4$ 时,输入电抗呈电容性;当 $\lambda_a/4 < l < \lambda_a/2$ 时,输入电抗呈电感性。当 l 继续增大时,曲线重复变化。

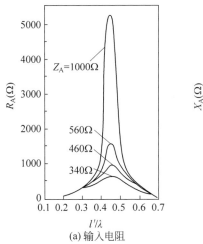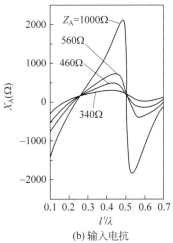

(a) 输入电阻　　　　　　　　　(b) 输入电抗

图 3-12　对称振子的输入阻抗曲线

（3）在串联谐振点（$l=\lambda_a/4$），输入阻抗的电抗分量为零。在此附近，输入电阻随频率变化平缓，且有

$$R_A = R_\Sigma \approx 73.1\Omega \tag{3-39}$$

这就是说，当 $l \approx \lambda_a/4$ 时，对称振子的输入阻抗是一个不大的纯电阻，而且具有较好的频率特性，也有利于同馈电线的匹配。这是广泛采用半波振子的一个重要原因。

（4）在并联谐振点（$l \approx \lambda_a/2$），对称振子的输入阻抗也是纯电阻，在此附近，有

$$R_A \approx Z_A^2/R_\Sigma \tag{3-40}$$

这是一个高电阻，输入阻抗随频率变化剧烈，频率特性不好。

对称振子通常工作在 $0 < l/\lambda \leqslant 0.35$ 和 $0.65 \leqslant l/\lambda \leqslant 0.85$ 的范围，此时式（3-35）可以近似为

$$Z_A = \frac{R_\Sigma}{\sin^2 \alpha_a l} - jZ_a \operatorname{ctg}\alpha_a l' \tag{3-41}$$

忽略 l' 与 l 及 α_a 与 α 的差别，上式又可近似为

$$Z_A = \frac{R_\Sigma}{\sin^2 \alpha_a l} - jZ_a \operatorname{ctg}\alpha_a l \tag{3-42}$$

上式的实部即输入电阻部分，实际上就是归于输入端电流的辐射电阻 $R_{\Sigma A}$，输入电抗部分则是无耗开路双线传输线的输入阻抗公式。

工程上也可以用以下近似公式计算对称振子的输入电阻：

$$R_A = \begin{cases} 20(\alpha l)^2 & 0 < l/\lambda \leqslant 0.125 \\ 24.7(\alpha l)^{2.4} & 0.125 < l/\lambda \leqslant 0.25 \\ 11.14(\alpha l)^{4.17} & 0.25 < l/\lambda \leqslant 0.3185 \end{cases} \tag{3-43}$$

习题

计算半波对称振子天线的方向性系数。

第 4 章

CHAPTER 4

直线阵列天线

将多个天线按一定方式排列在一起便可构成天线阵,或称阵列天线。组成阵列天线的独立单元称为天线单元或阵元。若天线单元排列在一条直线上或一个平面内,则称为直线阵或平面阵。在平面阵中,各单元又可排列成圆形阵、矩形阵等。实际应用中,天线单元若配置在飞机、导弹、卫星等实体的表面上,又会形成共形阵。

天线阵的辐射场由阵内各天线辐射场的叠加而得。通常,天线阵可增强天线的方向性,提高天线的增益或方向性系数,或者通过控制阵列各天线单元相对位置、电流分布,实现所需的辐射特性。例如,通过改变阵列各单元天线的激励电流相位,可使辐射方向图在空间内扫描,这种阵称为相控阵。相控阵有许多应用,特别是用于雷达。

微课视频

4.1 二元天线阵

如图 4-1 所示二元天线阵是由两个同类型、同尺寸的天线组成的。此处以点来表示这两个天线单元,两单元间距为 d。天线单元 0 和天线单元 1 到远区观察点的距离分别为 r_0 和 r_1,由于观察点很远,可近似认为两条射线 r_0 和 r_1 平行。两单元激励电流分别为 I_0 和 I_1,并建立如图 4-1 所示的坐标系。

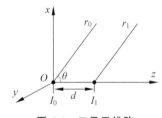

图 4-1 二元天线阵

此处天线单元以对称振子天线为例,则天线单元 0 和天线单元 1 在远区某点产生的电场分别为

$$E_0 = \mathrm{j}\frac{60 I_0}{r_0}\mathrm{e}^{-\mathrm{j}k r_0} f_0(\theta,\varphi) \tag{4-1}$$

$$E_1 = \mathrm{j}\frac{60 I_1}{r_1}\mathrm{e}^{-\mathrm{j}k r_1} f_1(\theta,\varphi) \tag{4-2}$$

由于两个单元类型、尺寸相同,并且平行或共轴放置,则 $f_1(\theta,\varphi) = f_0(\theta,\varphi)$。二元阵在远区产生的总场为两单元产生的电场叠加,基于叠加原理,可得二元阵总场为

$$E_t = E_0 + E_1 = \mathrm{j}60 I_0 f_0(\theta,\varphi)\left[\frac{\mathrm{e}^{-\mathrm{j}k r_0}}{r_0} + \frac{I_1}{I_0}\frac{\mathrm{e}^{-\mathrm{j}k r_1}}{r_1}\right] \tag{4-3}$$

当观察点足够远时,在考虑幅度时,取 $r_1 \approx r_0$,在计算相位时,则 $r_1 \approx r_0 - d\cos\theta$。若天线单元 1 与天线单元 0 的激励电流幅度之比为 m,且电流 I_1 较 I_0 相位滞后 α 时,则两单元

电流的关系为

$$I_1 = I_0 m \mathrm{e}^{-\mathrm{j}a} \tag{4-4}$$

如此,二元阵总场可进一步写为

$$
\begin{aligned}
E_\mathrm{t} &= \mathrm{j} \frac{60 I_0}{r_0} \mathrm{e}^{-\mathrm{j}k r_0} f_0(\theta,\varphi) \big[1 + m \mathrm{e}^{-\mathrm{j}(kd\cos\theta - \alpha)} \big] \\
&= \mathrm{j} \frac{60 I_0}{r_0} \mathrm{e}^{-\mathrm{j}k r_0} f_0(\theta,\varphi) \big[1 + m \mathrm{e}^{-\mathrm{j}\psi} \big] \\
&= \mathrm{j} \frac{60 I_0}{r_0} \mathrm{e}^{-\mathrm{j}k r_0} \mathrm{e}^{-\mathrm{j}\psi/2} f_\mathrm{t}(\theta,\varphi)
\end{aligned} \tag{4-5}
$$

式中,$\psi = kd\cos\theta - \alpha$ 为两个辐射场之间的相干相位差,由波程相差和激励相位差合成。对式(4-5)取绝对值可得总场模值

$$| E_\mathrm{t} | = \mathrm{j} \frac{60 | I_0 |}{r_0} | f_\mathrm{t}(\theta,\varphi) | \tag{4-6}$$

其中

$$f_\mathrm{t}(\theta,\varphi) = f_0(\theta,\varphi) \cdot f_\mathrm{a}(\theta,\varphi) \tag{4-7}$$

对于对称振子天线

$$f_0(\theta,\varphi) = \frac{\cos(kl\cos\theta) - \cos(kl)}{\sin(\theta)} \tag{4-8}$$

$$f_\mathrm{a}(\theta,\varphi) = \mathrm{e}^{-\mathrm{j}\psi/2} + m \mathrm{e}^{\mathrm{j}\psi/2} \tag{4-9}$$

由式(4-7)可见,二元阵总场方向图由两部分相乘而得,第一部分 $f_0(\theta,\varphi)$ 为单元天线的方向图函数,它只与天线单元形式有关;第二部分 $f_\mathrm{a}(\theta,\varphi)$ 称为阵因子,反映的是阵列的特性,它与单元相对位置、电流幅度比值和相位差有关,而与单元形式无关。因此,由相同单元天线组成的天线阵的方向图函数等于单元方向图函数与阵因子的乘积,这就是方向图乘积定理。

若两个单元的激励电流幅度相等,即 $m = 1$,则二元阵因子为

$$f_\mathrm{a}(\theta,\varphi) = 2\cos\left(\frac{\psi}{2}\right) = 2\cos\left(\frac{kd}{2}\cos\theta - \frac{\alpha}{2}\right) \tag{4-10}$$

下面讨论几种典型情况:当两单元的电流大小相等、相位相同时,即 $m = 1, \alpha = 0$,二元阵因子为

$$f_\mathrm{a}(\theta,\varphi) = 2\cos\left(\frac{\pi d}{\lambda}\cos\theta\right) \tag{4-11}$$

当两单元的电流大小相等、相位相反时,即 $m = 1, \alpha = \pi$,二元阵因子为

$$f_\mathrm{a}(\theta,\varphi) = 2\sin\left(\frac{\pi d}{\lambda}\cos\theta\right) \tag{4-12}$$

当两单元的电流大小相等、相位相差 $\frac{\pi}{2}$ 时,即 $m = 1, \alpha = \pm\frac{\pi}{2}, d = \frac{\lambda}{4}$ 时,二元阵因子为

$$f_\mathrm{a}(\theta,\varphi) = 2\cos\left(\frac{\pi}{4}\cos\theta \mp 1\right) \tag{4-13}$$

上述几种典型情况中,有两种情况值得注意。

（1）两单元相位相同，单元间距 $d=\dfrac{\lambda}{2}$ 时，由式（4-11）可得，阵因子方向图呈 8 字形，沿天线阵的轴线方向没有辐射，而在垂直于轴线的方向辐射最大。

（2）两单元相位相差 $\pm\dfrac{\pi}{2}$，单元间距 $d=\dfrac{\lambda}{4}$ 时，由式（4-13）可得，阵因子方向图呈心形，具有单方向性。最大辐射方向指向电流滞后天线单元方向。

思考：请借助计算机编程画出上述几种典型二元阵的阵因子方向图，观察阵因子方向图特性，指出方向图的最大辐射方向与零点位置。

假设二元阵平行排列于 y 轴，单元为半波振子，单元天线轴向为 z 轴，如图 4-2 所示，求其 E 面及 H 面方向图。

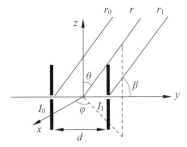

图 4-2　平行排列的二元阵

由于天线单元为半波阵子，且轴向为 z 轴，则单元方向图函数为

$$f_0(\theta,\varphi)=\frac{\cos\left(\dfrac{\pi}{2}\cos\theta\right)}{\sin(\theta)} \tag{4-14}$$

由式（4-10）可知，等幅馈电的阵因子为

$$f_a(\theta,\varphi)=2\cos\left(\frac{kd}{2}\cos\beta-\frac{\alpha}{2}\right) \tag{4-15}$$

式中，β 为 y 轴与 r 的夹角，$\cos\beta=\sin\theta\sin\varphi$。

基于方向图乘积定理可得，该二元阵的总场方向图函数为

$$f_t(\theta,\varphi)=f_0(\theta,\varphi)\cdot f_a(\theta,\varphi) \tag{4-16}$$

若单元间距 $d=\dfrac{\lambda}{4}$，相位差 $\alpha=\dfrac{\pi}{2}$，则该二元阵的 E 面 $\left(\varphi=\dfrac{\pi}{2}\right)$ 和 H 面 $\left(\theta=\dfrac{\pi}{2}\right)$ 方向图分别如下。

（1）E 面方向图。

单元方向图函数为

$$f_0(\theta)=\frac{\cos\left(\dfrac{\pi}{2}\cos\theta\right)}{\sin\theta} \tag{4-17}$$

E 面 $\varphi=\pi/2$，故阵因子为

$$f_a(\theta)=2\cos\left[\frac{\pi}{4}(\sin\theta-1)\right] \tag{4-18}$$

由方向图乘积原理绘制出 E 面方向图如图 4-3 所示。

（2）H 面方向图。

单元方向图函数为

$$f_0(\varphi)=1 \tag{4-19}$$

H 面 $\theta=\pi/2$，故阵因子为

$$f_a(\varphi)=2\cos\left[\frac{\pi}{4}(\sin\varphi-1)\right] \tag{4-20}$$

由方向图乘积原理绘制出 H 面方向图如图 4-4 所示。

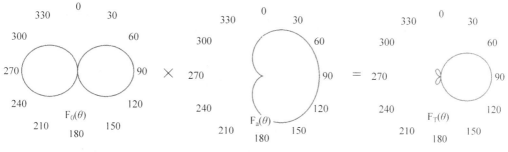

图 4-3　E 面方向图

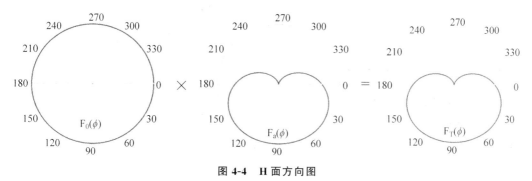

图 4-4　H 面方向图

微课视频

4.2　均匀直线式天线阵

当天线阵单元数增加,各天线单元激励幅度、相位、单元间距都是任意值时,天线阵的计算将变得很复杂。下面我们讨论一种常用且简单的情况:均匀直线式天线阵。均匀直线式天线阵指多个天线单元等间距排列在一条直线上,各单元的馈电幅度相等,相位均匀等比例递增或递减。为简单起见,这里主要讨论由对称振子天线组成的直线阵。

4.2.1　N 个阵元的直线阵

对称振子天线组成的直线阵主要有两种排列形式:一种是并排振子直线阵,另一种是共轴振子直线阵,此处以并排振子直线阵为例,如图 4-5 所示。设阵列中有 N 个相同的振子天线单元,各振子平行排列在 x 轴上,位置分别为 $x_0,x_1,x_2,\cdots,x_{N-1}$。对于均匀直线阵,单元为等间距 d 排列,激励幅度相同 $I_n=I_0$,激励相位按 α 均匀递变(递增或递减)。设坐标原点均设在阵列中点,如图 4-6 所示。则无论阵元数为奇数还是偶数均有如下关系

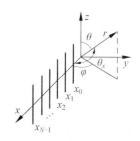

图 4-5　并排振子直线阵

$$x_n=\left(n+1-\frac{N+1}{2}\right)d,\quad n=0,1,2,\cdots,N-1 \tag{4-21}$$

设任意形式天线单元构成的直线阵如图 4-7 所示。阵中第 n 个单元的远区辐射场可表示为如下形式

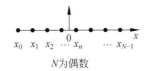
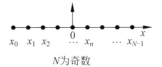

图 4-6　阵列中心点为坐标原点

$$E_n = I_n \mathrm{e}^{\mathrm{j}\alpha_n} f_0(\theta,\varphi) \frac{\mathrm{e}^{-\mathrm{j}kR_n}}{R_n} \tag{4-22}$$

式中，I_n 和 α_n 分别表示第 n 个单元天线的激励幅度和相位，$f_0(\theta,\varphi)$ 为天线单元的方向图函数，任何形式的天线在无界空间远区看，其辐射场都是球面波，所以包含因子 $\mathrm{e}^{-\mathrm{j}kR_n}/R_n$。

基于叠加原理，阵列的远区总场为

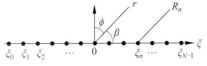

图 4-7　任意形式天线单元构成的
直线阵

$$E_\mathrm{t} = \sum_n E_n = f_0(\theta,\varphi) \sum_{n=0}^{N-1} I_n \frac{\mathrm{e}^{-\mathrm{j}(kR_n - \alpha_n)}}{R_n}$$
$$= \frac{\mathrm{e}^{-\mathrm{j}kr}}{r} f_0(\theta,\varphi) \sum_{n=0}^{N-1} I_n \mathrm{e}^{-\mathrm{j}k(R_n - r - \alpha_n)} \tag{4-23}$$

式中，波程差为 $R_n - r = -\xi_n \cos\beta$。式(4-23)可进一步写为

$$E_\mathrm{t} = \frac{\mathrm{e}^{-\mathrm{j}kr}}{r} f_0(\theta,\varphi) \cdot S(\beta) \tag{4-24}$$

式中，阵因子 $S(\beta)$ 为

$$S(\beta) = \sum_{n=0}^{N-1} I_n \mathrm{e}^{\mathrm{j}(k\xi_n \cos\beta + \alpha_n)} \tag{4-25}$$

对于均匀直线阵，相邻单元按等间距 d 排列，相位均匀递变($\alpha_n = n\alpha$)，各单元激励幅度相同 $I_n = I_0$，则其阵因子可化简为

$$S(\beta) = I_0 \frac{\sin\left[\dfrac{N}{2}(kd\cos\beta + \alpha)\right]}{\sin\left[\dfrac{1}{2}(kd\cos\beta + \alpha)\right]} = I_0 \frac{\sin\left(\dfrac{Nu}{2}\right)}{\sin\left(\dfrac{u}{2}\right)} \tag{4-26}$$

或写作

$$S(u) = I_0 \frac{\sin\left(\dfrac{Nu}{2}\right)}{\sin\left(\dfrac{u}{2}\right)}, \quad u = kd\cos\beta + \alpha \tag{4-27}$$

式(4-24)表示了阵列天线的方向图相乘原理，即阵列天线的总场方向图为单元方向图与阵因子方向图的乘积。由式(4-25)可见，阵因子与单元数、单元的空间分布、激励幅度和激励相位有关，而与单元形式无关。一般情况下，单元方向图的波束宽度很宽，在单元数较多的情况下可不计单元方向图的影响。因此，研究阵因子便能获得阵列的基本辐射特性。

4.2.2　主瓣最大值及最大指向

N 元直线式天线阵的阵因子如式(4-27)所示。$S(u)$ 的主瓣最大值 S_max 可由式 $u = kd\cos\beta_\mathrm{m} + \alpha = 0$ 时求得，对应的方向 β_m 为最大指向。此时最大指向

$$\beta_{\mathrm{m}} = \arccos\left(-\frac{\alpha}{kd}\right) \tag{4-28}$$

由于 $|\cos\beta_{\mathrm{m}}| \leqslant 1$，因此 α 应满足条件 $\alpha \leqslant \pm kd$。上式说明，均匀直线阵的阵因子最大辐射方向取决于馈电相位差、单元间距和工作频率。若单元间距和工作频率不变，通过改变馈电相位差便可改变波束最大指向，从而实现波束扫描，这也是相控阵的基本原理。

主瓣最大值为

$$S_{\max} = \lim_{u \to 0} S(u) = I_0 N \tag{4-29}$$

阵因子 $S(u)$ 除以主瓣最大值 $S_{\max}$ 可得归一化阵因子 $\bar{S}(u)$ 为

$$\bar{S}(u) = \frac{S(u)}{S_{\max}} = \frac{\sin\left(\dfrac{Nu}{2}\right)}{N\sin\left(\dfrac{u}{2}\right)} \tag{4-30}$$

由式(4-28)可知，主瓣最大指向 β_{m} 是相位差 α 的函数，不同相位差所对应的主瓣指向不同。根据波束指向不同，均匀直线阵可基本分为侧射阵、端射阵和扫描阵三类。

（1）侧射阵。当均匀直线式天线阵的各天线单元电流相位相同，即 $\alpha = 0$ 时，可得 $\beta_{\mathrm{m}} = 90°$ 或 $270°$，此时波束最大指向在天线阵轴线的两侧，与阵轴垂直，称为侧射阵。

（2）端射阵。当 $\alpha = \pm kd$ 时，可得最大辐射方向 $\beta_{\mathrm{m}} = 0°$ 或 $180°$，即天线阵的轴线方向，并指向阵中各天线单元电流相位滞后的方向。由于波束最大指向沿阵轴方向，所以称为端射阵。

（3）扫描阵。当 α 为其他可变值时，最大指向由式(4-28)表示，称为扫描阵。

由 $u = kd\cos\beta_{\mathrm{m}} + \alpha = 0$ 有 $\alpha = -kd\cos\beta_{\mathrm{m}}$，代入式(4-27)得

$$u = kd(\cos\beta - \cos\beta_{\mathrm{m}}) \tag{4-31}$$

阵因子也可写作

$$S(\beta) = I_0 \frac{\sin\left[\dfrac{Nkd}{2}(\cos\beta - \cos\beta_{\mathrm{m}})\right]}{\sin\left[\dfrac{kd}{2}(\cos\beta - \cos\beta_{\mathrm{m}})\right]} \tag{4-32}$$

图 4-8(a)～(c)分别给出了单元间距为 $\lambda/2$ 时，$\alpha = 0$、$\alpha = \pi/3$ 和 $\alpha = \pi/2$ 的 4 元阵阵因子方向图，图 4-8(d)是单元间距为 $\lambda/4$、$\alpha = kd = \pi/2$ 时的 8 元阵端射阵因子方向图。图 4-9

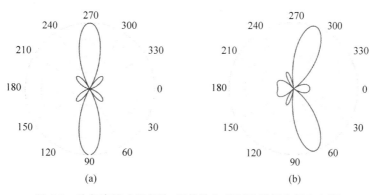

图 4-8 均匀直线式侧射阵、扫描阵和端射阵的极坐标方向图

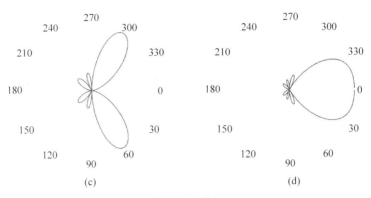

(c)　　　　　　　　　　　　　　　(d)

图 4-8　（续）

为其对应的三维方向图。从图 4-9 中可以看出，阵因子方向图是关于 z 轴旋转对称的。图 4-9(a)的侧射阵，通过阵轴的平面内的方向图主瓣窄，但垂直于阵轴的平面内的方向图是一个圆，即是全向的，其方向性不强。图 4-9(b)和图 4-9(c)的扫描阵，其三维方向图形状呈"碗"状，与侧射方向图主瓣相比，扫描阵方向图的主瓣宽度变大。图 4-9(d)的端射阵，其主瓣变胖，但其方向性更强。

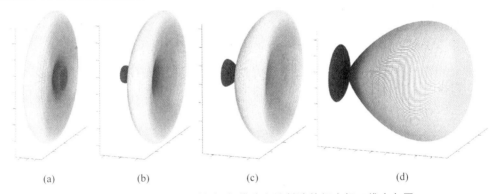

(a)　　　　　　　(b)　　　　　　　(c)　　　　　　　(d)

图 4-9　均匀直线式侧射阵、扫描阵和端射阵的极坐标三维方向图

4.2.3　主瓣宽度

天线主瓣宽度是指主瓣两边半功率点之间的夹角，即在分贝方向图中由最大值下降 3dB 对应的角宽度，或在场强方向图中其场强为最大值的 0.707 倍所对应的波瓣角宽度，故又称半功率波瓣宽度或 3dB 波瓣宽度，它是天线的一个重要技术指标，如图 4-10 所示。

均匀直线阵的归一化阵因子表达式为 $\bar{S}(u)=\dfrac{\sin(Nu/2)}{N\sin(u/2)}$。对于 N 很大的大阵列，其主瓣窄，此式的分母可近似取为 $\sin(u/2)\approx u/2$。根据定义取 $\bar{S}(u)\approx\dfrac{\sin(Nu/2)}{Nu/2}=0.707$，式中，$u=kd(\cos\beta-\cos\beta_{\mathrm{m}})$。查图 4-10(b)，得 $Nu_{\mathrm{h}}/2=\pm1.392$，即

$$\frac{N}{2}kd(\cos\beta_{\mathrm{h}}-\cos\beta_{\mathrm{m}})=\pm1.392 \tag{4-33}$$

对侧射阵，$\beta_{\mathrm{m}}=\pi/2$，上式取正号

$$\cos\beta_{\mathrm{h}}=1.392\frac{2}{Nkd}=0.443\frac{\lambda}{Nd} \tag{4-34}$$

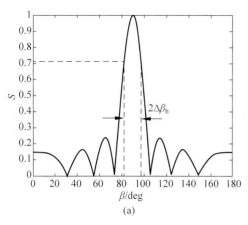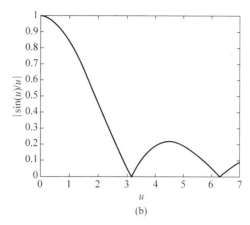

图 4-10 主瓣宽度示意图

由图 4-10(a)有，$\sin(\Delta\beta_h) = \sin|\beta_h - \beta_m| = \sin(\pi/2 - \beta_h) = \cos\beta_h$，得主瓣宽度为

$$(\text{BW})_h = 2\Delta\beta_h = 2\arcsin\left(0.443\frac{\lambda}{Nd}\right) \tag{4-35}$$

当 $Nd \gg \lambda$ 时，$\sin(\Delta\beta_h) \approx \Delta\beta_h$，得

$$(\text{BW})_h = 0.886\frac{\lambda}{Nd}(\text{rad}) = 50.77\frac{\lambda}{Nd}(°) \approx 51\frac{\lambda}{L}(°) \tag{4-36}$$

式中，$L = Nd$ 为阵列长度。由此可知，侧射阵的主瓣宽度与阵列长度 L 成反比。

对端射阵，$\beta_m = 0$，式(4-33)取负号

$$\cos\beta_h = 1 - 0.443\frac{\lambda}{Nd} \tag{4-37}$$

得主瓣宽度为

$$(\text{BW})_h = 2\beta_h = 2\arccos\left(1 - 0.443\frac{\lambda}{Nd}\right) \tag{4-38}$$

当 Nd 远大于 λ 时，β_h 很小，$\cos\beta_h \approx 1 - \frac{1}{2}\beta_h^2 = 1 - 0.443\frac{\lambda}{Nd}$，得

$$\beta_h = \sqrt{0.886\frac{\lambda}{Nd}} = 0.941\sqrt{\frac{\lambda}{Nd}} \tag{4-39}$$

则 $(\text{BW})_h = 2\beta_h = 1.9\sqrt{\frac{\lambda}{Nd}}(\text{rad}) = 108\sqrt{\frac{\lambda}{Nd}}(°)$，或写作

$$(\text{BW})_h = 108\sqrt{\frac{\lambda}{L}}(°) \tag{4-40}$$

由此可知，端射阵的主瓣宽度与阵列长度 L 的平方根成反比。

4.2.4 主瓣零点宽度

令阵因子 $S(u) = 0$，即可得方向图的零点位置。除 $u = 0$ 外，方向图零点可由 $\sin(Nu/2) = 0$ 确定。由

$$Nu_{0n}/2 = n\pi, \quad n = \pm 1, \pm 2, \cdots \tag{4-41}$$

即 $Nkd(\cos\beta_0 - \cos\beta_m)/2 = n\pi$，得

$$\cos\beta_0 = \cos\beta_{\mathrm{m}} + \frac{n\lambda}{Nd} \tag{4-42}$$

以侧射阵为例,此时 $\beta_{\mathrm{m}} = \pi/2$,由此可得

$$\cos\beta_{0n} = \frac{n\lambda}{Nd} \tag{4-43}$$

n 值决定了零点顺序,$n = \pm 1$ 时为主瓣两侧的第一个零点,$n = \pm 2$ 时为主瓣两侧的第二零点。零点位置与单元数 N、间距 d、最大指向 β_{m} 和波长 λ 有关。当单元间距为 $d = \lambda/2$ 时,N 元阵的零点个数为 $N-1$。

主瓣两边零点之间的夹角称为主瓣零点宽度,如图 4-11 所示,主瓣零点宽度 $(\mathrm{BW})_0 = 2\Delta\beta$。

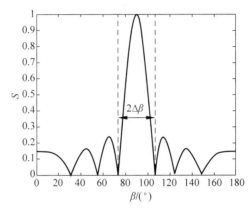

图 4-11 主瓣零点宽度示意图

图 4-11 中,$\Delta\beta = |\beta_{01} - \beta_{\mathrm{m}}|$,即第一零点与最大波束指向之间的夹角。

对侧射阵,$\beta_{\mathrm{m}} = \pi/2$,$\sin(\Delta\beta) = \sin\left(\dfrac{\pi}{2} - \beta_{01}\right) = \dfrac{\lambda}{Nd}$,可得

$$(\mathrm{BW})_0 = 2\Delta\beta = 2\arcsin\left(\frac{\lambda}{Nd}\right) \tag{4-44}$$

当天线阵列长度远远大于波长时

$$(\mathrm{BW})_0 \approx 2\,\frac{\lambda}{Nd}\,(\mathrm{rad}) \tag{4-45}$$

类似地,可得端射阵主瓣零点宽度为 $(\mathrm{BW})_0 \approx 2\sqrt{\dfrac{2\lambda}{Nd}}\,(\mathrm{rad})$。由此可见,侧射阵主瓣零点宽度与天线阵列长度成反比,阵列越长,主瓣零点宽度越窄。端射阵主瓣零点宽度与天线阵列长度的平方根成反比。相同阵列长度,侧射阵的主瓣零点宽度总是比端射阵的窄。

4.2.5 栅瓣及栅瓣抑制条件

从数学的角度来看,阵因子 $S(u)$ 是周期为 2π 的周期函数,则其最大值将呈周期出现,即最大值出现在:$u = 2m\pi$,$m = 0, \pm 1, \pm 2, \cdots$。当 $m = 0$ 时,$u = 0$,对应为主瓣。m 为其他值时出现的最大值为栅瓣。在普通的天线阵中,我们只希望有一个主瓣,不希望出现栅瓣。它不但使辐射能量分散,增益下降,而且会造成对目标定位、测向造成错误判断等,应当给予抑制。这可以通过适当选择单元间距的大小来控制。

$S(u)$ 的第二个最大值出现在 $u = kd(\cos\beta - \cos\beta_m) = \pm 2\pi$ 时。因此抑制条件是 $|u|_{\max} < 2\pi$，即单元间距 d 应满足

$$d < \frac{\lambda}{|\cos\beta - \cos\beta_m|_{\max}} \tag{4-46}$$

因 $\beta = 0 \sim \pi$，故 $|\cos\beta - \cos\beta_m|_{\max} = 1 + |\cos\beta_m|$，则得

$$d < \frac{\lambda}{1 + |\cos\beta_m|} \tag{4-47}$$

此式即为大型扫描直线阵中避免出现栅瓣的准则，也称为栅瓣抑制条件，该式也可以作为非均匀直线阵（如泰勒阵、切比雪夫阵等）的栅瓣抑制条件。β_m 是阵轴与射线 r 之间的夹角。对侧射阵，栅瓣抑制条件为 $d < \lambda$；对端射阵，栅瓣抑制条件为 $d < \lambda/2$。

4.2.6 副瓣位置和副瓣电平

副瓣位置 β_{sn} 指副瓣最大值对应的角度。考察归一化阵因子 $\overline{S}(u) = \dfrac{\sin(Nu/2)}{N\sin(u/2)}$，当 N 较大时，其分子变化比分母快得多，因此，副瓣最大值发生在 $|\sin(Nu/2)| = 1$ 时，即

$$Nu_{sn}/2 = \pm(2n+1)\pi/2, \quad n = 1, 2, \cdots \tag{4-48}$$

$$u_{sn} = \pm(2n+1)\pi/N \tag{4-49}$$

或写作

$$\frac{N}{2}kd(\cos\beta_{sn} - \cos\beta_m) = \pm(2n+1)\frac{\pi}{2} \tag{4-50}$$

进一步得

$$\cos\beta_{sn} = \cos\beta_m \pm (2n+1)\frac{\lambda}{2Nd} \tag{4-51}$$

由上式可知，副瓣位置与零点位置一样，与单元数 N、单元间距 d、最大指向 β_m 和波长 λ 有关。由此式也可确定侧射阵和端射阵的副瓣位置。

除副瓣位置外，副瓣电平也是衡量天线阵列辐射特性的一个重要技术指标，通常记为 SLL(Sidelobe Level)，定义为副瓣最大值与主瓣最大值之比，通常以分贝表示。

$$\text{SLL} = 20\lg\frac{|E_{sm}|}{|E_{\max}|} = 20\lg\frac{|S(u_{sn})|}{|S_{\max}|} \tag{4-52}$$

式中，E_{sm} 为副瓣场强最大值；$E_{\max}$ 为主瓣场强最大值；$S(u_{sn})$ 为阵因子函数；$S_{\max}$ 为阵因子最大值。

对于均匀直线阵，紧靠主瓣的第一副瓣最大值比其他远副瓣的幅度都大，因此阵列的副瓣电平通常以其第一副瓣电平为准。由式(4-49)得第一副瓣位置对应的 u 值为 $u_{s1} = \pm 3\pi/N$，当 N 较大时，则有

$$\frac{|S(u_{s1})|}{|S_{\max}|} = \left|\frac{\sin(Nu_{s1}/2)}{N\sin(u_{s1}/2)}\right| = \left|\frac{\sin\left(\dfrac{N}{2}\cdot\dfrac{3\pi}{N}\right)}{N\sin\left(\dfrac{3\pi}{2N}\right)}\right| = \frac{1}{N\sin\left(\dfrac{3\pi}{2N}\right)} \approx \frac{2}{3\pi} = 0.212 \tag{4-53}$$

进一步可得第一副瓣电平为

$$\text{SLL} = 20\lg\frac{|E_{sm}|}{|E_{\max}|} \approx -13.5\text{dB} \tag{4-54}$$

4.2.7　方向性系数

由第 2 章方向性系数定义可知

$$D = \frac{4\pi \mid F_{\max} \mid^2}{\int_0^{2\pi} \mathrm{d}\varphi \int_0^{\pi} \mid F(\theta,\varphi) \mid^2 \sin\theta \mathrm{d}\theta} \tag{4-55}$$

式中，$F(\theta,\varphi) = k f_0(\theta,\varphi) S(\theta,\varphi)$，$F_{\max}$ 是其最大值。若天线单元为无方向性的理想点源，则单元方向图 $f_0(\theta,\varphi) = 1$，则由此组成的阵轴为 z 轴的阵列方向图函数为

$$F(\theta,\varphi) = k \cdot S(\theta) = k \sum_{n=0}^{N-1} I_n \mathrm{e}^{jnu}, \quad u = kd\cos\theta + \alpha \tag{4-56}$$

其最大值出现在 $u = 0$ 处，故

$$F_{\max} = k S_{\max} = k \sum_{n=0}^{N-1} I_n \tag{4-57}$$

式(4-55)可进一步写为

$$D = \frac{4\pi \mid S_{\max} \mid^2}{2\pi \int_0^{\pi} \mid S(\theta) \mid^2 \sin\theta \mathrm{d}\theta} \tag{4-58}$$

式中

$$\mid S(\theta) \mid^2 = S(u) \cdot S^*(u) = k^2 \left[\sum_{n=0}^{N-1} I_n \mathrm{e}^{jnu} \right] \left[\sum_{m=0}^{N-1} I_m^* \mathrm{e}^{-jmu} \right] \tag{4-59}$$

$$= k^2 \sum_{n=0}^{N-1} \sum_{m=0}^{N-1} I_n I_m^* \mathrm{e}^{j(n-m)u}$$

因 $u = kd\cos\theta + \alpha$，$\mathrm{d}u = -kd\sin\theta \mathrm{d}\theta$，积分上下限变为

$$\begin{cases} \theta_1 = 0, & u_1 = kd + \alpha \\ \theta_2 = \pi, & u_2 = -kd + \alpha \end{cases} \tag{4-60}$$

式(4-58)可进一步写为

$$D = \frac{2kd \left| \sum_{n=0}^{N-1} I_n \right|^2}{\sum_{n=0}^{N-1} \sum_{m=0}^{N-1} I_n I_m^* \int_{-kd+\alpha}^{kd+\alpha} \mathrm{e}^{j(n-m)u} \mathrm{d}u} = \frac{\left| \sum_{n=0}^{N-1} I_n \right|^2}{\sum_{n=0}^{N-1} \sum_{m=0}^{N-1} I_n I_m^* \mathrm{e}^{j(n-m)\alpha} \dfrac{\sin\left[(n-m)kd\right]}{(n-m)kd}} \tag{4-61}$$

上式为不等幅激励直线阵方向性系数的一般计算公式。当单元间距为 $\lambda/2$ 的整数倍时，即 $d = M\lambda/2$，$kd = M\pi$，有

$$\frac{\sin\left[(n-m)M\pi\right]}{(n-m)M\pi} = \begin{cases} 0, & n \neq m \\ 1, & n = m \end{cases} \tag{4-62}$$

此时，式(4-61)可简化为

$$D = \frac{\left| \sum_{n=0}^{N-1} I_n \right|^2}{\sum_{n=0}^{N-1} \mid I_n \mid^2} \tag{4-63}$$

若为等幅同相激励 $I_n = I_m = I_0$,引入新的序号 $l = n - m > 0$,则式(4-61)可简化为

$$D = \frac{Nkd}{kd + 2\sum\limits_{l=1}^{N-1} \frac{N-l}{Nl} \cos(l\alpha) \sin(lkd)} \tag{4-64}$$

几种特殊情况分析如下。

(1) 若 $d = \lambda/2, kd = \pi, \sin(lkd) = 0$,则 $D = N$,即阵列方向性系数等于阵元总数。

(2) 当 $\alpha = 0$ 时,得侧射阵的方向性系数公式为

$$D = \frac{Nkd}{kd + 2\sum\limits_{l=1}^{N-1} \frac{N-l}{Nl} \sin(lkd)} \tag{4-65}$$

对于 N 较大且不出现栅瓣的直线阵,上式可化简为 $D = \frac{2Nd}{\lambda}$。

(3) 当 $\alpha = \pm kd$ 时,得端射阵的方向性系数公式为

$$D = \frac{Nkd}{kd + \sum\limits_{l=1}^{N-1} \frac{N-l}{Nl} \sin(2lkd)} \tag{4-66}$$

对于 N 较大且不出现栅瓣的直线阵,上式可化简为 $D = \frac{4Nd}{\lambda}$。

值得注意的是,以上讨论的天线阵方向性系数都是把天线视为理想点源求得的,在实际应用中,还应考虑天线单元的作用。

4.3 汉森-伍德亚德端射阵

由 4.2 节可知,普通端射阵的主瓣宽度 $(\text{BW})_h = 108\sqrt{\frac{\lambda}{L}}(°)$,方向性系数 $D = 4\frac{L}{\lambda}$。侧射阵的主瓣宽度 $(\text{BW})_h = 51\frac{\lambda}{L}(°)$,方向性系数 $D = 2\frac{L}{\lambda}$。相同阵列长度情况下,侧射阵的主瓣宽度要窄许多。如图 4-8(a)和图 4-9(a)所示,侧射阵在垂直阵轴的平面内方向图是一个圆,能量在垂直阵轴的平面内均匀分布,因此虽然其主瓣宽度较窄,但能量不集中,故其方向性系数反而小。端射阵的主瓣聚焦在一个方向,因此虽然主瓣宽度要胖些,但其方向性系数更大,其辐射场具有更强的指向性,如图 4-8(d)和图 4-9(d)所示。

普通端射阵波瓣宽度能否进一步变窄,并使其方向性系数进一步提高呢?汉森(Hansen)和伍德亚德(Woodyard)在 1938 年发表论文提出,在普通端射阵的均匀递变相位的基础上再附加一个均匀递变的滞后相位 δ,可设计出强方向性的端射阵,提高端射阵的方向性系数,因而又称之为汉森-伍德亚德端射阵。

此时,归一化端射阵阵因子可修正为

$$\bar{S}(\theta) = \frac{\sin\left\{\frac{N}{2}[kd(\cos\theta - 1) - \delta]\right\}}{N\sin\left\{\frac{1}{2}[kd(\cos\theta - 1) - \delta]\right\}} = \frac{\sin(Nu/2)}{N\sin(u/2)} \tag{4-67}$$

式中

$$u = kd(\cos\theta - 1) - \delta \tag{4-68}$$

图 4-12 给出了间距为 $d = \lambda/4$ 的 10 元阵列不同附加相位 δ 的端射阵方向图。$\delta = 0$
时,未增加滞后相位,为普通端射阵;随着滞后相位 δ 增加,可以观察到端射阵方向图的主
瓣宽度变窄,副瓣电平增加。主瓣宽度变窄会使方向性系数变大,而副瓣电平增加会使方向
性系数降低。因此,可找到一个合适的 δ 值,使得方向性系数最大化。

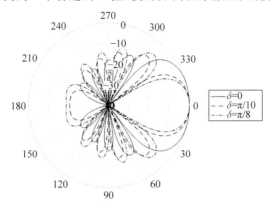

图 4-12　间距为 $d = \lambda/4$ 的 10 元端射阵不同附加相位 δ 的端射阵方向图

使得端射阵方向性系数最大化的条件称为汉森-伍德亚德条件。汉森-伍德亚德条件推
导过程较为复杂,此处直接给出最佳相移

$$\delta = \pi/N \tag{4-69}$$

因此,当 $N = 10$ 时,$\delta = \pi/10$ 所对应的方向图就是 10 单元强方向性端射阵的方向图,
如图 4-12 所示。这种端射阵是一种慢波结构。当电磁波从阵列的始端传播到末端,以行波
相速传播的相位与以光速传播的相位差等于 π 时,阵列的方向性系数最大。应当指出,汉
森-伍德亚德条件是在阵列很大($N \gg 1$)、单元间距较小($d < \lambda/2$)的情况下导出的。第一个
条件是显然的,第二个条件是端射阵不出现栅瓣的条件。

下面讨论汉森-伍德亚德端射阵的基本参数特性。

(1)方向性系数。

当相移量为式(4-69)所示条件时,该端射阵方向性系数为

$$D_e = 1.8 D_{dL} \tag{4-70}$$

式中,$D_{dL} = 4L/\lambda$ 为普通端射阵的方向性系数。由此可知,汉森-伍德亚德端射阵的方向性
系数相较于普通端射阵而言,可提高 1.8 倍,因此又称为强方向性端射阵。

(2)主瓣零点宽度。

强方向性端射阵的归一化阵因子如式(4-67)所示。强方向性端射阵的零点位置可由
$\sin(Nu/2) = 0$ 得出,此时 $Nu/2 = i\pi, i = 1, 2, \cdots; i \neq N, 2N, \cdots$。零点位置

$$\theta_i = \arccos\left[1 + \frac{1-2i}{2}\frac{\lambda}{Nd}\right] \tag{4-71}$$

在 $0 \sim \pi$ 角域上,零点个数仍为 $2Nd/\lambda$。

$i = 1$ 时为第一零点位置。由此可得主瓣的零点波瓣宽度

$$(\text{BW})_{e0} = 2\theta_1 = 2\arccos\left(1 - \frac{\lambda}{2Nd}\right) \tag{4-72}$$

（3）副瓣位置。

基于式(4-67)，强方向性端射阵的副瓣位置可由 $|\sin(Nu/2)|=1$ 得出，此时 $Nu/2 = \pm(2l+1)\dfrac{\pi}{2}$，$l=1,2,\cdots$。若取 $l=1$，可得第一副瓣位置为

$$u_{s1} = \pm 3\pi/N \tag{4-73}$$

（4）主瓣最大值。

强方向性端射阵的最大值为

$$\bar{S}_{max} = \frac{\sin\left\{\dfrac{N}{2}[kd(\cos\theta-1)-\delta]\right\}}{N\sin\left\{\dfrac{1}{2}[kd(\cos\theta-1)-\delta]\right\}}\Bigg|_{\substack{\theta=0\\\delta=\pi/N}} = \frac{1}{N\sin\left(\dfrac{\pi}{2N}\right)}\Bigg|_{N\gg1} = \frac{2}{\pi} \tag{4-74}$$

（5）副瓣电平 SLL。

由式(4-67)和式(4-74)相比得 $\left|\dfrac{\bar{S}(\theta)}{\bar{S}_{max}}\right| = \left|\dfrac{\sin(Nu/2)}{N\sin(u/2)}\cdot\dfrac{\pi}{2}\right|$，将式(4-73)副瓣位置代入此式可得第一旁瓣最大值为

$$\left|\frac{\bar{S}(\theta)}{\bar{S}_{max}}\right| = \left|\frac{\sin(3\pi/2)}{N\sin\left(\dfrac{3\pi}{2N}\right)}\cdot\frac{\pi}{2}\right|_{N\gg1} \approx \frac{1}{3} \tag{4-75}$$

因此副瓣电平 $SLL = 20\log_{10}\dfrac{1}{3} = -9.54\,dB$。这说明强方向性端射阵的副瓣电平比普通端射阵的副瓣电平（$-13.5\,dB$）更高，如图 4-12 所示。

（6）主瓣宽度。

半功率点方向发生于 $\dfrac{\bar{S}(\theta)}{\bar{S}_{max}} = \dfrac{\sin(Nu/2)}{N\sin(u/2)}\cdot\dfrac{\pi}{2} = 0.707$ 时，$\dfrac{\sin(Nu/2)}{Nu/2} = 0.45$。查图 4-10(b) 可得，此时 $Nu_h/2 = \pm2.01$，取正得 $u_h = kd(1-\cos\theta_h)+\dfrac{\pi}{N} = \dfrac{4.02}{N}$。解出半功率点位置

$$\theta_h = \arccos\left(1-0.1398\frac{\lambda}{Nd}\right) \tag{4-76}$$

则强方向性端射阵的半功率波束宽度为

$$(BW)_{eh} = 2\theta_h = 2\arccos\left(1-0.1398\frac{\lambda}{Nd}\right) \tag{4-77}$$

当 $Nd\gg\lambda$ 时，$\cos\theta_h = 1-\dfrac{\theta_h^2}{2} = 1-0.1398\dfrac{\lambda}{Nd}$，$\theta_h^2 = 0.2796\dfrac{\lambda}{Nd}$，则

$$(BW)_{eh} = 2\theta_h = 1.0575\sqrt{\frac{\lambda}{Nd}} = 61°\sqrt{\frac{\lambda}{Nd}} \tag{4-78}$$

与普通端射阵相比，强方向性端射阵的主瓣宽度窄很多。

4.4　相控阵基本原理

在实际应用中，通常要求天线辐射波束能在空间内有规律地移动，这种波束的移动称为波束扫描。波束扫描一般可分为机械扫描和电控扫描两种主要方式。

机械扫描是天线辐射波束不变而使天线本体运动,从而使天线波束随之作规律性的运动。其优点是扫描过程中天线性能不变,缺点是波束扫描速度慢。电控扫描简称电扫描,是天线本体固定不动,通过改变馈电相位或频率来实现波束扫描。改变馈电相位实现波束扫描的阵列称为相控扫描阵列;改变频率实现波束扫描的阵列称为频率扫描阵列。电控扫描的优点是波束扫描速度快,可以及时发现和跟踪高速运动目标,缺点是电控扫描过程中天线的辐射特性会改变,造价高,且天线只能是阵列天线。在相控扫描过程中,一般天线方向图主瓣宽度会随扫描角的增大而变宽,增益下降,且单元间的互耦会随扫描角的增大而变大,因此大扫描角时,天线性能可能会急剧下降。

相控阵列可用于雷达、传感和通信等领域。在雷达中,可以跟踪目标以获得用于监视的坐标,在通信中,阵列方向图可以随移动用户位置的改变而改变。

由 4.2 节可知,均匀阵列的最大指向为

$$\beta_{m} = \arccos\left(-\frac{\alpha}{kd}\right) \tag{4-79}$$

当 α 为其他可变值时,最大指向将会随其改变。因此,通过控制单元间的相位差,便可改变波束指向,从而实现波束扫描的功能。

波束扫描阵的栅瓣抑制条件可由式(4-47)求得,式中 β_{m} 应为最大扫描角。例如,在正侧向两边±30°内扫描,应取 $\beta_{m} = 90° - 30° = 60°$,得抑制栅瓣条件为 $d < 2\lambda/3$。根据 4.2.3 节内容,可推导出相控阵的主瓣宽度,由式(4-33)得

$$\cos\beta_{1} - \cos\beta_{m} = -0.443\frac{\lambda}{L} \tag{4-80}$$

$$\cos\beta_{2} - \cos\beta_{m} = 0.443\frac{\lambda}{L} \tag{4-81}$$

则主瓣宽度

$$(BW)_{h} = 2\beta_{h} = \beta_{1} - \beta_{2} = \arccos(\cos\beta_{m} - 0.443\lambda/L) - \arccos(\cos\beta_{m} + 0.443\lambda/L) \tag{4-82}$$

对于大阵列,上式可作如下简化,由式(4-81)减式(4-80)得

$$\cos\beta_{2} - \cos\beta_{1} = 0.886\frac{\lambda}{L} \tag{4-83}$$

当波束很窄且扫描角不是很大时有

$$\cos\beta_{2} - \cos\beta_{1} = 2\sin\left(\frac{\beta_{1} + \beta_{2}}{2}\right)\sin\left(\frac{\beta_{1} - \beta_{2}}{2}\right) \simeq (\beta_{1} - \beta_{2})\sin\beta_{m} = 2\beta_{h}\sin\beta_{m} \tag{4-84}$$

$$(BW)_{h} = 2\beta_{h} = 0.886\frac{\lambda}{L\sin\beta_{m}}(rad) = 51\frac{\lambda}{L\sin\beta_{m}}(°) \tag{4-85}$$

当 $\beta_{m} = \pi/2$ 时,上式与侧射阵的主瓣宽度公式相同。如果在正侧向两边±ϕ_{m} 内扫描,取 $\beta_{m} = 90° \pm \phi_{m}$ 得

$$(BW)_{h} = 0.886\frac{\lambda}{L\cos\phi_{m}}(rad) = 51\frac{\lambda}{L\cos\phi_{m}}(°) \tag{4-86}$$

将此式与侧射阵主瓣宽度式(4-36)相比可知,波束扫描时半功率波瓣宽度将变宽。

习题

1. 对于一个间距为一个波长、电流幅度相等、相位差 180° 的二元阵,试推导其阵因子表达式,并指出其最大波数指向角。

2. 仿照二元天线阵列分析方法,试画出一等幅同相、单元间距为一个波长的三元阵阵因子方向图。

3. 试证明均匀激励等间距直线阵列阵因子方向图沿阵轴旋转对称。

4. 设计一个八元均匀激励、等间距直线阵列:

(1) 主瓣指向为阵列轴向;

(2) 主瓣指向距离阵列轴向 45°。

5. 设计一个单元间距 $d = 0.5\lambda$、主瓣指向距离阵列轴向 60° 的均匀激励五元直线阵,求出相差 α,并画出阵因子方向图。

常 用 天 线

在实际工程应用中,天线的类型有很多种,如单极子天线、面天线、微带天线等。不同类型的天线具有不同的优势和电磁特性。面天线通常具有较大的平面口径,因此具有窄波束、高增益的特点。微带天线具有体积小、重量轻、易于共形、造价低、加工便捷等优点,广泛用于卫星通信、移动通信、微波遥感、电子对抗等领域。本章将对单极子天线、面天线、微带天线等常用天线的工作原理及电磁特性进行简单介绍。

5.1 单极子天线

5.1.1 镜像原理

微课视频

当对称振子天线的一个臂变成导电平面时,就形成了单极子天线,研究单极子天线的最佳方法是镜像法。当场源位于无限大理想导体平面上方时,该导体平面的电磁作用可用其镜像源来等效。例如,水平电流源 I 位于理想导体平面上方,如图 5-1(a)所示。导体平面上方的场是由电流源 I 及导体的感应电流共同决定的。对于此类问题,如图 5-1(b)所示,可将导体对上半空间的影响由其镜像源 I' 来等效,此即为镜像原理。换句话说,对导体平面上半空间问题的求解,可由自由空间中真实电流源 I 及其镜像源 I' 的共同作用来等效。由于等效系统中导体不存在,因此大大降低了求解此类问题的难度。

真实源 I 及其镜像源 I' 所产生的合成场需在导体平面满足电场切向为零的边界条件。这意味着,在导体平面上任意一点 P,真实源 I 产生的电场 E_θ 及其镜像源 I' 产生的电场 E_θ' 的切向分量需刚好抵消,如图 5-1(b)所示,因此水平电流源的镜像源与其等幅反相,即 $I=-I'$。同理可得,垂直电流源的镜像源与其等幅同相,如图 5-2 所示。而其他任意方向可被视为这两种情况的叠加。

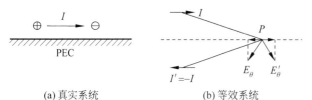

(a) 真实系统   (b) 等效系统

图 5-1 理想导体上的电流源

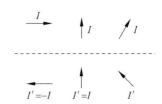

图 5-2 任意方向的电流源对理想
导体的镜像

微课视频

5.1.2　导体平面上的单极子天线

单极子天线有多种形式,如普通单极子天线、折合单极子天线及锥形单极子天线等。这里主要介绍以垂直接地振子为代表的普通单极子天线,如图 5-3 所示。设单极子天线臂长为 l,由镜像原理可知,该单极子天线与其镜像构成一个长为 $2l$ 的对称振子天线。因此,其上半空间的辐射场为

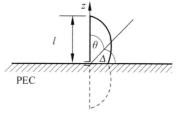

$$\begin{cases} E_\theta(\theta) = \mathrm{j}\dfrac{60 I_\mathrm{m}}{r}\mathrm{e}^{-\mathrm{j}\beta r}f(\theta), & 0 \leqslant \theta \leqslant \pi/2 \\ E_\theta(\theta) = 0, & \pi/2 < \theta \leqslant \pi \end{cases} \tag{5-1}$$

图 5-3　垂直接地振子

其中,方向图函数为

$$f(\theta) = \frac{\cos(\beta l\cos\theta) - \cos\beta l}{\sin\theta} = \frac{\cos(\beta l\sin\Delta) - \cos\beta l}{\cos\Delta} \tag{5-2}$$

因此,单极子天线在上半空间的方向图与长为 $2l$ 的对称振子天线相同。其方向性系数为

$$D_\mathrm{s} = \frac{2f^2(\theta_\mathrm{m})}{\displaystyle\int_0^{\pi/2} f^2(\theta_\mathrm{m})\sin\theta\,\mathrm{d}\theta} = \frac{2f^2(\theta_\mathrm{m})}{\dfrac{1}{2}\displaystyle\int_0^{\pi} f^2(\theta_\mathrm{m})\sin\theta\,\mathrm{d}\theta} = 2D_\mathrm{d} \tag{5-3}$$

由上式可知,单极子天线的方向性系数 D_s 是其相应的对称振子天线在自由空间中的方向性系数 D_d 的 2 倍。

由于单极子天线的辐射仅存在于上半空间,而对称振子天线为全空间辐射,因此单极子天线的辐射功率仅为具有相同波幅电流 I_m 的对称振子天线的一半,故其辐射电阻 R_rs 是相应对称振子天线辐射电阻 R_rd 的一半,即 $R_\mathrm{rs} = R_\mathrm{rd}/2$。

5.2　面天线

5.2.1　惠更斯等效原理

惠更斯菲涅尔原理指出,由波源激励起的任一波阵面上的每一个小面元都可以看作次级场的源。空间任意一点的辐射场是波阵面上所有次级源发出的次级场在该点相互干涉叠加的结果。将此原理用于天线问题,那么天线外任意一点的辐射场是包围天线的一个封闭面 S 上各面元产生的次级场在该点处叠加的结果。因此,天线可由包围该天线的一个封闭表面上的等效源来等效,由等效源积分得到的辐射场与天线产生的辐射场具有相同的效果,如图 5-4 所示。等效面电流密度 $\boldsymbol{J}_s$ 与等效面磁流密度 $\boldsymbol{M}_s$ 分别为

$$\boldsymbol{J}_s = \hat{n} \times \boldsymbol{H}_s \tag{5-4}$$

$$\boldsymbol{M}_s = -\hat{n} \times \boldsymbol{E}_s \tag{5-5}$$

其中,$\hat{n}$ 为面 S 上的法向,$\boldsymbol{E}_s$ 和 $\boldsymbol{H}_s$ 分别为面 S 上的真实电场分布和磁场分布。若面 S 与天线金属部分重合,由于金属表面切向电场为零,则与金属重合部分的等效磁流 $\boldsymbol{M}_s = 0$。

若 $\boldsymbol{E}_s$ 和 $\boldsymbol{H}_s$ 已知,则等效面上的等效电流 $\boldsymbol{J}_s$ 与等效磁流 $\boldsymbol{M}_s$ 可由上式确定,通过积分运算便可获得等效面外部辐射场。辐射场与等效源的积分关系如下

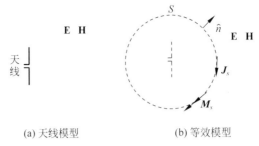

(a) 天线模型   (b) 等效模型

图 5-4   天线等效原理示意图

$$\boldsymbol{E} = -\mathrm{j}\omega\mu_0 \oiint_s \left[\boldsymbol{J}_s(\boldsymbol{r}') G(\boldsymbol{r},\boldsymbol{r}') + \frac{1}{k^2} \nabla' \cdot \boldsymbol{J}_s(\boldsymbol{r}') \nabla G(\boldsymbol{r},\boldsymbol{r}') \right] \mathrm{d}s' + $$

$$\oiint_s \left[\boldsymbol{M}_s(\boldsymbol{r}') \times \nabla G(\boldsymbol{r},\boldsymbol{r}') \right] \mathrm{d}s' \tag{5-6}$$

式中,格林函数 G 的表达式如下

$$G(\boldsymbol{r},\boldsymbol{r}') = \frac{\mathrm{e}^{-\mathrm{j}k|\boldsymbol{r}-\boldsymbol{r}'|}}{4\pi|\boldsymbol{r}-\boldsymbol{r}'|} \tag{5-7}$$

$\boldsymbol{r}$ 和 $\boldsymbol{r}'$ 分别表示场点与源点位置,μ_0 为自由空间磁导率。在远场区,$\boldsymbol{H} = 1/\eta\hat{r}\times\boldsymbol{E}$。$\eta = 120\pi$ 为自由空间波阻抗。

5.2.2 喇叭天线

喇叭天线是常用且简单的一种微波天线。喇叭天线不仅可用作各种反射面天线和透镜天线的馈源,在天线测量中,还常用作对其他高增益天线进行校准和增益测试的通用标准。其主要优点有结构简单、易于激励、便于控制波束宽度与增益、通用性强等,因此具有十分广泛的用途。

喇叭天线有许多种不同的形式,其基本形式是由矩形波导或圆波导的开口面逐渐展开而形成的。开口面的逐渐扩张改善了波导与自由空间的匹配性能,从而使得波导中传输的绝大部分能量由喇叭辐射出去。矩形波导馈电的喇叭根据扩展的形式不同可分为三类。矩形波导窄边尺寸扩展而宽边尺寸不变的喇叭天线,称为 E 面扇形喇叭,如图 5-5(a)所示;若其宽边尺寸扩展而窄边尺寸不变,称为 H 面扇形喇叭,如图 5-5(b)所示;若矩形波导的两边尺寸都扩展,称为角锥喇叭(pyramidal horn),如图 5-5(c)所示;由圆形波导扩展而成的一般是圆锥喇叭(conical horn),如图 5-5(d)所示。

角锥喇叭是对馈电的矩形波导在宽边和窄边均按一定张角张开而形成的。角锥喇叭除了具有较高增益以外,还具有较低损耗及宽带特性,因此是使用最普遍的喇叭天线之一。角锥喇叭天线的本质是 E 面和 H 面扇形喇叭天线的组合。此处,我们以角锥喇叭天线为例,介绍其口径场分布和远场特性。角锥喇叭的几何关系如图 5-6 所示。矩形波导中一般传输主模 TE_{10} 模,虽然在波导与喇叭的连接处因不连续性会引起高次模,但只要张角不太大,这些高次模会在喇叭颈部很快衰减消失,因此只有主模在喇叭内传播。

通常近似地认为,角锥喇叭中的电磁场具有球面波特性,而且假设角锥喇叭口径面上的相位分布沿 x 和 y 两个方向均为平方律变化。角锥喇叭口径面上任意一点 (x,y) 与口径面中点 O 的相位差可表示为

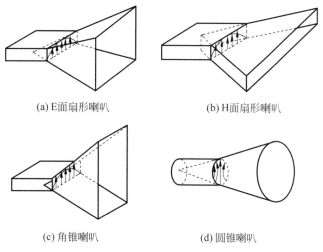

(a) E面扇形喇叭　　　　　　　(b) H面扇形喇叭

(c) 角锥喇叭　　　　　　　　(d) 圆锥喇叭

图 5-5　喇叭天线的几种基本形式

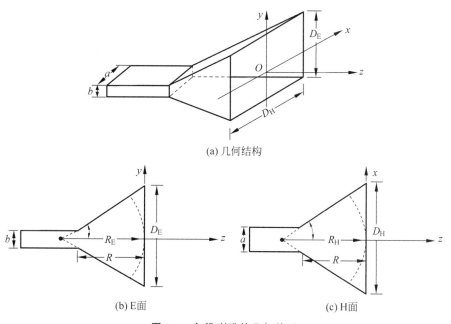

(a) 几何结构

(b) E面　　　　　　　　　　(c) H面

图 5-6　角锥喇叭的几何关系

$$\psi = \frac{\pi}{\lambda} \left(\frac{\lambda^2}{R_{\mathrm{H}}} + \frac{y^2}{R_{\mathrm{E}}} \right) \tag{5-8}$$

由于波导中 TE_{10} 模的幅度沿 y 方向均匀不变,沿 x 方向按余弦分布,按此假设,可得角锥喇叭口径场为

$$E_y = E_0 \frac{\pi x}{D_{\mathrm{H}}} \mathrm{e}^{-\mathrm{j}\frac{\pi}{\lambda}\left(\frac{x^2}{R_{\mathrm{H}}} + \frac{y^2}{R_{\mathrm{E}}}\right)} \tag{5-9}$$

$$H_y = -\frac{E_y}{\eta} \tag{5-10}$$

式中,η 为自由空间波阻抗。若 $R_{\mathrm{H}} = R_{\mathrm{E}}$,则为尖顶角锥喇叭,可用作标准增益喇叭。若

$R_H \neq R_E$,则为楔形喇叭。

根据口径面的场分布,利用式(5-4)~式(5-7)便可求得角锥喇叭的远区辐射场,由于计算过程复杂,这里直接给出结果。

H 面($\varphi=0°$)的远场分布为

$$E_H = j \frac{1}{2\lambda r}(1+\cos\theta)e^{-jkr}E_0 f_H(\theta) \tag{5-11}$$

H 面空间因子 $f_H(\theta)$ 可用菲涅尔积分表示为

$$
\begin{aligned}
f_H(\theta) = &\frac{1}{2}\sqrt{\frac{\lambda R_H}{2}}e^{j\frac{\pi\lambda R_H}{4}\left(\frac{1}{D_H}+\frac{2\sin\theta}{\lambda}\right)^2}\{C(v_2)-C(v_1)-j[S(v_2)-S(v_1)]\}+ \\
&e^{j\frac{\pi\lambda R_H}{4}\left(\frac{1}{D_H}-\frac{2\sin\theta}{\lambda}\right)^2}\{C(v_4)-C(v_3)-j[S(v_4)-S(v_3)]\}
\end{aligned} \tag{5-12}
$$

式中

$$
\begin{cases}
v_1 = \dfrac{1}{\sqrt{2\lambda R_H}}\left[-D_H - R_H\left(\dfrac{\lambda}{D_H}+2\sin\theta\right)\right] \\[2mm]
v_2 = \dfrac{1}{\sqrt{2\lambda R_H}}\left[D_H - R_H\left(\dfrac{\lambda}{D_H}+2\sin\theta\right)\right] \\[2mm]
v_3 = \dfrac{1}{\sqrt{2\lambda R_H}}\left[-D_H + R_H\left(\dfrac{\lambda}{D_H}-2\sin\theta\right)\right] \\[2mm]
v_4 = \dfrac{1}{\sqrt{2\lambda R_H}}\left[D_H + R_H\left(\dfrac{\lambda}{D_H}-2\sin\theta\right)\right]
\end{cases} \tag{5-13}
$$

E 面($\varphi=90°$)的远场分布为

$$E_E = j \frac{1}{2\lambda r}(1+\cos\theta)e^{-jkr}E_0 f_E(\theta) \tag{5-14}$$

E 面空间因子 $f_E(\theta)$ 为

$$f_E(\theta) = \sqrt{\frac{\lambda R_E}{2}}e^{j\frac{\pi R_E}{2}\sin^2\theta}\{C(w_2)-C(w_1)-j[S(w_2)-S(w_1)]\} \tag{5-15}$$

式中

$$
\begin{cases}
w_1 = -\sqrt{\dfrac{2R_E}{\lambda}}\sin\theta - \sqrt{\dfrac{2}{\lambda R_E}}\dfrac{D_E}{2} \\[2mm]
w_2 = -\sqrt{\dfrac{2R_E}{\lambda}}\sin\theta + \sqrt{\dfrac{2}{\lambda R_E}}\dfrac{D_E}{2}
\end{cases} \tag{5-16}
$$

一般角锥喇叭天线的欧姆损耗较小,其增益和效率可由下式得出

$$G = \frac{4\pi}{\lambda^2}S \cdot e_a \tag{5-17}$$

式中,$S=D_H D_E$ 为该喇叭天线物理口径面积。口径利用效率 e_a 为

$$e_a = \frac{\left|\int_S E_a ds\right|^2}{S\int_S |E_a|^2 ds} = \frac{\left|\int_{-D_H/2}^{D_H/2}\cos\frac{\pi x}{D_H}e^{-j\frac{\pi}{\lambda}\frac{x^2}{R_H}}dx\right|^2}{D_H\int_{-D_H/2}^{D_H/2}\left|\cos\frac{\pi x}{D_H}\right|^2 dx} \cdot \frac{\left|\int_{-D_E/2}^{D_E/2}e^{-j\frac{\pi}{\lambda}\frac{y^2}{R_E}}dy\right|^2}{D_E\int_{-D_E/2}^{D_E/2}dy} \tag{5-18}$$

e_a 也可表示成

$$e_a = e_m e_p^H e_p^E \tag{5-19}$$

式中，由口径场幅度分布不均匀所引起的口径效率为

$$e_m = \frac{\left| \int_{-D_H/2}^{D_H/2} \cos \frac{\pi x}{D_H} \mathrm{d}x \right|^2}{D_H \int_{-D_H/2}^{D_H/2} \left| \cos \frac{\pi x}{D_H} \right|^2 \mathrm{d}x} \tag{5-20}$$

由 H 面口径场相位分布不均匀引起的口径效率为

$$e_p^H = \frac{\left| \int_{-D_H/2}^{D_H/2} \cos \frac{\pi x}{D_H} e^{-j \frac{\pi}{\lambda} \frac{x^2}{R_H}} \mathrm{d}x \right|^2}{\left| \int_{-D_H/2}^{D_H/2} \cos \frac{\pi x}{D_H} \mathrm{d}x \right|^2} \tag{5-21}$$

由 E 面口径场相位分布不均匀引起的口径效率为

$$e_p^E = \frac{\left| \int_{-D_E/2}^{D_E/2} e^{-j \frac{\pi}{\lambda} \frac{y^2}{R_E}} \mathrm{d}y \right|^2}{D_E \left| \int_{-D_E/2}^{D_E/2} \mathrm{d}y \right|^2} \tag{5-22}$$

化简后得

$$G = \frac{8\pi R_H R_E}{D_E D_H} \{ [C(u) + C(v)]^2 + [S(u) + S(v)]^2 \} [C^2(w) + S^2(w)] \tag{5-23}$$

式中

$$\begin{cases} u = \dfrac{1}{\sqrt{2}} \left(\dfrac{D_H}{\sqrt{\lambda R_H}} + \dfrac{\sqrt{\lambda R_H}}{D_H} \right) \\[3mm] v = \dfrac{1}{\sqrt{2}} \left(\dfrac{D_H}{\sqrt{\lambda R_H}} - \dfrac{\sqrt{\lambda R_H}}{D_H} \right) \\[3mm] w = \dfrac{D_E}{\sqrt{2\lambda R_H}} \end{cases} \tag{5-24}$$

角锥喇叭的增益也可由 E 面和 H 面扇形喇叭的增益来表示，即式(5-23)也可写为

$$G = \frac{\pi}{32} \left(\frac{\lambda}{a} G_E \right) \left(\frac{\lambda}{b} G_H \right) \tag{5-25}$$

式中，$G_E = \frac{4\pi}{\lambda^2} D_E a e_m e_p^E$ 为口径面积为 $D_E a$ 的 E 面扇形喇叭的增益，$G_H = \frac{4\pi}{\lambda^2} D_H b e_m e_p^H$ 为口径面积为 $D_H b$ 的 H 面扇形喇叭的增益。$\frac{\lambda}{a} G_E$、$\frac{\lambda}{b} G_H$ 分别表示角锥喇叭的 E 面尺寸和 H 面尺寸对其增益的贡献。

由上式可知，角锥喇叭的增益是口径尺寸的函数，即不同的口径尺寸天线的增益将不同。所设计的尺寸使得其增益达到最大的角锥喇叭称为最佳角锥喇叭。最佳角锥喇叭在 H 面和 E 面分别取得最佳时的几何尺寸一般满足如下关系

$$\begin{cases} R_{\text{Hopt}} = \dfrac{D_{\text{H}}^2}{3\lambda} \\[3mm] R_{\text{Eopt}} = \dfrac{D_{\text{E}}^2}{2\lambda} \end{cases} \tag{5-26}$$

与其对应的 H 面和 E 面最大相差最佳值为

$$\begin{cases} \psi_{\text{Hm}} = \dfrac{2\pi}{\lambda} \dfrac{D_{\text{H}}^2}{8R_{\text{H}}} = \dfrac{3}{4}\pi \\[3mm] \psi_{\text{Em}} = \dfrac{\pi}{2} \end{cases} \tag{5-27}$$

代入式(5-19)~式(5-21)可得当 H 面和 E 面尺寸均为最佳时,其口径效率为

$$e_{\text{aopt}} = e_{\text{m}} e_{\text{popt}}^{\text{H}} e_{\text{popt}}^{\text{E}} = 0.81 \times 0.79 \times 0.80 = 0.51 \tag{5-28}$$

根据上述尺寸关系,可进一步求得最佳角锥喇叭天线 H 面和 E 面的半功率波瓣宽度分别为

$$\begin{cases} 2\theta_{0.5\text{H}} \approx 1.36 \dfrac{\lambda}{D_{\text{H}}} = 78° \dfrac{\lambda}{D_{\text{H}}} \\[3mm] 2\theta_{0.5\text{E}} \approx 0.94 \dfrac{\lambda}{D_{\text{E}}} = 54° \dfrac{\lambda}{D_{\text{E}}} \end{cases} \tag{5-29}$$

图 5-7 给出了一工作在 C 波段的角锥喇叭全波仿真案例,该天线模型如图 5-7(a)所示,其中 $a = 30\text{mm}$,$b = 60\text{mm}$,$L = 60\text{mm}$,$R = 48.6\text{mm}$,$D_{\text{H}} = 82\text{mm}$,$D_{\text{E}} = 70\text{mm}$。基于有限元全波仿真得到的三维增益方向图如图 5-7(b)所示,该天线最大增益为 11.4dB,波束指向为 z 向,即 $\theta = 0°$。

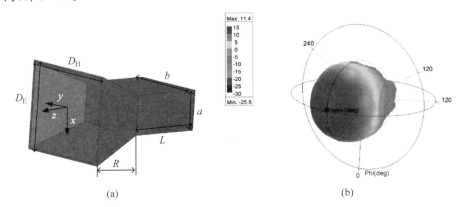

(a)   (b)

图 5-7　角锥喇叭模型及三维增益方向图

5.2.3　反射面天线

反射器可用于修改辐射单元的方向图,使之产生一种预定特征的波束,因此带有反射器的反射面天线是天线应用中非常广泛的一种面天线。天线的反射器可以是多种形状的导体表面,例如平面式、带角平面式、旋转抛物面、柱形抛物面、球形抛物面等。反射面天线有多种不同的分类方法,如可以按照反射面类型、反射面个数、馈电类型或辐射方向图等形式进行分类,本书根据反射面类型进行分类。

1. 平面反射器天线

平面反射器天线是结构最为简单的一种反射面天线。图 5-8(a)给出了一种馈源为偶极子,反射器为一有限大导体平板的反射面天线。导体平板对辐射场的影响可利用镜像原理进行分析,理论分析时,为简化分析过程,可忽略反射器的边缘效应,将导体平面理想化为一个无限大的平面。虽然在实际应用中反射器的尺寸是有限的,但若研究的范围较小,理想情况的结果与最终的实际结果差距并不大。该导体平板可用于减小背向辐射,增强前向辐射。其前向辐射的方向图与馈源到平板的垂直距离有关。由于水平极化电流的镜像源与真实电流源等幅反相,因此当馈源到平板的垂直距离为四分之一个波长时,该反射面天线的增益最大,且最大波束指向为反射器的法向。

图 5-8(b)给出了一种由两个导体平面组成的夹角为 $\alpha(\alpha<180°)$ 的角反射器天线。角反射器可使能量更好地辐射出去,因此一般可获得比平板反射器更为尖锐的辐射方向图。夹角为直角($\alpha=90°$)的反射器又被称为直角反射器,如图 5-8(c)所示。直角反射器的特点是反射的信号是原路返回的,也就是说入射波总被反射回波源,因此可用于雷达目标检测,用以侦测或跟踪目标。

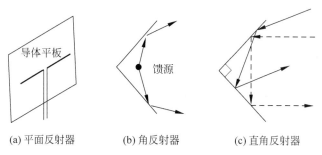

(a) 平面反射器　　　　(b) 角反射器　　　　(c) 直角反射器

图 5-8　平面反射器天线

2. 抛物面天线

抛物面天线具有高增益的特性,是使用最为广泛的反射面天线,如中国天眼 500m 口径球面射电望远镜(Five-hundred-meter Aperture Sphericalradio Telescope,FAST)就属于抛物面天线。抛物面天线一般是由一个旋转抛物面和一个馈源组成。抛物面是由一平面抛物线绕轴线旋转一周而成的。馈源可以是多种形式,如喇叭天线、带反射板的短偶极子天线等,其相位中心放置于抛物面的焦点处。

天线用作接收时,外来平面波照射在抛物面上,基于几何光学定律,由抛物面反射的反射波会汇聚到抛物面的焦点,从而被馈源接收。由于互易性,当天线用作发射时,由馈源辐射出的球面波,经抛物面反射后会转换为平面波,平行地辐射到指定方向。

由于抛物面是通过旋转得到的,为方便分析,可通过其剖面示意图来研究天线的特性,如图 5-9 所示。S 代表旋转抛物面,F 为该抛物面焦点,S_0 为通过焦点且垂直于反射面轴线 z 的一平面,M 为 S 上的一点,P 为 S_0 上的一点。由抛物线的几何性质,可得

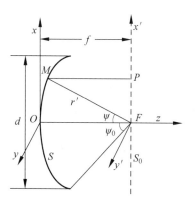

图 5-9　抛物面的几何特性

$$FM + MP = 2f \tag{5-30}$$

式中

$$\begin{cases} FM = r' \\ MP = r'\cos\psi \end{cases} \tag{5-31}$$

整理可得 $r' + r'\cos\psi = 2f$，故

$$r' = \frac{2f}{1 + \cos\psi} \tag{5-32}$$

在以焦点 F 为坐标原点的 $x'y'z'$ 坐标系下，$FM = r' = \sqrt{x'^2 + y'^2 + z'^2}$，$MP = -z'$。由式(5-30)可得

$$\sqrt{x'^2 + y'^2 + z'^2} - z' = 2f \tag{5-33}$$

$$x'^2 + y'^2 = 4f(f + z') \tag{5-34}$$

若将其平移至 xyz 坐标系，则满足如下平移关系

$$\begin{cases} x' = x \\ y' = y \\ z' = z - f \end{cases} \tag{5-35}$$

代入式(5-34)可得抛物面的坐标关系如下

$$x^2 + y^2 = 4fz \tag{5-36}$$

由于 $x = r'\sin\psi$，则根据式(5-32)可得

$$r' = \frac{x}{\sin\psi} = \frac{2f}{1 + \cos\psi} \tag{5-37}$$

当 $x = d/2$ 时，可得

$$\frac{f}{d} = \frac{1}{4}\cot\left(\frac{\psi_0}{2}\right) \tag{5-38}$$

在抛物面天线的分析与设计中，f/d 是一个非常重要的参数。当 $\psi_0 < \pi/2$ 时，$f/d < 0.25$，称为长焦距抛物面；当 $\psi_0 = \pi/2$ 时，$f/d = 0.25$，称为中等焦距抛物面；当 $\psi_0 > \pi/2$ 时，$f/d > 0.25$，称为短焦距抛物面。

抛物面天线作为一种高增益天线，最重要的参数就是方向性与增益，这与天线的口径效率息息相关。一般馈源天线为喇叭天线，假设位于焦点处喇叭天线的辐射功率为 $g(\psi)$，那么口径效率表达式为

$$\eta_{\mathrm{ap}} = \cot^2 \left| \int_0^{\psi_0} g(\psi)\tan\left(\frac{\psi}{2}\right)\mathrm{d}\psi \right|^2 \tag{5-39}$$

由上式可知，该效率是由馈源辐射特性及反射面特性共同决定的，口径效率最大可以达到 $0.82 \sim 0.83$。一般来说，随着 f/d 增加，反射面上的场分布越均匀，天线的电磁特性越好。但 f/d 不能过大，该参数过大时，天线纵向尺寸太长，会导致馈源能量泄漏增大，因此要在其中找平衡点，使得系统获得最大的效率。不考虑截获效率时，根据上述口径效率可进一步获得天线增益为

$$G = \frac{4\pi}{\lambda^2}\eta_{\mathrm{ap}}\pi(d/2)^2 \tag{5-40}$$

半功率波瓣宽度的表达式为

$$\mathrm{BW} \approx \frac{\lambda}{d} \times 70° \qquad (5\text{-}41)$$

因此,波瓣宽度与反射面的尺寸大小有关,尺寸越大,波瓣宽度越窄。

图 5-10 给出了抛物面天线的全波仿真案例。该抛物面天线模型如图 5-10(a)所示,直径 $d = 6\lambda$,$f/d = 0.38$。利用图 5-7 所示喇叭天线作为该抛物面天线的馈源,喇叭天线的相位中心位于该抛物面的焦点处。基于全波仿真得到的三维增益方向图如图 5-10(b)所示,从图中可以看出,该天线波束指向为 z 向,波数较窄,最大增益为 23.6dB。

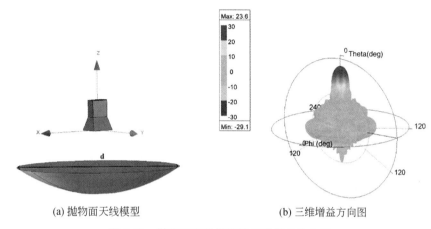

(a) 抛物面天线模型　　　　　(b) 三维增益方向图

图 5-10　抛物面天线模型及三维增益方向图

5.3　微带天线

5.3.1　微带天线结构及工作原理

微课视频

微带天线的发展始于 1953 年美国伊利诺伊大学 G. A. Deschamps 教授提出利用微带线的辐射来制成微带天线,但直到 20 世纪 70 年代初期才被人们重视,到 80 年代其理论研究已趋于成熟。与普通微波天线相比,微带天线具有剖面低、尺寸小、重量轻、便于共形、加工简便、易于大量生产、成本低、便于实现多功能设计等优点,因此被广泛应用于卫星通信、移动通信、雷达、微波遥感遥测、导弹遥测遥控、电子对抗等多个领域。微带天线的主要缺点是频带窄、辐射效率低、功率容量小等。不过随着技术的不断发展,研究学者们已提出多种技术途径来克服上述缺点,例如新一代设计的宽带微带天线相对带宽可达 15%～30% 甚至 70%。

微带天线通常是由一金属贴片置于带导体接地板的介质基片表面所形成,如图 5-11 所示。金属贴片的形状可以任意设计,如矩形、圆形、三角形或圆环等,也可以是不规则的形状。图 5-11 为典型的矩形微带天线结构,金属贴片的长度 L 一般取 $\lambda/3 < L < \lambda/2$,宽度 W 一般小于 λ,但不能太小。介质基板厚度 h 远小于波长,相对介电常数一般为 2～24。

微带天线有多种馈电方式,主要分为三类:微带传输线馈电、同轴探针馈电、耦合馈电。微带传输线馈电结构如图 5-11 所示,微带传输线馈电的馈线也是一导体带,一般宽度较窄。该馈电模式制造简单,易于匹配,缺点是会产生更多的表面波和寄生辐射,在实际应用中限

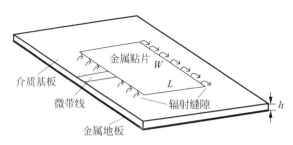

图 5-11　微带线馈电的矩形微带天线

制了带宽。同轴探针馈电基本结构如图 5-12(a)所示,这种馈电方式是将同轴线从地平面底部穿过给微带贴片馈电,同轴的外导体焊接于地板,内导体穿过基板和贴边,焊接于贴片顶部。此类馈电模式易于匹配、制造简单、寄生辐射低,但带宽较窄,且建模相对困难。微带线传输线馈电和同轴探针馈电会因自身的不对称性引起高次模,从而导致交叉极化。为克服这一问题,有了传输线耦合馈电模式,基本结构如图 5-12(b)所示,此类馈电模式具有相对较宽的带宽。

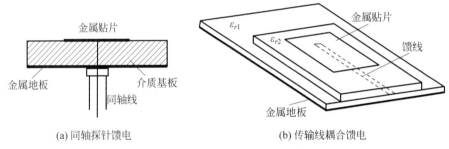

(a) 同轴探针馈电　　　　　　　　　(b) 传输线耦合馈电

图 5-12　同轴探针馈电与传输线耦合馈电结构

　　上述馈电结构,可使介质板顶部的金属贴片和地板之间激励起高频电磁场,并通过贴片四周与接地板间的缝隙向外辐射。如图 5-11 所示,其辐射场可认为是由贴片沿长度方向的两个开路端上的边缘场产生的。边缘电场可分解为水平分量和垂直分量。一般而言,贴片的长度 $L \approx \lambda/2$,因此两开路端的边缘电场的垂直分量相位相反,该分量在空间中产生的辐射场会相互抵消,而水平分量相位相同,所以天线的远区辐射场主要由边缘场的水平分量产生。

5.3.2　传输线模型

　　由于介质及金属地板的存在,微带天线的解析场是相对复杂的。为研究微带天线的辐射机理,学者们在微带天线的分析方法和辐射模型的构建方面进行了大量的研究。微带天线的分析方法主要有传输线模型法、谐振腔模型法及全波模型法。其中,传输线模型法是最早提出,也是最简单的分析方法,该方法具有清晰的物理含义,但精度不够高且不易于模式耦合。谐振腔模型法相对传输线模型法而言更为复杂,但该方法精度更高,也具备清晰的物理含义,不过该方法也不易于模式耦合。全波模型法是精度最高的分析方法,适用于任意模型,但需依赖大量的数值计算,且物理含义不明显。

　　本节介绍传输线模型法。该方法主要是将天线的矩形贴片等效为一段传输线,因此仅适用于矩形贴片微带天线的建模与分析。

如图 5-13 所示,微带天线的矩形贴片尺寸为 $L \times W$,基片厚度 $h \ll \lambda$。可将该贴片视为一段传输线,贴片与地板间介质基板内的电场沿宽度方向(W 方向)和厚度方向(h 方向)不变,仅沿着长度方向(L 方向)变化。辐射主要由长度方向两开路端不连续性引起的边缘场产生。贴片与地板间的介质板内的电磁场可表示为

$$E_x = E_0 \cos\left[\frac{\pi}{L}\left(y + \frac{L}{2}\right)\right] \tag{5-42}$$

$$H_z = H_0 \sin\left[\frac{\pi}{L}\left(y + \frac{L}{2}\right)\right] \tag{5-43}$$

$$E_y = E_z = H_x = H_y = 0 \tag{5-44}$$

式中,$E_0 = U_0/h$,U_0 为缝隙处的电压。在缝隙处,即 $y = \pm L/2$ 处,贴片与地板之间的电场强度最大。

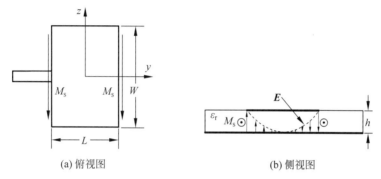

(a) 俯视图　　　　　　　　　　　　(b) 侧视图

图 5-13　矩形贴片微带天线的传输线模型

由等效原理可知,缝隙处的电场辐射可等效为面磁流的辐射。考虑到地板的影响,由镜像原理可知,水平磁流源的镜像源与其等幅同相。因为 $h \ll \lambda$,所以总等效磁流源为面磁流的两倍。

$y = -L/2$ 时,等效磁流源

$$\boldsymbol{M}_s = -2\hat{n} \times \boldsymbol{E}\,\big|_{y=L/2} = -2(-\hat{y}) \times \hat{x}E_0 = -2\hat{z}E_0 \tag{5-45}$$

$y = L/2$ 时,等效磁流源

$$\boldsymbol{M}_s = -2\hat{n} \times \boldsymbol{E}\,\big|_{y=L/2} = -2\hat{y} \times \hat{x}(-E_0) = -2\hat{z}E_0 \tag{5-46}$$

磁流源与其产生的矢量位 $\boldsymbol{F}$ 满足关系

$$\boldsymbol{F} = \frac{1}{4\pi}\iint\limits_S \frac{\boldsymbol{M}_s}{r}\mathrm{e}^{-\mathrm{j}kr}\,\mathrm{d}s \tag{5-47}$$

式中,r 为场源间的距离。远区电磁场与矢量位 $\boldsymbol{F}$ 之间的关系为

$$\begin{cases} \boldsymbol{H} \approx -\mathrm{j}\omega\varepsilon_0 \boldsymbol{F} \\ \boldsymbol{E} = \eta\boldsymbol{H} \times \hat{r} \end{cases} \tag{5-48}$$

由式(5-45)~式(5-48)可求得该微带天线的远区辐射场解析表达式为

$$\begin{cases} E_\theta = E_r = 0 \\ E_\varphi = \mathrm{j}\dfrac{kWhE_0\,\mathrm{e}^{-\mathrm{j}kr}}{\pi r}\sin\theta\,\mathrm{sinc}\left(\dfrac{1}{2}kh\sin\theta\cos\varphi\right)\mathrm{sinc}\left(\dfrac{1}{2}kW\cos\theta\right)\cos\left(\dfrac{1}{2}kL\sin\theta\sin\varphi\right) \end{cases} \tag{5-49}$$

式中，$\operatorname{sinc}(x) = \sin(x)/x$。当介质基板很薄时，即满足 $kh \ll 1$ 时，上式可化简为

$$E_\varphi = j\frac{kWU_0 e^{-jkr}}{\pi r}\sin\theta\operatorname{sinc}\left(\frac{1}{2}kW\cos\theta\right)\cos\left(\frac{1}{2}kL\sin\theta\sin\varphi\right) \tag{5-50}$$

进一步可得 H 面（xOz 面，$\varphi = 0°$）方向图函数为

$$F_H = \sin\theta\operatorname{sinc}\left(\frac{1}{2}kW\cos\theta\right) \tag{5-51}$$

E 面（xOy 面，$\theta = 90°$）方向图函数为

$$F_E = \cos\left(\frac{1}{2}kL\sin\varphi\right) \tag{5-52}$$

由上式计算可求得 H 面与 E 面的半功率主瓣宽度近似表达式为

$$\begin{cases} 2\theta_{0.5H} = 2\arccos\sqrt{\dfrac{1}{2(1+\pi W/\lambda)}} \\ 2\theta_{0.5E} = 2\arcsin\dfrac{\lambda}{4L} \end{cases} \tag{5-53}$$

5.3.3　腔模理论

对于介质基板厚度远小于波长（$h \ll \lambda$）的薄微带天线，可将贴片与地板间的空间看成上下为电壁、四周为磁壁的介质加载谐振腔。于是便可根据边界条件利用模式展开法求解该区域的场分布。介质基板中的电磁波到达贴片边缘时会产生杂散效应，由于介质基板的厚度很小，沿着贴片边缘场的杂散效应也很小，也就是说电场几乎沿着贴片表面的法向，因此在腔内只需考虑 TM 模式的场的结构。这也是将腔体上下两壁视为电壁、四周视为磁壁的原因。

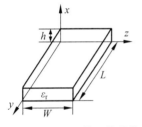

图 5-14　矩形微带天线结构

腔内场分布可由矢量电位来求得。如图 5-14 所示，假设介质基板的大小不超过贴片边缘，矢量位 A_x 的波动方程为

$$\nabla^2 A_x + k^2 A_x = 0 \tag{5-54}$$

利用分离变量法可求得 A_x 的一般形式为

$$\begin{aligned} A_x = &[A_1\cos(k_x x) + B_1\sin(k_x x)] \cdot [A_2\cos(k_y y) + B_2\sin(k_y y)] \cdot \\ &[A_3\cos(k_z z) + B_3\sin(k_z z)] \end{aligned} \tag{5-55}$$

式中，k_x、k_y 和 k_z 分别表示 x、y 和 z 方向的波数。腔内电场与矢量电位的关系为

$$\begin{cases} E_x = -j\dfrac{1}{\omega\mu\varepsilon}\left(\dfrac{\partial^2}{\partial x^2} + k^2\right)A_x \\ E_y = -j\dfrac{1}{\omega\mu\varepsilon}\dfrac{\partial^2 A_x}{\partial x\partial y} \\ E_z = -j\dfrac{1}{\omega\mu\varepsilon}\dfrac{\partial^2 A_x}{\partial x\partial z} \end{cases} \tag{5-56}$$

腔内磁场与矢量电位的关系为

$$\begin{cases} H_x = 0 \\ H_y = \dfrac{1}{\mu} \dfrac{\partial A_x}{\partial z} \\ H_z = -\dfrac{1}{\mu} \dfrac{\partial A_x}{\partial y} \end{cases} \tag{5-57}$$

腔体的边界条件有

$$\begin{cases} E_y \big|_{x'=0} = E_y \big|_{x'=h} = 0 \\ H_y \big|_{z'=0} = H_y \big|_{z'=W} = 0 \\ H_z \big|_{y'=0} = H_z \big|_{y'=L} = 0 \end{cases} \tag{5-58}$$

式中，x'、y'、z' 表示腔内场的位置。将上述边界条件代入式(5-56)，可推出

$$B_1 = B_2 = B_3 = 0 \tag{5-59}$$

且

$$\begin{cases} k_x = \dfrac{m\pi}{h}, \quad m = 0,1,2,\cdots \\ k_y = \dfrac{n\pi}{L}, \quad n = 0,1,2,\cdots \\ k_z = \dfrac{p\pi}{h}, \quad p = 0,1,2,\cdots \end{cases} \tag{5-60}$$

因此，得到 A_x 的最终表达式为

$$A_x = A_{mnp} \cos(k_x x') \cos(k_y y') \cos(k_z z') \tag{5-61}$$

式中，A_{mnp} 表示 mnp 模式的幅度系数。将其代入式(5-56)和式(5-57)可得腔内电场表达式为

$$\begin{cases} E_x = -\mathrm{j}\dfrac{k^2 - k_x^2}{\omega\mu\varepsilon} A_{mnp} \cos(k_x x') \cos(k_y y') \cos(k_z z') \\ E_y = -\mathrm{j}\dfrac{k_x k_y}{\omega\mu\varepsilon} A_{mnp} \sin(k_x x') \sin(k_y y') \cos(k_z z') \\ E_z = -\mathrm{j}\dfrac{k_x k_z}{\omega\mu\varepsilon} A_{mnp} \sin(k_x x') \cos(k_y y') \sin(k_z z') \end{cases} \tag{5-62}$$

磁场表达式为

$$\begin{cases} H_x = 0 \\ H_y = \dfrac{k_z}{\mu} A_{mnp} \cos(k_x x') \cos(k_y y') \sin(k_z z') \\ H_z = \dfrac{k_y}{\mu} A_{mnp} \cos(k_x x') \sin(k_y y') \cos(k_z z') \end{cases} \tag{5-63}$$

波数满足以下方程

$$k_x^2 + k_y^2 + k_z^2 = \left(\dfrac{m\pi}{h}\right)^2 + \left(\dfrac{n\pi}{L}\right)^2 + \left(\dfrac{p\pi}{W}\right)^2 = k_r^2 = \omega_r^2 \mu\varepsilon \tag{5-64}$$

故腔内的谐振频率为

$$(f_r)_{mnp} = \frac{1}{2\pi\sqrt{\mu\varepsilon}}\sqrt{\left(\frac{m\pi}{h}\right)^2 + \left(\frac{n\pi}{L}\right)^2 + \left(\frac{p\pi}{W}\right)^2} \tag{5-65}$$

主模对应于最低阶谐振频率。若 $L>W>h$，则主模 TM_{010} 的谐振频率为

$$(f_r)_{010} = \frac{1}{2L\sqrt{\mu\varepsilon}} = \frac{c}{2L\sqrt{\varepsilon_r}} \tag{5-66}$$

从上式可以看出，微带天线的主模谐振频率与贴片的长度 L 及介质基板的相对介电常数 ε_r 有关，L 越长，ε_r 越大，谐振频率越低。

对于主模 TM_{010}，腔内电磁场表达式可简化为

$$E_x = E_0\cos\left(\frac{\pi y}{L}\right) \tag{5-67}$$

$$H_z = H_0\sin\left(\frac{\pi y}{L}\right) \tag{5-68}$$

$$E_y = E_z = H_x = E_y = 0 \tag{5-69}$$

式中，$E_0 = -\mathrm{j}\omega A_{010}$，$H_0 = \left(\dfrac{\pi}{\mu L}\right)A_{010}$。矩形微带贴片天线主模谐振模式如图 5-15 所示。

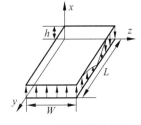

图 5-15　矩形微带贴片天线
主模谐振模式

微带天线产生的辐射场可由贴片四周四条缝的等效电流和等效磁流表示。由于贴片四周仅存在与贴片垂直的电场，故贴片四周等效电流为零、仅存在水平方向的等效磁流 M_s。根据镜像原理，地板的存在会使等效磁流 M_s 加倍。因此，可得长边方向的两条槽的等效磁流密度的表达式为

$$M_s = -2\hat{n}\times E_x\big|_{y=0,L} \tag{5-70}$$

窄边方向的两条槽的等效磁流密度的表达式为

$$M_s = -2\hat{n}\times E_x\big|_{z=0,W} \tag{5-71}$$

由于沿宽边的两条槽的等效磁流密度反相，一个缝产生的辐射场会被另一个缝产生的辐射场抵消，因此只有沿着长边的两条槽会向外辐射，即仅式(5-70)所表示的等效磁流会向外辐射。对比式(5-67)与式(5-42)可以发现，腔模理论所推导出的场分布与传输线模型相同，因此等效磁流 M_s 也相同，进而推导出的辐射场也一致，此处不再赘述。

5.3.4　微带天线实例

此处以一同轴馈电微带天线为例，其模型如图 5-16(a)所示。辐射贴片长度 $L_0 = 28\mathrm{mm}$，辐射贴片宽度 $W_0 = 37.26\mathrm{mm}$，同轴馈电点与贴片中心距离 $L_1 = 7\mathrm{mm}$，介质基板厚度为 $1.6\mathrm{mm}$，相对介电常数 $\varepsilon_r = 4.4$。

基于全波仿真得到的回波损耗如图 5-16(b)所示，从图中可以看出，该天线在谐振频点 $2.45\mathrm{GHz}$ 附近的回波损耗约为 $-27\mathrm{dB}$，因此具有较好的匹配特性。但该天线工作带宽较窄，约为 3.2%，这是常用矩形贴片微带天线的普遍特点。谐振频点处该天线的三维增益方向图如图 5-17(a)所示，yOz 面、xOz 面方向图分别如图 5-17(b)和图 5-17(c)所示。该天线波瓣较宽，最大增益约为 $4.2\mathrm{dB}$，最大辐射方向为 z 向。

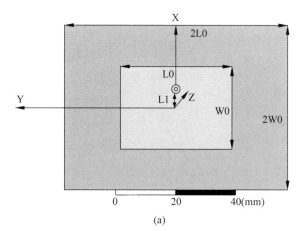

(a)

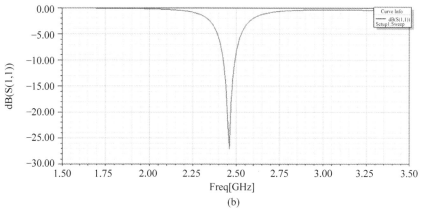

(b)

图 5-16 微带天线模型及回波损耗

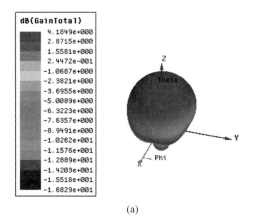

(a)

图 5-17 辐射方向图

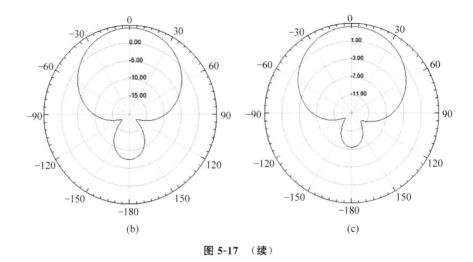

(b)   (c)

图 5-17 （续）

习题

1. 试证明图 5-1 所示等效系统在导电平面任意一点处产生的切向场为 0。

2. 严格来说均匀口径分布在物理上能实现吗？为什么？

3. 试描述角锥喇叭天线增益、波瓣宽度与天线尺寸的关系。

4. 设一抛物面天线直径 $d=2.5\text{m}$，焦径比 $f/d=0.3$，工作频率为 6GHz，馈源方向图 $f(\psi)=\cos^2(\psi)$。试计算该天线效率与增益。

5. 请解释微带天线辐射机理。

6. 试描述微带天线谐振频率与辐射贴片尺寸的关系。

第6章 天线的仿真设计原理与技术

CHAPTER 6

电磁问题的求解方法一般可分为解析法和数值方法两大类。解析法是通过严格的数学推导获得场的解析表达结果,因此具有精度高和计算速度快的优点,也是电磁学发展早期的主要求解方法。经过一百多年的发展,电磁目标的结构越来越复杂,解析法已不再适用。20世纪中叶,依托于计算机技术的快速发展,能够有效分析复杂目标电磁辐射及散射问题的数值计算方法得到了迅猛的发展。数值计算方法也是对天线等电磁结构进行仿真、分析与设计的主要手段。

6.1 电磁仿真方法简介

微课视频

1864年麦克斯韦总结了电场和磁场的互变规律与性质,创建了麦克斯韦方程组,完善了电磁学理论体系,让目标电磁特性的精确分析成为了可能。由电磁场唯一性定理可知,任何电磁问题的分析都可被认为是求解一定边界条件的麦克斯韦方程组。计算电磁学是以电磁学理论为基础,利用计算机及数值计算技术实现麦克斯韦方程组的高效求解方法,可有效解决复杂电磁问题的建模、仿真与优化设计等工程问题。该方法可利用计算机精确模拟目标的实际电磁特性,因此是当前天线分析与设计所采用的主要手段。

数值计算方法可根据方程的性质分为微分方程方法和积分方程方法,或根据求解域的不同分为时域方法和频域方法。因此,电磁建模的方法共可细分为以下四类:时域微分方程(Time Domain Differential Equation,TDDE)方法,时域有限差分(Finite Difference Time Domain,FDTD)方法就是其中的一类;时域积分方程(Time Domain Integral Equation,TDIE)方法,因为该方法耗用计算资源较大且稳定性差,所以目前没有得到广泛使用;频域微分方程(Frequency Domain Differential Equation,FDDE)方法,该方法在近几十年来发展得也很迅速,其中商业软件 HFSS 所采用的有限元方法(Finite Element Method,FEM)就是其中的一类;频域积分方程(Frequency Domain Integral Equation,FDIE)方法,因其能对复杂结构的近场耦合实现精确建模,目前使用较为广泛,例如商业软件 FEKO 采用的矩量(Method of Moments,MOM)法就是此类方法。

微分方程方法构造的矩阵为稀疏阵,对于非均匀媒质处理起来比较简单,但该方法求解区域需要包括目标周围的环境,且并没有满足严格意义上的辐射边界条件,因此所需未知量大并有一定的精度损失。虽然积分方程方法构造的是满阵,但是积分核所使用的格林函数自动满足辐射边界条件,因此求解区域仅限于目标本身。通常情况下,对电大尺度电磁模型的分析积分方程方法比微分方程方法更为高效。本章将简要介绍几种经典的数值方法,如矩量法、时域有限差分法等,以供读者参考。

6.2　矩量法

6.2.1　积分方程方法的基本原理

微课视频

积分方程方法采用格林函数描述时空中场源之间的电磁耦合关系,自动满足辐射边界条件,因此具有较高的计算精度,被广泛地应用于电磁辐射及散射问题的仿真分析。与微分方程方法相比,积分方程方法仅需求解位于目标本身的等效源,而微分方程方法需求解全空间内的场分布,因此积分方程方法在求解开域空间的电磁问题时,可极大地降低未知量。此外,积分方程方法易于与快速求解方法结合,具有较高的计算效率,因此在电磁仿真领域中具有重要的地位。

根据等效的原理不同,积分方程方法可分为表面积分方程(Surface Integral Equation, SIE)方法、体积分方程(Volume Integral Equation, VIE)方法和体面积分方程(Volume Surface Integral Equation, VSIE)方法。表面积分方程方法的等效源为等效面电流源或磁流源,未知量位于目标表面,适宜分析金属及均匀介质目标。体积分方程方法的等效源为等效体电流源或磁流源,未知量位于目标体内,适宜分析非均匀介质目标。体面积分方程方法为上述两种方法结合的混合方法,未知量位于金属表面和介质体内,适宜金属介质混合目标电磁问题的分析。

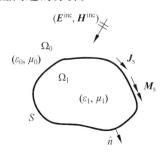

图 6-1　均匀介质目标散射问题面
等效原理示意图

此处以一均匀介质目标的散射问题为例介绍积分方程的建模及矩量法的求解,如图 6-1 所示。均匀入射平面波为 E^{inc}、H^{inc}。自由空间记为区域 Ω_0,介电常数和磁导率分别为 ε_0、μ_0。散射目标记为区域 Ω_1,散射目标体内介电常数和磁导率分别为 ε_1、μ_1。两区域交界面记为 S,$\hat{n}$ 为 S 面外法向单位矢量。

根据面等效原理,散射体对区域 Ω_0 产生的散射场可由表面等效电流源 J_s 及等效磁流源 M_s 所产生的辐射场代替。由于区域内总场为入射场与散射场之和,故基于著名的 Strattonchu 公式可得目标外表面的电场和磁场积分方程的表达式为

$$E_0(r) = E^{inc}(r) + \eta_0 L_0(J_s(r')) - K_0(M_s(r')) \tag{6-1}$$

$$H_0(r) = H^{inc}(r) + K_0(J_s(r')) + \frac{1}{\eta_0} L_0(M_s(r')) \tag{6-2}$$

式中,E_0 和 H_0 分别为外区域 Ω_0 内的总电场和总磁场。η_0 为自由空间波阻抗。r 和 r' 分别代表场点和源点位置。等效电流源及磁流源分别定义为 $J_s = \hat{n} \times H_0$,$M_s = E_0 \times \hat{n}$。

为满足边界面 S 处的场连续性边界条件,其内场等效源需与外场等效源符号相反。散射体内部区域 Ω_1 内的场由等效表面电流源 $-J_s$ 及等效磁流源 $-M_s$ 所产生的辐射场表示。Ω_1 内电场及磁场的积分表达形式为

$$E_1(r) = \eta_1 L_1(-J_s(r')) - K_1(-M_s(r')) \tag{6-3}$$

$$H_1(r) = K_1(-J_s(r')) + \frac{1}{\eta_1} L_1(-M_s(r')) \tag{6-4}$$

式中，E_1 和 H_1 分别为内区域 Ω_1 内的总电场和总磁场，η_1 为该区域的波阻抗。

L 算子和 K 算子定义如下

$$L_i(X) = \mathrm{i}k_i \int \left[X(r') + \frac{1}{k_i^2} \nabla\nabla' \cdot X(r') \right] G_i(r,r')\mathrm{d}r' \tag{6-5}$$

$$K_i(X) = \int \nabla G_i(r,r') \times X(r')\mathrm{d}r' \tag{6-6}$$

其中 k_i 为波数。本章采用的时谐因子为 $\mathrm{e}^{-\mathrm{i}\omega t}$。$G_i$ 为格林函数，定义为

$$G_i(r,r') = \frac{\mathrm{e}^{\mathrm{i}k_i|r-r'|}}{4\pi|r-r'|} \tag{6-7}$$

若目标为理想电导体（Perfect Electric Conductor，PEC），由导体表面切向电场为零可得

$$M_s = E_0 \times \hat{n} = 0 \tag{6-8}$$

因此金属表面不存在等效磁流源 M_s，仅存在等效电流源 J_s。

在两种不同属性的媒质交界面上，磁场所满足的边界条件为

$$J = \hat{n} \times (H_0 - H_1) \tag{6-9}$$

式中，J 为媒质分界处的自由面电流密度。对于金属导体，其内部电磁场为零，即 $H_1 = 0$。故结合式（6-9）可知导体表面的等效电流源 J_s 等于实际的感应电流密度。因此，PEC 目标对应的电场积分方程（Electric Field Integral Equation，EFIE）表达式为

$$E_0(r) = E^{\mathrm{inc}}(r) + \eta_0 L_0(J_s(r')) \tag{6-10}$$

磁场积分方程（Magnetic Field Integral Equation，MFIE）表达式为

$$H_0(r) = H^{\mathrm{inc}}(r) + K_0(J_s(r')) \tag{6-11}$$

由 L 算子和 K 算子具有不同的数值形态，两种积分方程所表现的计算特性也不同。EFIE 求解精度高，但收敛速度较慢。MFIE 具有更好的收敛特性，但精度相对较低，且不具有处理无限薄金属目标的能力。除此之外，当激励频率与目标谐振频率一致时，单独使用 EFIE 或者 MFIE，都可能存在解不唯一的问题，即为内谐振问题。该问题可通过结合 EFIE 和 MFIE 建立混合场积分方程（Combined Field Integral Equation，CFIE）来解决。CFIE 的表达式为

$$\mathrm{CFIE} = \alpha\mathrm{EFIE} + (1-\alpha)\mathrm{MFIE} \tag{6-12}$$

其中，比例因子 $\alpha \in (0,1)$，常取 0.5。CFIE 可避免内谐振问题，且精度高、收敛性好。

6.2.2　矩量法简介

6.2.1 节讨论的积分方程方法很难通过解析方法直接求解获得计算结果，通常需要通过数值方法来求解。矩量法利用基函数将积分方程离散为方程组，可有效用于积分方程方法的求解。

定义待求积分方程的算子表达式为

$$L(f) = b \tag{6-13}$$

微课视频

式中，L 为积分方程所对应的线性积分算子，代表 f 与 b 的映射关系；f 为待求未知量，b 为已知激励量。首先将待求未知量 f 用定义在算子 L 子空间中的一组基函数 $\{f_n\}$ $(n=1,2,\cdots,N)$ 线性展开

$$f = \sum_{n=1}^{N} I_n f_n \tag{6-14}$$

式中，I_n 为待求系数，N 为未知量总数。将上式代入式(6-13)可得

$$\sum_{n=1}^{N} I_n L(f_n) = b \tag{6-15}$$

然后用一组也在 L 域内的测试基函数 $\{t_n\}$ $(n=1,2,\cdots,N)$ 与上式内积。测试函数可与基函数相同，即为加略金(Galerkin)法。做内积后，式(6-15)可被离散为 N 个线性无关的方程组

$$\sum_{n=1}^{N} I_n \int t_m \cdot L(f_n) \mathrm{d}r = \int t_m \cdot b \,\mathrm{d}r \tag{6-16}$$

对应的矩阵方程可表示为

$$\overline{Z}I = V \tag{6-17}$$

其中阻抗矩阵 $\overline{Z}$ 定义为

$$Z_{mn} = \int t_m \cdot L(f_n) \mathrm{d}r \tag{6-18}$$

待求系数 I 定义为

$$I = [I_1, I_2, \cdots, I_N]^{\mathrm{T}} \tag{6-19}$$

激励右端项 V 定义为

$$V_m = \int t_m \cdot b \,\mathrm{d}r \quad V_m = \int t_m \cdot b \,\mathrm{d}r \tag{6-20}$$

最后方程可通过如 LU 分解、高斯消元法等直接求解法，或者通过如共轭梯度(Conjugate Gradient，CG)、广义最小残差(Generated Minimal Residual，GMRES)等迭代求解法计算得到未知系数 I。

对于未知量位于目标表面的表面积分方程，通常采用定义在平面/曲面的网格单元的基函数来展开未知量，例如定义在平面三角形网格的 RWG、定义在曲面三角形网格的 CRWG 低阶基函数。低阶基函数的网格剖分尺寸通常在 1/8 波长左右。对于场变化相对剧烈的区域，通常需对网格进行局部加密处理。

RWG 基函数因其灵活性在电磁建模领域中被广泛地应用，是最为常用的基函数之一。该基函数定义在两相邻的平面三角形的公共边上，如图 6-2 所示。表达式为

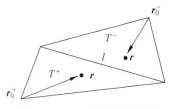

图 6-2　RWG 基函数示意图

$$f(r) = \begin{cases} \dfrac{l}{2A^+}(r - r_0^+), & r \in T^+ \\[2mm] -\dfrac{l}{2A^-}(r - r_0^-), & r \in T^- \\[2mm] 0, & \text{其他} \end{cases} \tag{6-21}$$

式中，A^+ 和 A^- 分别为正三角形单元 T^+ 和负三角形单元 T^- 的面积；l 为公共边的长度；r_0^+ 和 r_0^- 分别为正负单元的自由顶点；r 为正负两单元内的位置矢量。若用 RWG 基函数展开表面电流，由定义可知该基函数由 T^+ 流向 T^-，且具有法向连续的特性，因此该基函数在公共边上自动满足电流连续性条件。其次，该基函数在网格的边界边上不存在法向分量，避免了边界处的线电荷积累。RWG 基函数定义在平面三角形网格上，可以很好地拟合具有尖角或凹槽结构的电磁目标，但当目标曲率较大时，需要通过加密网格来提高精度，因而会导致未知量增加。对于曲率比较大的电磁目标，可用定义在一对相邻曲面三角形网格上的 CRWG 基函数来拟合。

6.2.3 电磁散射与辐射的激励模型

任何一个电磁问题的求解一般都有已知的激励条件，在积分方程方法中对应为矩阵方程式(6-17)的右端项。散射问题中通常用平面波激励；辐射问题中常用电压源激励、电流源激励、磁流源激励或波端口激励等。

1. 散射问题

对于散射问题，激励源通常距离目标足够远，因此可将激励场视为均匀平面波。该平面波的极化方式可为线极化、圆极化或椭圆极化。不失一般性，此处以椭圆极化为例来简要介绍平面波的激励模型。

自由空间中，入射方向的单位矢量 $\hat{k}$ 在球坐标系下的表达式为

$$\hat{k} = (-\sin\theta\cos\varphi, -\sin\theta\sin\varphi, -\cos\theta) \tag{6-22}$$

记椭圆极化波的轴比为 γ，极化角为 α，长轴方向矢量为 $\hat{a}_{\text{long}}$，短轴方向矢量为 $\hat{a}_{\text{short}}$，则左旋入射电场可表示为

$$\boldsymbol{E}^{\text{inc}}(\boldsymbol{r}) = \frac{1}{\sqrt{1+\gamma^2}}(\gamma\hat{a}_{\text{short}} - i\hat{a}_{\text{long}})\mathrm{e}^{\mathrm{i}k\hat{k}\cdot\boldsymbol{r}} \tag{6-23}$$

右旋入射电场可表示为

$$\boldsymbol{E}^{\text{inc}}(\boldsymbol{r}) = \frac{1}{\sqrt{1+\gamma^2}}(\hat{a}_{\text{long}} - i\gamma\hat{a}_{\text{short}})\mathrm{e}^{\mathrm{i}k\hat{k}\cdot\boldsymbol{r}} \tag{6-24}$$

入射磁场为

$$\boldsymbol{H}^{\text{inc}}(\boldsymbol{r}) = \frac{1}{\eta}\hat{k} \times \boldsymbol{E}^{\text{inc}}(\boldsymbol{r}) \tag{6-25}$$

其中，$\hat{a}_{\text{long}}$ 和 $\hat{a}_{\text{short}}$ 的表达式分别为

$$\hat{a}_{\text{long}} = (-\sin\varphi\sin\alpha - \cos\theta\cos\varphi\cos\alpha, \cos\varphi\sin\alpha - \cos\theta\sin\varphi\cos\alpha, \sin\theta\cos\alpha) \tag{6-26}$$

$$\hat{a}_{\text{short}} = (\cos\theta\cos\varphi\sin\alpha - \sin\varphi\cos\alpha, \cos\varphi\cos\alpha + \cos\theta\sin\varphi\sin\alpha, -\sin\theta\sin\alpha) \tag{6-27}$$

当轴比 $\gamma=1$ 时，此平面波为圆极化平面波；当轴比 $\gamma=0$ 时，此平面波为线极化平面波。

由式(6-20)可得右端激励项表达式为

$$V_m = \int \boldsymbol{f}_m \cdot \boldsymbol{E}^{\text{inc}} \mathrm{d}_r \quad m = 1, 2, \cdots, N \tag{6-28}$$

2. 辐射问题

馈电端的建模是电磁辐射分析问题中重要的部分。Delta Gap 电压源激励模型是最简单也是工程中最常用的电压源激励模型。此处以一金属细线结构的偶极子天线为例，如图 6-3 所示。Delta Gap 馈电模型忽略了馈电端口的宽度，将馈电宽度视为无限小 $\Delta d \rightarrow 0$，

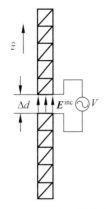

图 6-3　Delta Gap 馈电模型

因此馈电端口处的电场表示为

$$\boldsymbol{E}^{\text{inc}} = V\delta(z)\hat{z} \qquad (6\text{-}29)$$

式中，V 为电压，通常初值设为 1。$\delta(z)$ 为 Diracdelta 函数。将上式代入式(6-20)可获得积分方程方法中矩阵方程的右端激励项表达式为

$$V_m = \int \boldsymbol{f}_m \cdot \boldsymbol{E}^{\text{inc}} \, \text{d}_s = l_m V\delta_m \qquad m = 1,2,\cdots,N \qquad (6\text{-}30)$$

式中，l_m 为馈电端所在基函数公共边的长度。δ_m 仅在馈电端所在基函数处为 1，其余地方为 0，所以该激励模型所建立的右端项仅有一个非零项。根据右端激励项便可求解出矩阵方程式(6-17)中的电流系数 $\boldsymbol{I}$，从而进一步可获得求解模型辐射场的电磁特性。

6.2.4　矩量法求解实例

此处以一工作在 X 波段的微带贴片天线为例，其基本结构及尺寸如图 6-4 所示，高 0.5mm。矩形贴片置于介质基板之上，金属地板位于介质板底部，本例介质基板选为空气。采用 RWG 基函数来拟合贴片上的电流，剖分尺寸设为 0.1λ。

由矩量法计算得到的 S_{11} 参数特性如图 6-5(a)所示。从图中可以看出，该微带天线的谐振频点在 10.34G 左右，且工作带宽很窄，仅 1.2%。除此之外，还可获得天线的远场特性。由矩量法求得的该天线在谐振频点的增益方向图如图 6-5(b)所示。最大辐射方向在 $\theta = 0°$，最大增益可达 8dB 左右。

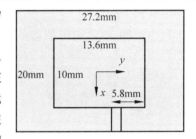

图 6-4　微带天线模型

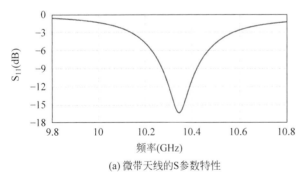

(a) 微带天线的S参数特性

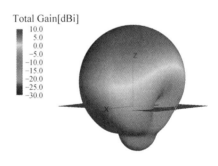

(b) 微带天线的增益方向图

图 6-5　微带天线的矩量法仿真结果

6.3　时域有限差分法

时域有限差分法就是直接离散时域麦克斯韦方程偏微分表达形式，将微分方程简化为差分方程。计算电磁学中的时域有限差分法起源于 20 世纪 60 年代的 Yee 离散格式，该格式将电场和磁场的离散在空间上错置、时间上交替，真实地反映了电磁波的传播。时域有限

差分法现已广泛用于解决电磁波的传播、辐射和散射问题的分析。

对于各向同性线性媒质,麦克斯韦方程组的微分形式为

$$\nabla\times \boldsymbol{H} = \sigma\boldsymbol{E} + \varepsilon\frac{\partial \boldsymbol{E}}{\partial t} \tag{6-31}$$

$$\nabla\times \boldsymbol{E} = -\sigma_m\boldsymbol{H} - \mu\frac{\partial \boldsymbol{H}}{\partial t} \tag{6-32}$$

式中,σ、σ_m 分别表示媒质的电导率和磁导率。两个方程具有同样的形式,只是交换了符号。展开旋度算子,电场 x 分量方程为

$$\frac{\partial E_x}{\partial t} = \frac{1}{\varepsilon}\left[\frac{\partial H_z}{\partial y} - \frac{\partial H_y}{\partial z} - \sigma E_x\right] \tag{6-33}$$

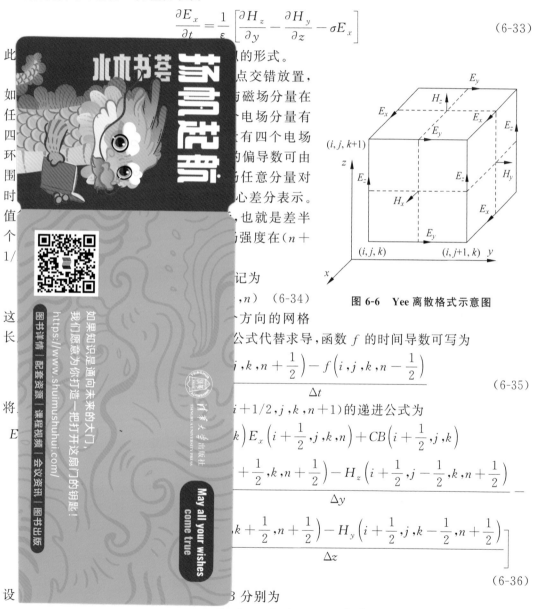

图 6-6　Yee 离散格式示意图

$$\dots \tag{6-34}$$

公式代替求导,函数 f 的时间导数可写为

$$\frac{f\left(i,j,k,n+\frac{1}{2}\right) - f\left(i,j,k,n-\frac{1}{2}\right)}{\Delta t} \tag{6-35}$$

$(i+1/2,j,k,n+1)$ 的递进公式为

$$\begin{aligned}
&\dots k\right) E_x\left(i+\frac{1}{2},j,k,n\right) + CB\left(i+\frac{1}{2},j,k\right)\\
&\frac{\dots+\frac{1}{2},k,n+\frac{1}{2}\right) - H_z\left(i+\frac{1}{2},j-\frac{1}{2},k,n+\frac{1}{2}\right)}{\Delta y}-\\
&\frac{\dots,k+\frac{1}{2},n+\frac{1}{2}\right) - H_y\left(i+\frac{1}{2},j,k-\frac{1}{2},n+\frac{1}{2}\right)}{\Delta z}
\end{aligned} \tag{6-36}$$

设 …B 分别为

$$CA(m) = \frac{\dfrac{\varepsilon(m)}{\Delta t} - \dfrac{\sigma(m)}{2}}{\dfrac{\varepsilon(m)}{\Delta t} + \dfrac{\sigma(m)}{2}} = \frac{1 - \dfrac{\sigma(m)\Delta t}{2\varepsilon(m)}}{1 + \dfrac{\sigma(m)\Delta t}{2\varepsilon(m)}} \tag{6-37}$$

$$CB(m) = \frac{1}{\dfrac{\varepsilon(m)}{\Delta t} + \dfrac{\sigma(m)}{2}} = \frac{\dfrac{\Delta t}{\varepsilon(m)}}{1 + \dfrac{\sigma(m)\Delta t}{2\varepsilon(m)}} \tag{6-38}$$

其他分量也具有类似的方程。因此只要给定了空间点上电场、磁场的初值,就可根据步进方程一步步地求出任意时刻所有空间点上的电、磁场值。

在实际计算中,需要注意剖分单元及时间步长的确定。剖分单元大小一般要小于 0.1λ。如果时间步长过大,则每一时间步电磁波会穿过不止一个网格,此时网格处的解会因为未遵循实际波的传播而错误。因此,为了保证算法的稳定性,时间步长需要满足 Courant 条件

$$\Delta t \leqslant \frac{1}{c\sqrt{\dfrac{1}{(\Delta x)^2} + \dfrac{1}{(\Delta y)^2} + \dfrac{1}{(\Delta z)^2}}} \tag{6-39}$$

式中,c 是电磁波在介质中的传播速度。

模拟电磁场工程问题时,必须引入电磁波的激励源。这里简要介绍用于天线分析的常用波源设置方法:正弦波和高斯脉冲。正弦波源为时谐源,其时间离散函数为

$$f(n\Delta t) = \sin(2\pi f_0 n\Delta t) \tag{6-40}$$

由于高斯脉冲信号可以提供宽频带特性,因此一般仿真时常用高斯脉冲信号激励,其时间离散函数为

$$f(n\Delta t) = e^{-\left[(n-n_0)/n_d\right]^2} \tag{6-41}$$

式中,n_0、n_d 与初始条件及信号频带有关。若在计算空间 $(i+1/2, j, k)$ 的位置沿 x 方向设置电压源 $f(n\Delta t)$,式(6-36)可进一步写为

$$E_x\left(i+\frac{1}{2}, j, k, n+1\right) = CA\left(i+\frac{1}{2}, j, k\right) E_x\left(i+\frac{1}{2}, j, k, n\right) + CB\left(i+\frac{1}{2}, j, k\right)$$

$$\left[\frac{H_z\left(i+\dfrac{1}{2}, j+\dfrac{1}{2}, k, n+\dfrac{1}{2}\right) - H_z\left(i+\dfrac{1}{2}, j-\dfrac{1}{2}, k, n+\dfrac{1}{2}\right)}{\Delta y} - \right.$$

$$\left.\frac{H_y\left(i+\dfrac{1}{2}, j, k+\dfrac{1}{2}, n+\dfrac{1}{2}\right) - H_y\left(i+\dfrac{1}{2}, j, k-\dfrac{1}{2}, n+\dfrac{1}{2}\right)}{\Delta z}\right] +$$

$$f(n\Delta t) \tag{6-42}$$

习题

1. 请调研常用电磁仿真软件所采用的数值算法,并分析各自的优缺点。

2. 请调研提高矩量法和时域有限差分法求解精度与收敛速度的方法。

3. 请尝试编写计算机程序,利用矩量法分析一个半波偶极子天线的匹配特性及辐射特性。

<table>
<tr><td>

第 7 章

CHAPTER 7

</td><td>

飞谱 Rainbow-FEM3D
天线设计应用

</td></tr>
</table>

天线的分析和设计工作具有很大难度。传统的分析方法只能适用于少数简单问题,对于电磁系统高度复杂的天线问题,电子设计自动化软件的帮助是必不可少的。国产的电磁仿真软件飞谱为无线通信产品设计、复杂目标隐身 RCS 设计等提供快速、高精度仿真分析和验证解决方案。本章将简要介绍飞谱软件的功能和使用方法,并基于飞谱软件讨论实际天线仿真工程问题的具体解决方案。

7.1 概述

微课视频

Rainbow-FEM3D 是无锡飞谱电子信息技术有限公司研发的针对电小精细结构数值计算仿真软件。该软件是结合先进的电磁算法、建模引擎、前后处理以及并行计算功能打造的一套国产自主的电磁 CAE 软件。Rainbow-FEM3D 将服务于国家电子系统设计过程中的电磁数值计算仿真,打破国外产品对此行业的垄断。

7.1.1 软件简介

Rainbow-FEM3D 是用于解决电小精细结构分析的软件模块。以矢量有限元算法求解器为基础,结合三维建模技术、自适应网格剖分、大规模并行计算方法和标准 CAD/EDA 交互接口数据流程,可有效应用于航空、航天、电子、兵器、船舶、汽车、民用设备、高校教研领域内涉及通信系统、雷达系统、卫星系统、武器系统及系统级电磁兼容性分析的电小复杂结构的电磁产品设计、仿真优化和性能分析。Rainbow-FEM3D 可精确求解电小精细结构的高频电磁场仿真结果,用户可以直接应用于电磁产品工业级设计和仿真分析。有了 Rainbow-FEM3D,工程设计人员可在仿真结果中提取 S、Y、Z 参数,并可通过可视化分析远、近场电磁分布及 3D 方向图。Rainbow-FEM3D 具有易操作、精准、通用、高效的特点。

7.1.2 启动软件

如果用户启动 Rainbow Studio 程序时没有选择产品,则用户需要在如图 7-1 所示的窗口中选择使用哪个产品(软件产品许可证),然后在选择功能处选择需要使用的功能,可选择多项功能。

如果选择了设置为默认选择检查框,那么程序将会记住用户的当前选择,并在下次程序

图 7-1　选择产品

启动时在产品列表中自动选择当前选择的产品。

7.1.3　建立工程的一般过程

微课视频

1. 创建工程

程序启动后,用户需要选择菜单文件→新建工程→Studio 工程创建空的工程项,如图 7-2 所示。系统将按照默认设置创建空的工程文档并把它添加到工程管理树中。

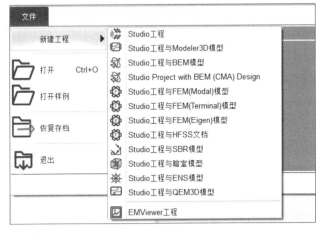

图 7-2　创建工程

（1）添加编辑材料库。在当前的工程项目中,选择菜单工程→管理材料来启动工程材料库编辑窗口,如图 7-3 所示。用户可以通过单击显示/编辑、增加、复制和删除等按钮来添加或者编辑材料库。

（2）添加编辑工程变量。在当前的工程项目中,选择菜单工程→管理变量来启动工程变量库编辑窗口,如图 7-4 所示。用户可以通过单击增加、删除、编辑等按钮来添加或者编

辑工程变量库,还可以通过单击上方的内置、常量按钮来查看 Rainbow-FEM3D 内部自带的
变量。

图 7-3　添加编辑材料库

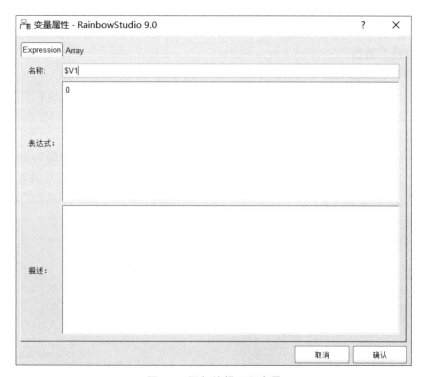

图 7-4　添加编辑工程变量

图 7-5 导入几何模型

2. 创建几何模型

创建新的设计后,用户需要创建完整的三维几何模型。

（1）导入几何模型结构。用户可以从其他第三方已有的数据格式中导入几何模型。选择菜单几何→导入来启动模型导入窗口,如图 7-5 所示。现在支持导入 HFSS 文档、3D 文档、2D 文档,所支持的数据格式包括 BREP、IGES、STEP 等,同时支持三维网格文件的导入。

（2）创建几何模型结构。用户可以通过菜单几何下的各个菜单项从零开始创建各种三维几何模型,如图 7-6 所示,也可以通过相关的操作来对创建好的几何体进行复制、修补和布尔等类型的操作。

图 7-6 创建几何模型

3. 设置边界条件

创建几何模型后,用户可以通过物理→理想电导体下的菜单项为几何模型设置各种边界条件,如图 7-7 所示。在工程管理树中,Rainbow-FEM3D 把这些新增的边界对象添加到设计的边界条件目录下。单击边界条件目录下的边界,成功添加该边界的几何模型会以高亮状态呈现。

图 7-7 设置边界条件

4. 设置端口激励

创建几何模型后,用户可以通过菜单物理→集总端口下的菜单项为几何模型设置各种端口激励方式和参数,如图 7-8 所示。在工程管理树中,Rainbow-FEM3D 把这些新增的端口激励添加到设计的激励端口目录下。单击成功创建的激励,会看到该积分线的方向。

5. 设置网格参数

几何模型创建好后,用户有时需要为几何模型和模型中的某些关键结构设置网格剖分控制参数。选中几何模型后,在右键菜单中选择添加网格控制,可以为该几何模型的点、边、面、体修改网格长度,如图 7-9 所示。在工程管理树中,Rainbow-FEM3D 把这些新增的结果显示添加到设计的网格部分目录下。

图 7-8 设置端口激励

图 7-9 设置网格参数

6. 设置求解器参数与频率扫描范围

用户需要为模型设置求解器,有时也需要设置扫频方案。用户可以通过分析→添加求解方案来为模型添加求解器并进行参数设置,通过分析→添加扫描计划为特定的变量添加频率扫描范围,如图 7-10 所示。在工程管理树中,Rainbow-FEM3D 把这些新增的求解器参数添加到求解方案目录下,扫描计划添加到工程树的扫描优化目录下。

图 7-10 设置求解器和扫频范围

7. 启动仿真求解器

完成上述操作后,用户可以单击分析→验证设计来验证模型设置是否完整,模型验证完成后通过单击分析→求解设计启动仿真求解器分析模型。用户可以利用任务显示面板来查看求解过程,包括进度和其他日志信息,如图 7-11 所示。

图 7-11 验证和求解设计

8. 数据后处理

仿真分析结束后,用户可以查看模型仿真分析的各个结果,包括仿真分析所用的网格剖分、模型几何结构上的近场和远场显示、激励端口上的 S、Y、Z、VSWR 等参数曲线等,如图 7-12 所示。整个软件的操作界面如图 7-13 所示。

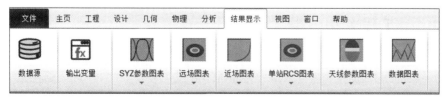

图 7-12 数据后处理

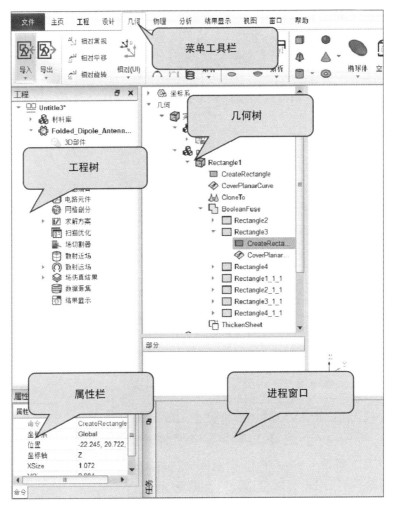

图 7-13　软件操作界面

7.2　软件的计算原理及使用技巧

Rainbow-FEM3D 是针对电磁辐射问题开发的专业全波电磁计算仿真模块平台,从严格的频域麦克斯韦微分方程出发,以有限元法为基础,采用自适应网格技术,对目标进行四面体网络剖分,结合高性能并行扫频技术,适合天线、阵列天线、微波电路等目标的辐射问题的精确计算。

7.2.1　工程求解分类

Rainbow-FEM3D 支持多种求解类型设置,如模式驱动求解(Driven Modal)、终端驱动求解(Driven Terminal)和本征模求解(Eigen Mode)。

(1) 模式驱动求解类型:以模式为基础计算 S 参数,根据导波内各模式场的入射功率和反射功率来计算 S 参数矩阵的解。

(2) 终端驱动求解类型:以终端为基础计算多导体传输线端口的 S 参数,此时,根据传输线终端的电压和电流来计算 S 参数矩阵的解。

（3）本征模求解类型：本征模求解器主要用于谐振问题的设计分析，可以用于计算谐振结构的谐振频率和谐振频率处对应的场，也可以用于计算谐振腔体的无载 Q 值。

7.2.2 工程建模

1. 基础几何单元

用户需要通过几何菜单下的各功能按钮来创建几何模型。

1）点 Point 建模

单击按钮 **+**，输入点坐标，完成点创建。工程树上增加节点，如图 7-14 所示。

2）线 Curve 建模

线是由一根或者多根线段首尾相连而成的。可支持的线段类型包括：直线、3 点圆弧、角度圆弧、贝塞尔曲线、样条曲线、抛物线、螺旋曲线、弹簧曲线和方程曲线。

（1）创建直线。单击按钮 **z**，输入第一个点，输入第二个点，双击鼠标完成线段创建，工程树上增加节点，如图 7-15 所示。

图 7-14 创建点

图 7-15 创建直线

（2）创建 3 点圆弧。单击按钮 **⌒**，输入起点，输入弧线中间点，输入终点，双击完成三点弧线创建，工程树上增加节点，如图 7-16 所示。

（3）创建角度圆弧。单击按钮 **⌓**，输入圆弧的起点，输入弧线圆心点，输入第三个点确定弧线扫过的角度，双击结束角度弧的创建，工程树上增加节点，如图 7-17 所示。

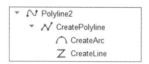

图 7-16 创建 3 点圆弧

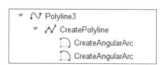

图 7-17 创建角度圆弧

（4）创建贝塞尔曲线。单击按钮 **⌢**，输入第一个控制点，输入第二个或者后续控制点，双击可以结束点的输入，创建出贝尔曲线，工程树上增加节点，如图 7-18 所示。

（5）创建样条曲线。单击按钮 **∿**，输入第一个点，输入第二个点或者后续点，双击可以结束点的输入，创建出样条曲线，工程树上增加节点，如图 7-19 所示。

图 7-18 创建贝塞尔曲线

图 7-19 创建样条曲线

（6）创建一个多段线。任何一种线段模式都可以创建多段线，比如以创建直线段为入口：单击直线段按钮 **z**，可以在交互选项面板切换线段类型，如图 7-20 所示。

　　参照前面介绍的方法创建不同的线段类型。创建闭合的多段线，请选择 Close Polyline，双击完成多段线的创建，工程树上增加节点，如图 7-21 所示。

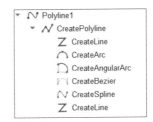

图 7-20　切换直线类型　　　　图 7-21　创建不同类型的线段

　　(7) 创建抛物线。单击按钮 ，输入抛物线顶点，输入第二个点确定抛物线形状，创建完抛物线后工程树上增加节点，如图 7-22 所示。

　　(8) 创建螺旋线。单击按钮 ，输入螺旋线中心点，输入螺旋线内半径点，输入螺旋线半径差，输入螺旋线外半径点，完成螺旋线创建后工程树上增加节点，如图 7-23 所示。

　　(9) 创建弹簧曲线。单击按钮 ，输入弹簧曲线中心点，输入弹簧曲线内半径点，输入弹簧曲线半径差，输入弹簧曲线外半径点，输入弹簧曲线高度。完成弹簧曲线创建后工程树节点如图 7-24 所示。

图 7-22　创建抛物线　　　图 7-23　创建螺旋线　　　图 7-24　创建弹簧曲线

　　(10) 创建方程曲线。单击按钮 ，弹出对话框如图 7-25 所示。

　　在对话框中输入曲线方程式以及定义域。单击 OK 按钮后完成方程曲线创建，工程树节点如图 7-26 所示。

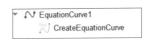

图 7-25　创建方程曲线对话框　　　图 7-26　创建方程曲线

　　3) 面 Sheet 建模

　　封闭的线可以构成面，可支持的标准面建模类型包括：长方形、圆形、椭圆形、扇面、多边形、抛物面。

（1）长方形面的创建。单击按钮 ▫，输入长方形第一个角点，输入长方形第二个角点，完成长方形面创建。工程树上增加节点，如图 7-27 所示。

（2）圆形面创建。单击按钮 ⊙，输入圆心点，输入圆半径，完成圆形面的创建。工程树上增加节点，如图 7-28 所示。

（3）椭圆形面创建。单击按钮 ⬭，输入椭圆中心点，输入椭圆第一个轴点，输入椭圆第二个轴点，完成椭圆形面创建。工程树上增加节点，如图 7-29 所示。

图 7-27 创建长方形　　　图 7-28 创建圆面　　　图 7-29 创建椭圆面

（4）扇面创建。单击按钮 ◇，输入扇面的中心点，输入扇面的半径，输入扇面的弧度，完成扇面的创建。工程树上增加节点，如图 7-30 所示。

（5）正多边形面创建。单击按钮 ⬡，输入正多边形中心点，输入正多边形起点和正多边形的边数，完成正多边形面创建。工程树上增加节点，如图 7-31 所示。

（6）抛物面创建。单击按钮 ⬱，输入抛物面顶点，输入第二个点以确定抛物面开口半径，输入第三点确定抛物面深度。完成抛物面创建，工程树节点如图 7-32 所示。

图 7-30 创建扇面　　　图 7-31 创建正多边形面　　　图 7-32 创建抛物面

4）体 Solid 建模

一组封闭的面构成体，可支持的标准体建模类型包括：长方体、楔体、圆柱体、正棱柱体、圆锥体、正棱锥体、圆环体、球体、椭球体、键合线、封装球。

（1）长方体的创建。单击按钮 ▤，输入第一个角点，输入第二个角点，画出一个长方形。输入第三个角点，完成长方体的创建。工程树上增加节点，如图 7-33 所示。

（2）楔体的创建。单击按钮 ◮，输入第一个角点，输入第二个角点，画出一个长方形，输入第三个点，画出一个长方体，输入第四个点确定楔体顶端长宽。完成楔体的创建后，工程树上增加节点，如图 7-34 所示。

（3）圆柱体的创建。单击按钮 ▥，输入圆中心点，输入圆周上起点，画出一个圆，输入圆柱高点，完成圆柱的创建。工程树上面增加节点，如图 7-35 所示。

图 7-33 创建长方体　　　图 7-34 创建楔体　　　图 7-35 创建圆柱体

（4）正棱柱体的创建。单击圆柱体下拉菜单中的正棱柱体按钮 ▦，输入底面正多边形的中心点，输入正棱柱体底面的起点，画出一个正多边形，输入正棱柱体的高度，完成正棱柱体的创建。工程树上增加节点，如图 7-36 所示。

（5）圆锥体的创建。单击按钮 △，输入圆心点，输入下表面圆周点，画出下表面圆，输入上表面圆周点，画出上表面圆，输入圆锥高点，完成圆锥创建。工程树上面增加节点，如

图 7-37 所示。

（6）正棱锥体的创建。单击圆锥下拉菜单中的正棱锥体按钮 ，输入圆心点，输入下表面圆周点，画出下表面圆，输入上表面圆周点，画出上表面圆，输入圆锥高点，输入正棱锥体的边数，完成创建。工程树上增加节点，如图 7-38 所示。

图 7-36　创建正棱柱体　　　　图 7-37　创建圆锥体　　　　图 7-38　创建正棱锥体

（7）圆环体的创建。单击按钮 ，输入圆心点，输入第一个圆周点，输入第二个圆周点，完成圆环体创建。工程树上面增加节点，如图 7-39 所示。

（8）球体的创建。单击按钮 ，输入球心点，输入球半径点，完成球体创建。工程树上面增加节点，如图 7-40 所示。

（9）椭球体的创建。单击按钮 ，输入圆中心点，输入 x 轴上半径，画出一个椭圆，输入 y 轴上半径，画出一个椭圆，输入 z 轴上半径，画出一个椭圆，完成椭球体的创建。工程树上面增加节点，如图 7-41 所示。

图 7-39　创建圆环体　　　　图 7-40　创建球体　　　　图 7-41　创建椭球体

（10）键合线的创建。单击按钮 ，输入起点，输入终点，在编辑对话框中输入键合线参数，如图 7-42 所示。

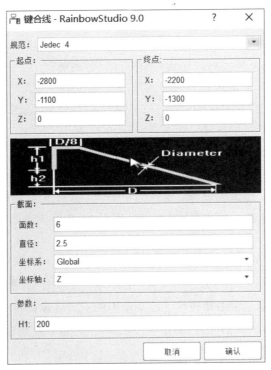

图 7-42　编辑键合线的参数

规范：选择键合线标准模板。H1：显示或者设置键合线上升高度；H2：显示或者设置键合线起点和终点高度差；Alpha：显示或者设置键合线起始端角度；Beta：显示或者设置键合线终止端角度；面数：设置键合线近似面总数，0 值为圆面；直径：设置键合线直径。

单击 OK 按钮完成键合线的创建。工程树上增加节点，如图 7-43 所示。

（11）封装球的创建。在椭球体的下拉菜单中单击封闭球按钮 ，输入底面的中心点，输入底面圆的半径，输入封闭球最大圆环处的半径，输入封闭球的高度，输入封闭球的边数，完成创建。工程树上增加节点，如图 7-44 所示。

图 7-43　创建键合线　　　　　图 7-44　创建封装球

2. 复合模型建模

衍生建模是根据已有的几何体生成新的几何体，衍生建模包括拉伸、旋转实体、扫略、加厚、覆盖平面封闭线、覆盖带孔的平面封闭线、偏移平面曲线、放样、法向偏移曲面、2D 凸包替换、包围盒替换、合并、裁剪、相交、截交、分割、封闭实体。

（1）拉伸。拉伸操作是指沿着一指定的向量拉伸对象。拉伸的对象可以是点、线、面。通过拉伸操作，点变成线、线变成面、面变成体。

选择一个或者多个点、线或面对象，单击按钮 ▨，输入拉伸向量起点，输入拉伸向量终点，完成拉伸操作。工程树增加节点 GenerateExtrusion，如图 7-45 所示。

（2）旋转实体。旋转操作是指绕着指定的坐标轴旋转对象。旋转的对象可以是点、线、面。通过旋转操作，点变成线、线变成面、面变成体。

选择一个或者多个点、线或面对象，单击按钮 ▨，设置旋转轴（相对于当前活动坐标系）和旋转角度，如图 7-46 所示。

（3）扫略。扫略操作是沿着指定的轨迹线扫略对象。扫略操作的对象可以是点、线、面。通过扫略操作，点变成线、线变成面、面变成体。

选择一个或者多个点、线或面对象；按住 Shift 键再添加选择一条轨迹线，选择的对象会沿着轨迹线扫略，单击按钮 ▨。完成管道操作工程树增加节点 GeneratePipe，如图 7-47 所示。

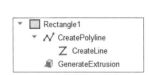　　　　　　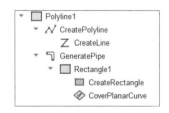

图 7-45　拉伸操作　　　图 7-46　设置旋转轴和旋转角度　　　图 7-47　扫略操作

（4）加厚。加厚是沿着平面法线方向加厚平面对象以形成实体。

选择一个或者多个要加厚的平面对象，单击按钮 ▨，设置厚度以及是否对称加厚两面，如图 7-48 所示。

（5）覆盖平面封闭线。覆盖封闭线是覆盖平面封闭的线以形成一个面。

选择一个或者多个要覆盖的封闭线对象，单击按钮 ▨。完成封闭操作后工程树增加节点 CoverPlanarCurve,如图 7-49 所示。

图 7-48　设置厚度及是否对称加厚两面

图 7-49　覆盖平面封闭线操作

（6）覆盖带孔的平面封闭线。覆盖带孔的平面封闭线是覆盖平面封闭的线以形成一个面,其中含有孔。

选择一个或者多个要覆盖的封闭线对象,其中包含孔,单击按钮 ◆ 。完成封闭操作后工程树增加节点 CoverPlanarCurveWithHoles,如图 7-50 所示。

（7）偏移平面曲线。沿选定的方向偏移平面曲线以形成一个曲线或者封闭的曲线。

选择一个或者多个要偏移的平面线对象,单击按钮 ⧉ 。完成偏移操作后工程树增加节点 OffsetPlanarCurve,如图 7-51 所示。

可在如图 7-52 所示的属性面板修改 OffsetPlanarCurve 参数。

图 7-50　覆盖带孔的平面封闭线操作

图 7-51　偏移平面曲线操作

图 7-52　修改偏移平面曲线的参数

坐标轴:沿选定的 x、y 或 z 轴偏移;偏移:偏移水平距离。高度:偏移垂直高度;连接类型:设置平面曲线连接点连接方式;是否开放:是否把偏移后的曲线和原始曲线形成封闭的曲线;首端包装:曲线起点封闭形状;末端包装:曲线终点封闭形状。

（8）放样。放样操作是根据选择的一系列线对象生成曲面或者实体模型。

图 7-53　放样操作

按照一定的次序选择一系列线对象(按住 Ctrl 键进行多项选择)。提示:选择时要一个一个单击选择,不要框选,因为顺序很重要,选择的顺序决定结果,单击按钮 ⊡ 。完成放样操作,工程树增加节点,如图 7-53 所示。

（9）法向偏移曲面。法向偏移曲面是根据选择的平面沿平面法向扫描生成实体模型的方法。

切换为面选择状态,选择所需要扫描的平面(按住 Ctrl 键进行多项选择),单击按钮

。如图 7-54 所示,输入扫描厚度。

单击 OK 按钮完成扫描操作,工程树增加节点 SweepFaceAlongNormalFrom 和 SweepFaceAlongNormalTo,如图 7-55 所示。

图 7-54　修改扫描高度　　　　图 7-55　法向扫描曲面操作

(10) 2D 凸包替换。用 2D 凸包替换几何是用所选择的平面上的点、线和面的 2D 凸包来生成新的曲线的方法。

选择平面上的点、线和面(按住 Ctrl 键进行多项选择),单击按钮 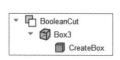。完成替换操作,工程树增加节点 ConvexHull2d,如图 7-56 所示。

(11) 包围盒替换。用包围盒替换几何是用所选择的平面上的点、线和面的包围盒来生成新的曲线的方法。

选择对象上的点、线或面,单击按钮 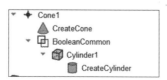。完成替换操作,工程树增加节点 BoundingBox1,如图 7-57 所示。

(12) 合并。布尔合并操作的结果是目标集合对象的并集。

选择两个或者多个对象(选择的对象必须是相同维度,比如都是体,或者都是面);单击按钮 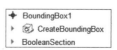。完成合并操作,工程树增加节点 BooleanFuse,如图 7-58 所示。

　　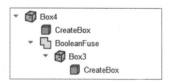

图 7-56　2D 凸包替换操作　　图 7-57　包围盒替换操作　　图 7-58　合并操作

(13) 裁剪。布尔裁剪操作的结果是主体对象和目标集合对象的差集。

选择两个或者多个对象,第一个选择的对象是主体对象(主体对象的维度要小于或等于非主体对象的维度,比如若主体对象是面,则非主体对象必须是面或者体),单击按钮 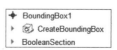。完成裁剪操作后工程树增加节点 BooleanCut,如图 7-59 所示。

(14) 相交。布尔相交操作的结果是目标集合对象的交集。

选择两个或者多个对象,第一个选择的对象是主对象,单击按钮 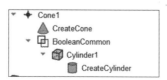。完成相交操作后,工程树增加节点 BooleanCommon,如图 7-60 所示。

(15) 截交。截交操作的结果是目标几何对象交集的轮廓线。

选择两个或多个对象,单击按钮 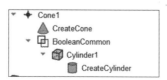。完成截交运算后,工程树增加节点 BooleanSection,如图 7-61 所示。

图 7-59　裁剪操作　　　　图 7-60　相交操作　　　　图 7-61　截交操作

（16）分割。分割操作是指把对象根据坐标系统平面进行切分。

选择要分割的对象，单击按钮 ▫ 分割 。设置分割平面，如图 7-62 所示。

（17）封闭实体。封闭实体是指由一系列的对象包围起来构成的新实体。

选择要用来构成新实体的对象集合，单击按钮 ▣ 封闭实体 。完成操作后，工程树增加节点，如图 7-63 所示。

图 7-62　设置分割平面

图 7-63　封闭实体操作

3．几何对象转换

对象转换有平移、旋转、镜像、缩放和各向异性缩放五种。

（1）平移。平移操作是指沿着指定的方向平移对象。

选择要平移的对象（任何点、线、面和体），单击按钮 ◉ 平移 ；输入平移向量起点；输入平移向量终点。完成平移操作后，工程树增加节点 TransformTranslation，如图 7-64 所示。

（2）旋转。旋转操作是指沿着指定的坐标轴和角度旋转对象。

选择要旋转的对象（任何点、线、面和体），单击按钮 ▫ 旋转 。设置旋转轴和旋转角度，如图 7-65 所示。

完成旋转操作后，工程树增加节点 TransformRotation，如图 7-66 所示。

图 7-65　修改旋转轴及角度

图 7-64　平移操作

图 7-66　旋转操作

（3）镜像。镜像操作是指沿着指定的平面镜像对象。

选择要镜像的对象（任何点、线、面和体），单击按钮 ▫ 镜像 ，输入镜像平面法线原点，输入镜像平面法线终点。完成镜像操作后，工程树增加节点 TransformMirror，如图 7-67 所示。

（4）缩放。缩放操作是对指定的几何实施缩放操作。

选择要缩放的对象，单击按钮 ▣ 缩放 。设置缩放倍数，如图 7-68 所示。

图 7-67　镜像操作

图 7-68　设置缩放倍数

单击 OK 按钮,完成缩放操作,工程树增加节点 TransformScale,如图 7-69 所示。

(5) 各向异性缩放。异向缩放操作是对指定的几何沿 x、y 或 z 轴分别实施缩放操作。

选择要缩放的对象,单击按钮  。设置缩放倍数,如图 7-70 所示。

单击 OK 按钮完成缩放操作,工程树增加节点 GeometricTransformScale,如图 7-71 所示。

图 7-69 缩放操作　　图 7-70 设置各向异性缩放倍数　　图 7-71 进行各向异性缩放操作

4. 几何对象复制

(1) 原地复制。原地复制是在原地复制几何对象。

选择要复制的对象(任何点、线、面和体),单击按钮 。完成复制操作后,工程树添加复制的对象节点,如图 7-72 所示。

(2) 平移复制。平移复制是沿着给定的向量线性复制对象。

选择要平移复制的对象(任何点、线、面和体),单击按钮 平移,输入平移向量起点,输入平移向量终点。输入要复制的对象个数,如图 7-73 所示。

完成平移复制操作后,工程树添加复制的对象节点,如图 7-74 所示。

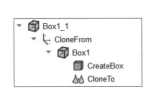

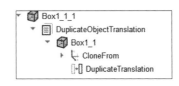

图 7-72 原地复制操作　　图 7-73 设置复制对象　　图 7-74 平移复制操作

(3) 旋转复制。旋转复制是沿着给定的坐标轴和角度旋转复制对象。

选择要旋转的对象(任何点、线、面和体),单击按钮 旋转,设置旋转轴、旋转角度及复制的个数,如图 7-75 所示。

完成旋转复制操作后,工程树添加复制的对象节点,如图 7-76 所示。

图 7-75 设置旋转轴、角度及个数　　图 7-76 旋转复制操作

(4) 镜像复制。镜像复制是沿着给定的平面镜像复制选择的对象。

选择要镜像的对象(任何点、线、面和体),单击按钮 镜像,输入镜像平面法线原点,输入镜像平面法线终点。完成镜像复制操作后工程树增加节点,如图7-77所示。

5. 创建空气盒子

在Rainbow-FEM3D模型中,可以为整个模型添加一个空气盒子来包含整个几何模型。单击按钮▣为整个几何模型添加一个空气盒子。在弹出的对话框窗口中设置空气盒子的外延距离,如图7-78所示。

添加后的空气盒子在工程树上的对象节点,如图7-79所示。

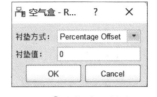

图 7-77　镜像复制操作　　　图 7-78　设置空气盒子的外延距离　　　图 7-79　添加空气盒子

7.2.3　工程的激励设置

用户需要为设计的仿真模型定义各种端口与激励方式,这些激励方式包括集总端口、波端口与平面波激励端口。用户可以通过菜单物理→集总端口,选择其下拉菜单的各种端口设置为仿真分析设计模型添加各种端口激励方式。

1. 设置集总端口

用户可以通过物理→集总端口,在如图7-80所示的窗口设置集总激励端口参数。

设置完成后可以在激励端口目录下找到刚添加的集总端口P1,在其下拉菜单中双击1,打开激励积分线设置对话框,如图7-81所示,可以在其中设置阻抗、积分线等参数。可以通过单击编辑按钮重新指定积分线的起点及终点,改变激励的方向,如图7-82所示。

图 7-80　设置集总激励端口参数

图 7-81　打开集总端口　　　　　图 7-82　设置激励积分线

2. 设置波端口

用户可以选择物理→集总端口,在其下拉菜单中可以设置圆形波端口、共轴波端口、矩形波端口。可以先选中对应平面,然后为其添加端口,如图 7-83 所示。在设置圆形波端口激励对话框中可以修改激励名称、极化函数、阻抗以及积分线的起点、终点等信息,如图 7-84 所示。

图 7-83 设置各种波端口

图 7-84 设置波端口激励

7.2.4 工程的边界条件设置

用户需要为设计中的仿真模型定义各种边界,这些边界类型方式包括理想电导体,理想磁导体、理想辐射边界等。用户可以通过菜单物理→理想电导体,在其下拉菜单中选择各边界为仿真分析设计模型添加各种边界。

(1)设置理想电导体边界。用户可通过物理→理想电导体,在其下拉菜单中选择理想电导体,在窗口设置 PEC 边界参数,如图 7-85 所示。

(2)设置理想磁导体边界。用户可通过物理→理想电导体,在其下拉菜单中选择理想磁导体,在窗口设置 PMC 边界参数,如图 7-86 所示。

图 7-85 设置 PEC 边界参数

图 7-86 设置 PMC 边界参数

(3)设置理想辐射边界。用户可通过物理→理想电导体,在其下拉菜单中选择理想辐射边界,在窗口设置理想辐射边界参数,如图 7-87 所示。

(4)设置集总 RLC 边界。用户可通过物理→集总 RLC,进行 RLC 边界设置,在窗口设置集总 RLC 边界参数,如图 7-88 所示。

图 7-87　设置理想辐射边界参数

图 7-88　设置集总 RLC 边界参数

（5）设置有限导体边界。用户可以通过物理→有限导体来进行有限导体边界设置，在窗口设置参数，如图 7-89 所示。

（6）设置常规阻抗边界。用户可以通过物理→常规阻抗来设置常规阻抗边界，在窗口设置参数，如图 7-90 所示。

图 7-89　设置有限导体边界参数

图 7-90　设置常规阻抗边界参数

（7）设置多层阻抗边界。用户可以通过物理→多层阻抗来设置多层阻抗边界，在窗口设置参数，如图 7-91 所示。

（8）设置优先级。如果对模型中的一个几何结构设置了多个边界条件，用户需要通过物理→优先级来进行优先级设置，在窗口设置不同类型的边界条件之间的优先级，如图 7-92 所示。

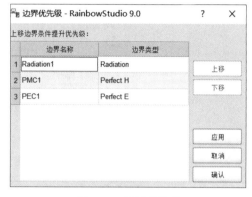

图 7-91 设置多层阻抗边界参数　　　　　图 7-92 设置优先级

7.2.5 工程的求解设置

用户可以通过菜单分析→添加求解方案为设计添加求解器控制,可以通过窗口设置 FEM 求解器参数。用户可以设置求解器的名称、仿真频率、数据精度以及基函数阶数等,如图 7-93 所示。

用户也可以设置迭代参数,如图 7-94 所示。设置的步幅越小,求解精度越高,但是相应的求解速度也会越慢。

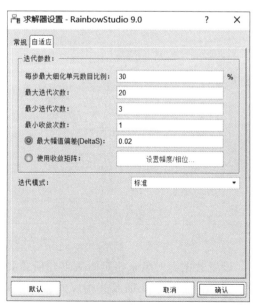

图 7-93 添加 FEM 求解器 1　　　　　图 7-94 添加 FEM 求解器 2

7.2.6 工程的数据后处理

1. 图表创建

根据内在或者外部数据源，Rainbow-FEM3D 可以根据用户的需要创建不同的 2 维、3 维的图表和报告。用户可以通过菜单结果显示→远场图表→3 维极坐标曲面图在窗口中创建 S 参数图表，如图 7-95 所示，或者在窗口中创建场结果图表。

图 7-95 打开 3 维极坐标图

Rainbow-FEM3D 把所创建的图表添加到工程树的结果显示目录下。

在图表创建对话框，选择数据源如图 7-96 所示。

图 7-96 选择数据源

设置数据源对象来指定图表创建所需要的数据源；设置图表的 x、y 轴的数据项；设置从数据源的各种过滤项及其相应的值；单击新增图表按钮生成相应的图表或者图表元素；单击关闭按钮关闭对话框。

2. 数据源过滤区域

数据源列表包含当前工程设计所包含的所有数据源。用户可以在这个窗口中利用不同的属性来过滤需要用来创建图表的数据源。

方案：指定数据源所关联的仿真求解方案或者频率扫描方案。

激励：指定数据源所关联的仿真模型端口激励。

传感源：指定数据源所关联的远场观察参数。

用户可以在过滤后数据源列表中选择一个或多个需要用来创建图表和报告的数据源。

3. 图表结果数据选择区域

针对不同的仿真分析或测量应用，可以有不同类型的结果数据。可以选择创建图表时需要作为因变量的数据类型和数据项，如图 7-97 所示。例如，针对 S 参数结果数据，可以是 S、Y、Z 参数等。

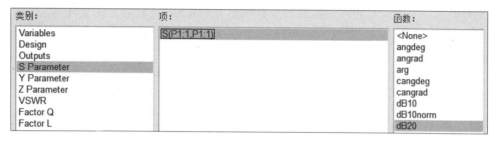

图 7-97　结果数据选择区域

用户可以根据名称来过滤数据结果的类别和数据项，可以在数据结果列表中选择一个或多个数据结果项来创建图表。

4. 图表坐标系数据选择过滤区域

可以设置图表各个 X、Y、Z 坐标系所需要的数据类型、数据项及其数据值，如图 7-98 所示。

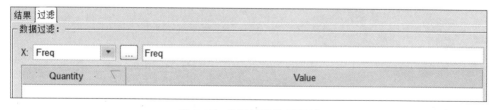

图 7-98　数据过滤选择区域

7.3　天线设计实例

本节内容选取了飞谱软件在天线仿真领域的应用，从设计背景、软件使用技巧以及后处理讨论等方面详细地加以介绍，给出实际工程问题的解决方案。在实际工程中，为适应雷达、通信等领域的大量工程需求，天线的形式是多种多样的，也具有各自的辐射机理和设计上的特殊性。本节将以微带天线、偶极子天线、倒 F 天线为例介绍天线仿真的技巧与方法。

7.3.1　微带天线设计实例

微带天线是近几十年发展起来的一类新型天线。常见的微带天线是在一个薄介质基板上，一面附上金属薄层作为接地板，另一面通过光刻腐蚀等方法做出一定形状的金属贴片，利用微带线和轴线探针对贴片进行馈电。微带天线具有体积小、重量轻、平面结构薄、能与飞行器共形、制造简单、成本低、易于实现线极化和圆极化、最大辐射方向为平面法线方向等特点，被广泛用于通信、雷达、航空、航天、便携式无线通信设备等领域。

1. 问题描述

通过查看远场图表，我们将介绍 Rainbow-FEM3D 模块的具体仿真流程，包括建模、求解、后处理等。微带天线厚度(h)远小于工作波长(λ)，介质基片一面敷以金属辐射片、另一面全部敷以金属薄层做接地板。微带天线的结构如图 7-99 所示：由辐射元、介质层和参考地三部分组成。与天线性能相关的参数包括辐射元的长度 L、辐射元的宽度 W、介质层的厚度 h、介质层的相对介电常数 ε_r 和损耗正切 $\tan\delta$、介质层的长度 LG 和宽度 WG。

2. 系统启动

单击操作系统菜单 Start→Rainbow Simulation Technologies→Rainbow Studio，在弹出的产品选择对话框中选择产品模块，启动 Rainbow-FEM3D 模块，如图 7-100 所示。

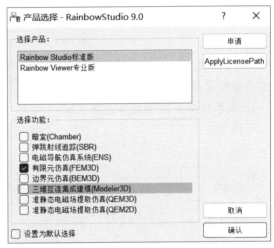

图 7-99　微带天线模型　　　　　　　　图 7-100　启动 Rainbow-FEM3D 模块

3. 创建文档与设计

如图 7-101 所示，选择菜单文件→新建工程→Studio 工程与 FEM(Modal) 模型来创建新的文档，其中包含一个默认的 FEM 的设计。

在弹出的对话框中修改模型的名称为 Folded_patch_Antenna，如图 7-102 所示。

单击菜单 File→Save 或者使用快捷键 Ctrl+S 来保存文档，将文档保存为 Folded_patch_Antenna.rbs 文件。保存后的工程树

图 7-101　创建 FEM 文档与设计

如图 7-103 所示。

图 7-102 修改设计名称

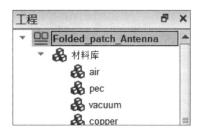

图 7-103 保存文档

4. 创建几何模型

用户可以通过几何菜单下的各个选项来从零开始创建各种三维几何模型,包括坐标系、点、线、面和体结构。

1) 设置模型视图

如图 7-104 所示,单击菜单"设计"→"长度单位",在图 7-105 所示的模型长度单位修改对话框中修改长度单位为毫米(mm)。单击"确认"按钮关闭窗口并继续。

图 7-104 修改长度单位

2) 创建几何对象

创建工程设计变量,如图 7-106 所示。

图 7-105 设置模型单位

图 7-106 创建工程设计变量

单击菜单几何→创建 Box,如图 7-107 所示。用户可以在模型视图窗口中设置几何体的尺寸,如图 7-108 所示。

选择对象的创建命令 CreateBox,在如图 7-109 所示的属性窗口中输入如下属性参数。

位置:$-L0,-W0,0$

长度:$2*L0$

宽度:$2*W0$

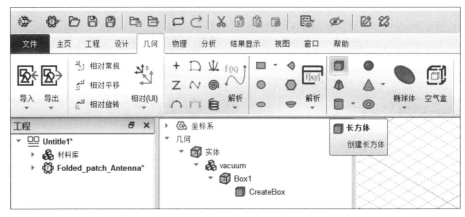

图 7-107   创建介质体

图 7-108   设置几何体的尺寸

高度：H

单击"确认"按钮完成定义。

创建矩形，双击 CreateRectangle 目录下的创建命令 CreateRegularPolyhedron，修改参数，并命名为 Patch，如图 7-110 所示。

图 7-109   设置对象几何尺寸

图 7-110   修改参数

位置：$-L0/2, -W0/2, H$

Xsize：$L0$

Ysize：W0

单击确认按钮完成定义,完成辐射面的创建。

按照上述方法创建 GND 平面。双击 CreateRectangle 目录下的创建命令 CreateRegularPolyhedron,修改参数,并命名 GND,如图 7-111 所示。

位置：−L0,−W0,0

Xsize：2 * L0

Ysize：2 * W0

单击确认按钮完成定义,完成 GND 的创建。

创建同轴馈线的内芯,圆柱体的半径为 0.6mm,高度为 H,圆柱体底部圆心坐标为 (L1,0,0),材质为理想导体(PEC),同轴馈线并命名为 Feed。双击 Draw 目录下的创建命令 CreateCylinder,单击"确认"按钮,修改参数,如图 7-112 所示。

图 7-111 修改参数

图 7-112 修改参数

位置：L1,0,0

半径：0.6

高度：H

单击"确认"按钮完成馈线的创建。

创建信号传输端口面,同轴馈线需要穿过参考地面,传输信号能量。故在参考地 GND 上开一个圆孔作为能量传输。在参考地 GND 上创建一个半径为 1.5mm、圆心坐标为(L1,0,0)的圆面,命名为 Port,如图 7-113 所示。

执行相减操作,如图 7-114 所示。

3) 创建空气盒子

单击菜单主菜单栏选择：Draw→Box,在三维模型窗口创建任意一个大小的长方体,如图 7-115 所示。创建后,弹出如图 7-116 所示对话框,设置模型的顶点坐标和模型的大小尺寸,设置完后单击"确认"按钮。

位置：−(L0/2 + Free_Length),−(W0/2 + Free_Length),−(Free_Length)

Xsize：L0+2 * Free_Length

图 7-113 修改参数

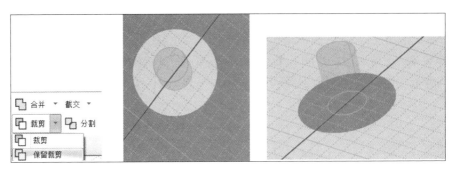

图 7-114 执行相减操作

Ysize：W0＋2 * Free_Length

Zsize：H＋2 * Free_Length

图 7-115 创建长方体

4）创建激励面

单击前面创建的 port 面如图 7-117 所示,右键创建激励端口,如图 7-118 所示。

图 7-116 创建空气盒子

图 7-117 选择激励面

5. 仿真模型设置

接下来需要对几何模型设置各种相关的物理特性,包括模型的边界条件、网格参数等。

1）设置边界条件

创建几何模型后,用户可以为几何模型设置边界条件。在工程管理树中,Rainbow-FEM3D 把这些新增的边界条件添加到设计的边界条件目录下。选择球体对象,单击"添加边界条件"→"理想辐射边界",如图 7-119 所示。

2）添加端口激励

创建几何模型后,用户可以为几何模型设置各种端口激励方式和参数。在工程管理树中,Rainbow-FEM3D 把这些新增的端口激励添加到工程树的激励端口目录下。

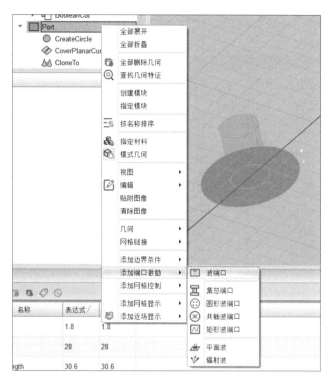

图 7-118 设置激励端口

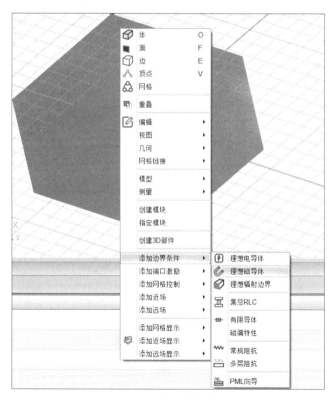

图 7-119 添加理想辐射边界

选择创建的 port 对象,为其添加波端口,在其右键菜单选择"添加端口激励"→"波端口",如图 7-120 所示。

在弹出的波端口设置对话框单击"确认"按钮完成设置,如图 7-121 所示。

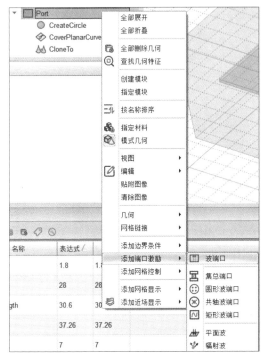

图 7-120 添加波端口

图 7-121 确认波端口设置

3) 修改几何材料

双击面模型,在几何对话框中修改材料为 pec,如图 7-122 所示。

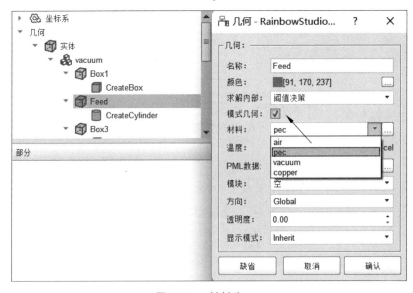

图 7-122 材料为 pec

双击 Box1 实体，在几何对话框中，修改材料为 fr4，如图 7-123 和图 7-124 所示。

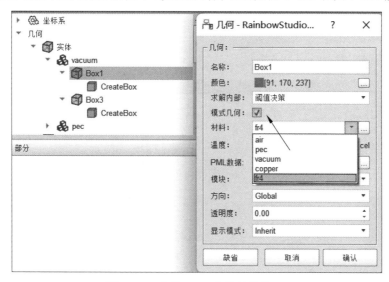

图 7-123　修改 Box1 实体材料为 fr4

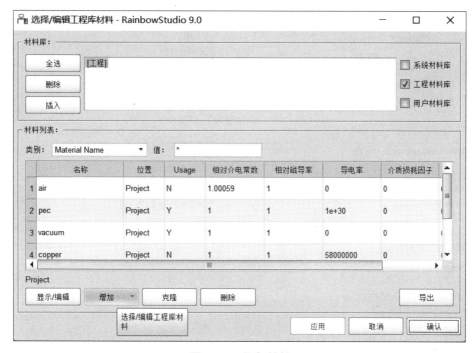

图 7-124　添加材料

定义 FR4 材料如下：输入名称 FR4，定义电参数。单击"确定"按钮返回，如图 7-125 所示。

6. 仿真求解

1）设置仿真求解器

用户需要为模型分析设置求解器所需要的仿真频率及其选项，以及可能的频率扫描范围。在工程管理树中，Rainbow-FEM3D 把这些新增的求解器参数和频率扫描范围添加到

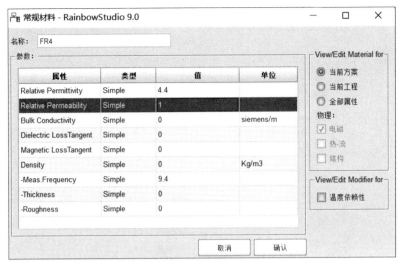

图 7-125　定义 FR4 材料

设计的求解方案目录下。选择菜单分析→添加求解方案,如图 7-126 所示。在求解器设置
对话框中修改求解器参数,如图 7-127 所示。

图 7-126　添加求解方案操作

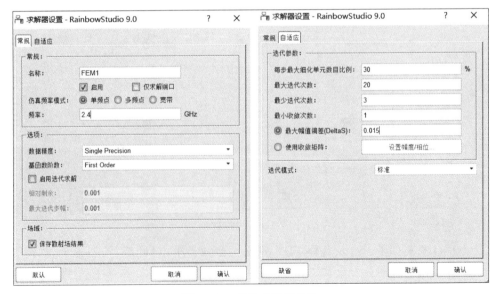

图 7-127　修改求解器参数

频率:2.4GHz

每步最大细化单元数目比例:0.3

Maximum Number of Passes：20

最大能量差值(Deltas)：0.015

2）添加远场

选择工程管理树的散射远场节点，选择右击菜单中的辐射面，并在如图 7-128 所示的控制对话框中输入如下控制参数来添加模型的远场观察球。

设置 Phi 的起点、终点、步幅分别为 0deg、360deg、1deg。

设置 Theta 的起点、终点、步幅分别为 0deg、1800deg、1deg。

图 7-128　远场观察球设置

3）添加扫频方案

在求解方案目录下打开添加的 FEM1，在其右键菜单中选择扫频方案→添加扫频方案，如图 7-129 所示，按照图 7-130 所示设置扫频方案。

扫描类型：Interpolating

起始：1.5GHz

终止：3.5GHz

步幅：0.01

7. 求解

完成上述任务后，用户可以选择菜单"分析"→"验证设计"来验证如图 7-131 所示模型设置是否完整，单击验证设计后会出现如图 7-132 所示的验证有效性界面。

选择菜单"分析"→"求解设计"启动仿真求解器分析模型，如图 7-133 所示。用户可以利用任务显示面板来查看求解过程，包括进度和其他日志信息，如图 7-134 所示。

图 7-129 添加扫频方案

图 7-130 设置扫频方案

图 7-131 验证设计操作

图 7-132 验证仿真模型有效性

图 7-133 求解设计操作

图 7-134　查看仿真任务进度信息

8. 数据后处理

1）S 参数图表显示

仿真结束后，系统可以创建各种形式的视图。在工程管理树中，Rainbow-FEM3D 把这些新增的视图显示添加到设计的结果显示目录下。选择菜单结果显示→SYZ 参数图表→2 维矩形线图，如图 7-135 所示，并在如图 7-136 所示的控制对话框中输入如下控制参数来添加远场结果。

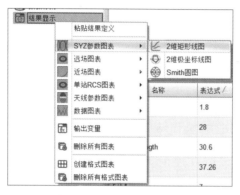

图 7-135　生成 SYZ 曲线

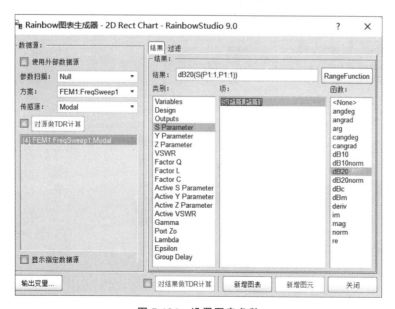

图 7-136　设置图表参数

方案：FreqSweep1

类别：S-Parameter

项：S

函数：dB20

In：All

Out：All

S 参数结果显示如图 7-137 所示。

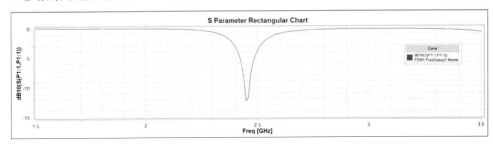

图 7-137　S 参数结果显示

2）3 维极坐标图显示

选择工程管理树的结果显示节点，选择右击菜
单远场图表→3 维极坐标曲面图，如图 7-138 所示，
并在如图 7-139 所示的控制对话框中输入如下控
制参数来添加模型的远场散射方向图结果。

方案：Finial Pass

类别：Gain

项：Gain Total

函数：dB10

3 维极坐标图结果如图 7-140 所示。

图 7-138　添加 3 维极坐标图

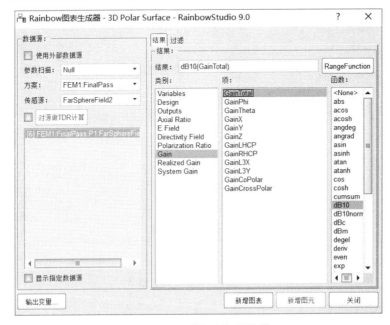

图 7-139　3 维极坐标图设置

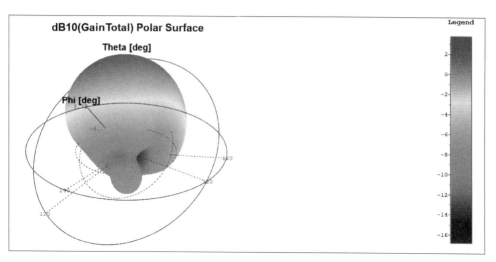

图 7-140　3 维极坐标结果

7.3.2　偶极子天线设计实例

对称振子天线不仅是一种结构简单的基本线天线,还是一种经典的、迄今为止使用最广泛的天线。单个半波对称振子可简单地独立使用或用作抛物面天线的馈源,也可采用多个半波对称振子组成天线阵。两臂长度相等的振子叫作对称振子。每臂长度为四分之一波长、全长为二分之一波长的振子,称为半波对称振子。巴伦是平衡不平衡转换器的英文音译。对称振子天线属平衡型天线,而馈电同轴电缆属不平衡传输线。若将天线和同轴线直接连接,则同轴线的外皮就有高频电流流过,这样会影响天线的辐射方向图(同轴线外皮的屏蔽层也参与了天线的辐射)。因此,需在天线和馈电同轴线之间加入平衡不平衡转换器,把流入同轴线外皮的高频电流扼制掉,将其截断。

1. 问题描述

本例所要展示的器件如图 7-141 所示,通过查看远场图表,我们将介绍 Rainbow-FEM3D 模块的具体仿真流程,包括建模、求解、后处理等。本例中使用的天线振臂是贴片式矩形体,相较于圆柱来说,贴片式柱体在网格剖分时产生的网格较少,可以加快求解速度。

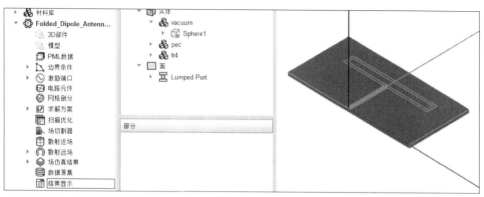

图 7-141　Dipole 模型

2. 系统启动

单击操作系统菜单 Start→Rainbow Simulation Technologies→Rainbow Studio,在弹出的产品选择对话框中选择产品模块,启动 Rainbow-FEM3D 模块,如图 7-142 所示。

3. 创建文档与设计

如图 7-143 所示,选择菜单文件→新建工程→Studio 工程与 FEM(Modal)模型来创建新的文档,其中包含一个默认的 FEM 的设计。

图 7-142 启动 Rainbow-FEM3D 模块

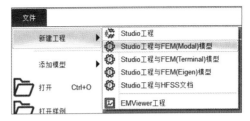

图 7-143 创建 FEM 文档与设计

在弹出的对话框中修改模型的名称为 Folded_Dipole_Antenna-v7889,如图 7-144 所示。

单击菜单 File→Save 或者使用快捷键 Ctrl+S 来保存文档,将文档保存为 Folded_Dipole_Antenna-v7889. rbs 文件。保存后的工程树如图 7-145 所示。

图 7-144 修改设计名称

图 7-145 保存文档

4. 创建几何模型

用户可以通过几何菜单下的各个选项来从零开始创建各种三维几何模型,包括坐标系、点、线、面和体结构。

1) 设置模型视图

如图 7-146 所示,单击菜单"设计"→"长度单位",在图 7-147 所示的模型长度单位修改对话框中修改长度单位为毫米(mm)。单击"确认"按钮关闭窗口并继续。

2) 创建天线几何对象

单击菜单几何→创建矩形面,如图 7-148 所示,用户可以在模型视图窗口中用鼠标创建矩形面,如图 7-149 所示。

图 7-146　修改长度单位

图 7-147　设置模型单位

图 7-148　创建矩形面

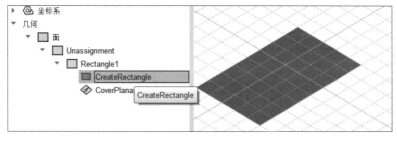

图 7-149　用鼠标拉出矩形图

选择对象的创建命令 CreateRectangle,在如图 7-150 所示的属性窗口中输入如下属性参数。

位置上输入:－Sdf/2－Wdf,0,0。按 Tab 键会一次弹出 Sdf 和 Wdf 的变量定义窗口,依次输入变量值 0.8528 和 0.536,再次按 Tab 键切换到长度输入框,输入 Wdf,按 Tab 键,切换到宽度定义框,输入 Ldf 变量,然后在变量定义框输入值 19.65,单击"确认"按钮完成定义。

按照上述方法创建第二个矩形。双击 CreateRectangle 目录下的创建命令 CreateRegular Polyhedron,修改参数,如图 7-151 所示。

图 7-150　修改正棱柱体对象几何尺寸

图 7-151　修改参数

位置上输入：－Sdf/2，Ldf，0。按 Tab 键切换到长度输入框，输入－（Ld-Sdf）/2，按 Tab 键，切换到宽度定义框，输入 Ld 变量，然后在变量定义框输入值 44.49，按 Tab 键在宽度输入 Wdl，按 Tab 键在变量定义框输入 1.072。单击"确认"按钮完成定义。

按照上述方法创建第三个矩形。双击 CreateRectangle 目录下的创建命令 CreateRegularPolyhedron，修改参数，如图 7-152 所示。

位置上输入：－Ld/2，Ldf＋Wdl，0。按 Tab 键切换到长度输入框，输入 Wdl 变量，按 Tab 键在宽度输入 Wd－Wdl * 2，按 Tab 键在 Wd 变量定义框输入 5.138。单击"确认"按钮完成定义。

按照上述方法创建第四个矩形。双击 CreateRectangle 目录下的创建命令 CreateRegularPolyhedron，修改参数，如图 7-153 所示。

位置上输入：－Ld/2，Ldf＋Wd－Wdl，0。按 Tab 键切换到长度输入框，输入 Ld/2，按 Tab 键切换到宽度定义框，输入 Wdl 变量，单击"确认"按钮完成定义。

将以上四个矩形进行对称复制，选中四个矩形面，然后单击"镜像"图标，如图 7-154 所示。

图 7-152　第三个矩形参数

图 7-153　第四个矩形参数

图 7-154　选择镜像

然后选择对称面所通过的一个点，选择坐标原点，如图 7-155 所示。

继续选择另一个点如图 7-155 所示，此点和上一个点构成的线段作为对称面的法向。完成对称面定义，完成镜像操作，得到的图形如图 7-156 所示。

图 7-155 选择基准点

将所有的矩形进行布尔和操作,将所有面缝合到一起。选中所有的 8 张矩形,单击如图 7-157 所示的"合并"按钮,完成合并的操作。

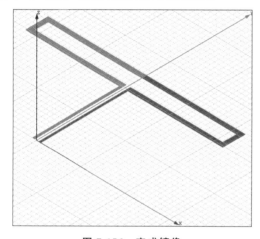

图 7-156 完成镜像

图 7-157 合并操作

从面生产体,单击如图 7-158 所示的"加厚"按钮。依次输入变量－Oz,对变量赋值 0.0125,完成定义,得到实体。

图 7-158 变换实体

3）创建介质长方体

单击菜单几何→长方体，创建长方体，如图 7-159 所示，在模型视图窗口中进行如图 7-160 和图 7-161 所示的操作，用鼠标操作创建长方体。

图 7-159　创建长方体

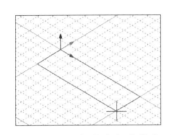

图 7-160　用鼠标拉出长方体底面

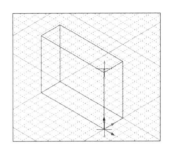

图 7-161　用鼠标拉出长方体高度

双击创建命令 CreateBox，可以在属性修改对话框中修改长方体的属性。修改长方体的参数，如图 7-162 所示。位置输入－(Ld/2＋10),0,0；长度输入 Ld＋20；宽度输入 Ld/2＋10；宽度输入－thick；然后给变量 thick 赋值 1.6，得到天线贴合的 PCB 基板。

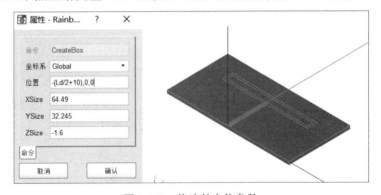

图 7-162　修改长方体参数

4）创建空气盒子

单击菜单几何→球体，创建长方体，如图 7-163 所示。在模型视图窗口中先任选一点作为球心，如图 7-163 所示。拖动鼠标确定半径，然后双击 CreateSphere，位置处输入 0,Ld/2,0，半径处输入 20 * Ld，如图 7-164 所示。

图 7-163　创建长方体

图 7-164　创建空气盒子

5）创建激励面

单击菜单几何→创建矩形面，如图 7-165 所示，用户可以在模型视图窗口中用鼠标创建矩形面，如图 7-166 和图 7-167 所示。

图 7-165　创建矩形面

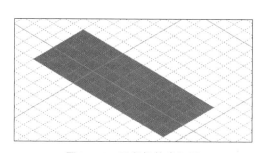

图 7-166　用鼠标拉出矩形

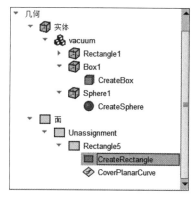

图 7-167　用鼠标双击 CreateRectangle

选择对象的创建命令 CreateRectangle，在如图 7-168 所示的属性窗口中输入如下属性参数。位置：－Sdf/2－Wdf,0,0；长度：Oz；宽度：2＊(Sdf/2＋Wdf)，得到的图形如图 7-169 所示。

5. 仿真模型设置

对几何模型设置各种相关的物理特性，包括模型的边界条件、网格参数等。

1）设置边界条件

创建几何模型后，用户可以为几何模型设置边界条件。在工程管理树中，Rainbow-FEM3D 把这些新增的边

图 7-168　设置参数

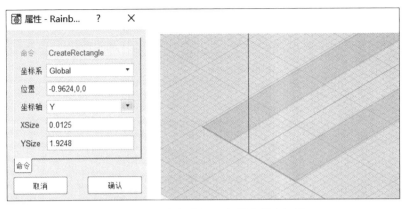

图 7-169　用鼠标选择两个顶点创建矩形

界条件添加到设计的边界条件目录下。选择球体对象,单击添加边界条件→理想辐射边界,如图 7-170 所示。

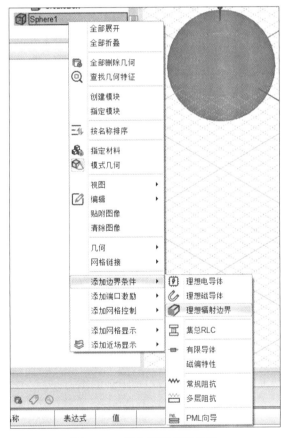

图 7-170　添加理想辐射边界

2) 添加端口激励

创建几何模型后,用户可以为几何模型设置各种端口激励方式和参数。在工程管理树中,Rainbow-FEM3D 把这些新增的端口激励添加到工程树的激励端口目录下。

选择创建的长方形对象 Rectangle10,为其添加集总端口,在其右键菜单选择"添加端口激励"→"集总端口",如图 7-171 所示。

在弹出的集总端口设置对话框单击"确认"按钮完成设置,如图 7-172 所示。

图 7-171 添加集总端口   **图 7-172 确认集总端口设置**

3)修改几何材料

双击 Rectangle5_1 实体,在几何对话框中修改材料为 pec,如图 7-173 所示。

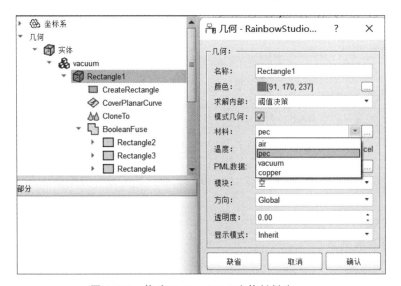

图 7-173 修改 Rectangle5_1 实体材料为 pec

双击 Box1 实体,在几何对话框中,修改材料为 FR4,如图 7-174 和图 7-175 所示。

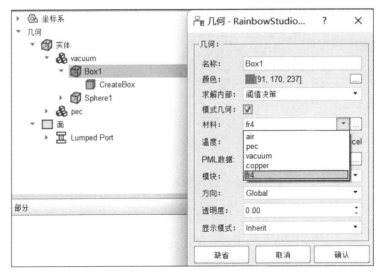

图 7-174　修改 Box1 实体材料为 FR4

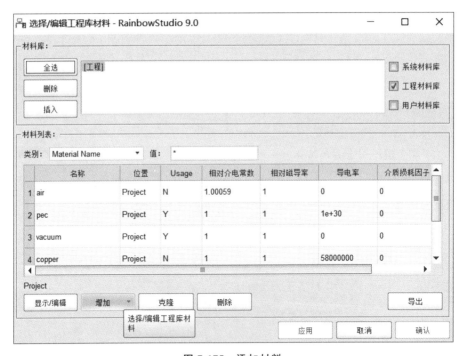

图 7-175　添加材料

如图 7-176 所示,定义 FR4 材料如下:输入名称 FR4,定义电参数。单击"确定"按钮返回。

6. 仿真求解

1) 设置仿真求解器

为模型分析设置求解器所需要的仿真频率及其选项,以及可能的频率扫描范围。在工程管理树中,Rainbow-FEM3D 把这些新增的求解器参数和频率扫描范围添加到设计的求

图 7-176　定义 FR4 材料

解方案目录下。选择菜单"分析"→"添加求解方案",如图 7-177 所示。并在如图 7-178 所示的求解器设置对话框中修改求解器参数。

图 7-177　添加求解方案操作

图 7-178　设置求解器

频率：2.4GHz

每步最大细化单元数目比例：0.3

Maximum Number of Passes：20

最大能量差值(Deltas)：0.015

2）添加远场

选择工程管理树的散射远场节点，选择右键菜单中的球面，并在如图 7-179 所示的控制对话框中输入如下控制参数来添加模型的远场观察球。

设置 Phi 的起点、终点、步幅分别为 0deg、360deg、1deg。

设置 theta 的起点、终点、步幅分别为 0deg、1800deg、1deg。

3）添加扫频方案

在求解方案目录下打开添加的 FEM1，在其右键菜单中选择"扫频方案"→"添加扫频方案"，如图 7-180 所示，按照图 7-181 所示的对话框设置扫频方案。

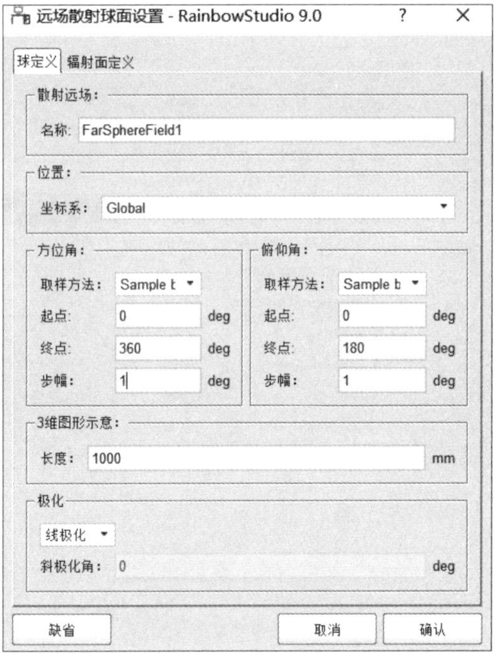

图 7-179 远场观察球设置

图 7-180 添加扫频方案

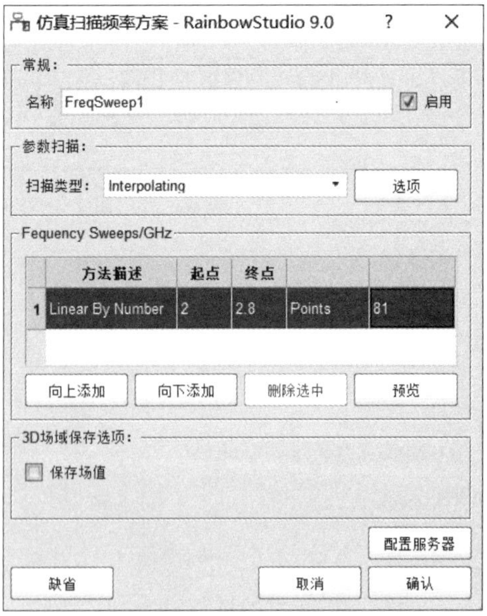

图 7-181 设置扫频方案

扫描类型：Interpolating

起始：2GHz

终止：2.8GHz

数目：81

7．求解

完成上述任务后,用户可以选择菜单"分析"→"验证设计"来验证模型设置是否完整,如图 7-182 所示,单击验证设计后会出现如图 7-183 所示的验证有效性界面。

图 7-182 验证设计操作

图 7-183 验证仿真模型有效性

选择菜单"分析"→"求解设计"启动仿真求解器分析模型,如图 7-184 所示。用户可以利用任务显示面板来查看求解过程,包括进度和其他日志信息,如图 7-185 所示。

图 7-184 求解设计操作

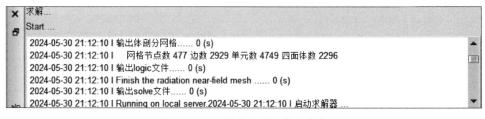

图 7-185 查看仿真任务进度信息

8．数据后处理

1) S 参数图表显示

仿真结束后,系统可以创建各种形式的视图,包括矩形坐标显示和极坐标显示,天线辐射图等。在工程管理树中,Rainbow-FEM3D 把这些新增的视图显示添加到设计的结果显示目录下。选择菜单结果显示→SYZ 参数图表→2 维矩形线图,如图 7-186 所示,并在如图 7-187 所示的控制对话框中输入如下控制参数来添加远场结果。

图 7-186　生成远场曲线

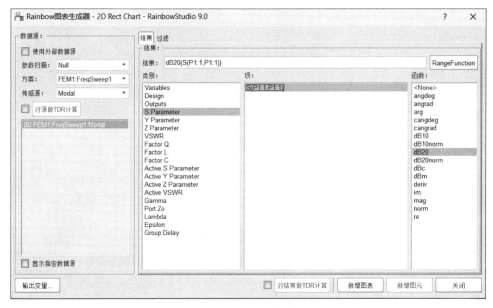

图 7-187　设置图表参数

方案：Freq Sweep1

类别：S-Parameter

项：S

函数：dB20

In：All

Out：All

S 参数结果显示如图 7-188 所示。

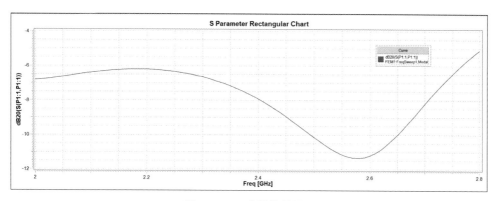

图 7-188　S 参数结果显示

2）3 维极坐标图显示

选择工程管理树的结果显示节点，选择右键菜单远场图表→3 维极坐标曲面图，如图 7-189 所示，并在如图 7-190 所示的控制对话框中输入如下控制参数来添加模型的远场散射方向图结果。

图 7-189　添加 3 维极坐标图

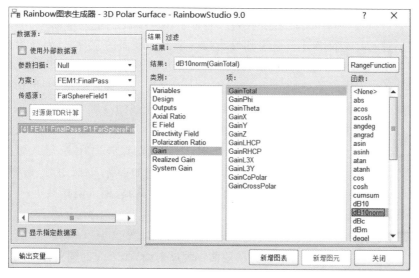

图 7-190　3 维极坐标图设置

方案：Finial Pass

类别：Gain

项：Gain Total

函数：dB10

3 维极坐标图结果如图 7-191 所示。

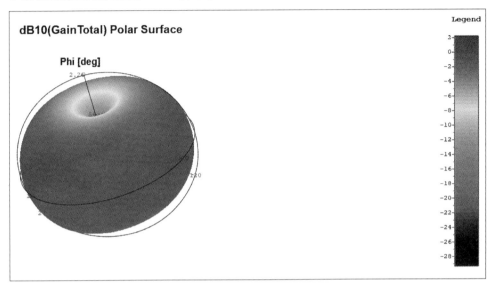

图 7-191　3 维极坐标图结果

7.3.3　倒 F 天线设计实例

倒 F 天线是单极子天线的一种变形结构,其衍变发展的过程是从 1/4 波长单极子天线到倒 L 天线再到倒 F 天线的过程。首先,将单极子天线进行 90°弯折,就能得到倒 L 天线,其总长度仍然约为 1/4 个波长,单极子天线做这一变形的目的是有效减小天线的高度。然而对于倒 L 天线,其上半部分平行于地面,这样在减小高度的同时增加了天线的容性,为了保持天线的谐振特性,需要增加天线的感性,通常是在天线的拐角处增加一个倒 L 形贴片,贴片的一端通过孔与地面相连。由于其形状像一个面向地面的字母 F,因此将此种类型的天线称为倒 F 天线。平面倒 F 天线最大的优点就是可以改变馈电位置,将输入阻抗调整至 50Ω。在设计倒 F 天线时,主要有三个结构参数决定着天线的输入阻抗、谐振频率和阻抗带宽等性能。这三个结构参数分别是天线的谐振长度 L,天线的高度 H 及两条垂直臂之间的距离 S。L 对天线的谐振频率和输入阻抗影响最为直接。当 L 长度增加时,天线的谐振频率降低,输入阻抗降低;反之,当 L 长度减小时,天线的谐振频率升高,输入阻抗变大。H 的一般规律为,当 H 增加时,谐振频率降低,输入阻抗增加;当 H 减小时,谐振频率升高,输入阻抗减小。S 的一般规律为,当 S 增加时,谐振频率升高,输入阻抗减小;当 S 减小时,谐振频率降低,输入阻抗增加。

1. 问题描述

平面倒 F 天线基本结构是以一个大的地面作为反射面,而天线的辐射体采用一个平面单元,分别用两个靠近的 Pin 脚作为接地点和天线馈点连接辐射单元,结构如图 7-192 所示。

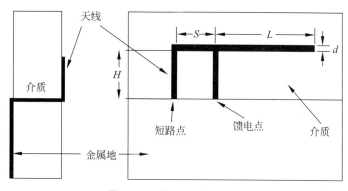

图 7-192 倒 F 天线原理图

如图 7-193 所示,查看 S 参数、远场结果,进一步熟悉 Rainbow-FEM3D 模块的具体仿真流程,包括建模、求解和后处理等。

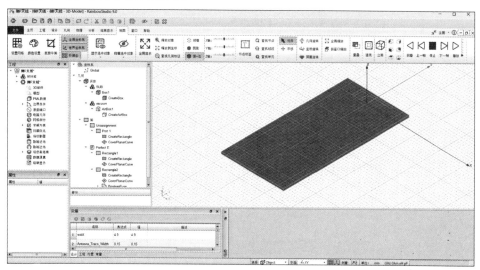

图 7-193 倒 F 天线模型

2. 系统启动

单击操作系统菜单 Start→RainbowSimulationTechnologies→RainbowStudio,在弹出的产品选择对话框中选择产品模块,启动 Rainbow-FEM3D 模块,如图 7-194 所示。

3. 创建文档与设计

如图 7-195 所示,选择菜单文件→新建工程→Studio 工程与 FEM(Modal)模型来创建新的文档,其中包含一个默认的 FEM 的设计。

如图 7-196 所示,在左边工程树中选择 FEM 设计树节点,选择右击菜单模型改名把设计的名称修改为"倒 F 天线"。

单击菜单 File→Save 或者使用快捷键 Ctrl+S 保存文档,将文档保存为倒 F 天线.rbs 文件。保存后的工程树如图 7-197 所示。

4. 创建几何模型

1)添加变量

在工程树中选择变量库,在其右键菜单中选择管理变量,打开变量编辑窗口,如图 7-198 所示。

图 7-194　启动 Rainbow-FEM3D 模块

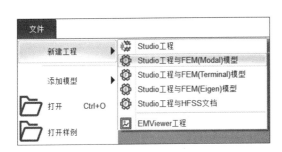

图 7-195　创建 FEM 文档与设计

图 7-197　保存文档

图 7-196　修改设计名称

图 7-198　打开变量编辑窗口

在变量编辑窗口中单击"增加"按钮,可以新建变量,如图 7-199 所示。

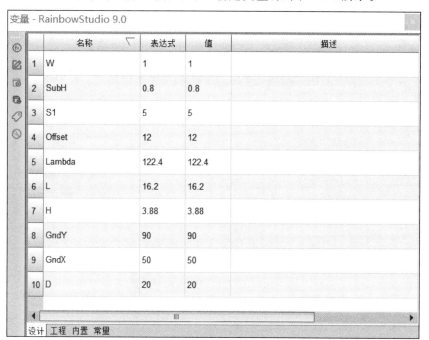

图 7-199 新建变量

2)创建材料

在工程树中选择材料库,在其右键菜单中选择"添加材料"→"常规",打开工程材料库,如图 7-200 所示。

图 7-200 打开工程材料库

在常规材料窗口中创建新的材料 sub,按照图 7-201 所示设置参数。

名称:sub

Relative Permittivity:2.2Relative Permeability:1

Magnetic Loss Tangent:0Dielectric Loss Tangent:0

Bulk Conductivity:0

测量频率:9.40GHz

3)创建天线模型

创建天线介质基板:单击"几何"→"长方体",在模型视图任意位置创建长方体对象,如图 7-202 所示。

接下来双击长方体创建命令 CreateBox,在几何对话框中修改介质基板的参数,如图 7-203 所示。

位置坐标轴:Z

图 7-201　工程材料管理编辑界面

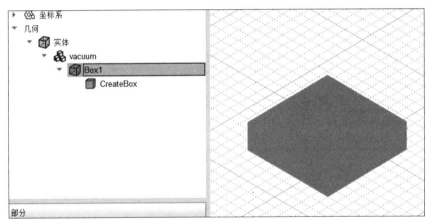

图 7-202　创建天线介质基板

图 7-203　介质基板参数设置

X：GndX/2

Y：GndY

Z：0

长度：GndX

宽度：GndY＋D

高度：SubH

选择介质基板材料：双击substrate，在材料属性框选择sub，如图7-204所示，得到介质基板如图7-205所示。

图 7-204　介质基板材料设置

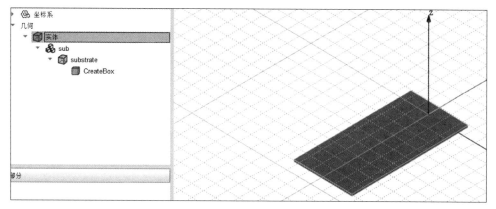

图 7-205　介质基板最终模型

创建天线地板：单击"几何"→"长方形"，在模型视图任意位置创建长方形对象，如图7-206所示。

位置坐标轴：Z

X：－GndX/2

Y：－GndY

Z：0

长度：GndX

宽度：GndY

双击地板模型 Ground，将地板颜色设置为黄色，如图 7-207 所示。地板模型如图 7-208 所示。

图 7-206　地板参数设置

图 7-207　地板颜色设置

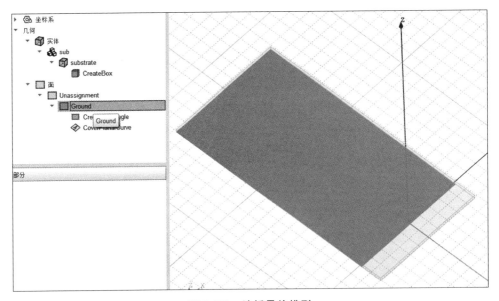

图 7-208　地板最终模型

创建天线辐射器模型：创建 Rectangle1，如图 7-209 所示。

位置坐标轴：Z

X：Offset

Y：0

Z：SubH

长度：W

宽度：H

创建 Rectangle2,如图 7-210 所示。

图 7-209　矩形 1 参数设置

图 7-210　矩形 2 参数设置

位置坐标轴：Z

X：Offset＋W＋S_1

Y：0

Z：SubH

长度：W 宽度：H

创建 Rectangle3,如图 7-211 所示。

位置坐标轴：Z

X：Offset

Y：H

Z：SubH

长度：S_1＋2 * W

宽度：W

创建 Rectangle4,如图 7-212 所示。

图 7-211　矩形 3 参数设置

图 7-212　矩形 4 参数设置

位置坐标轴：Z

X：Offset

图 7-213 矩形 5 参数设置

Y：H

Z：SubH

长度：−L

宽度：W

创建 Rectangle5，如图 7-213 所示。

位置坐标轴：Y

X：Offset＋W＋S$_1$

Y：0

Z：SubH

长度：−SubH

宽度：W

选 择 Rectangle1、Rectangle2、Rectangle3、Rectangle4、Rectangle5 对象，然后在右击菜单中选择几何→布尔→合并，如图 7-214 所示。

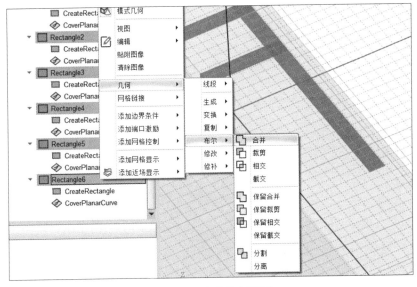

图 7-214 合并几何模型

接下来在模型几何视图选择几何→空气盒，修改其名称为 AirBox，透明度修改为 0.7，如图 7-215 所示。

5．仿真模型设置

1）添加端口激励

为仿真模型添加端口，创建一个长方形，将其名称修改为 Port1，如图 7-216 所示。

位置坐标轴：Y

X：Offset

Y：0

Z：SubH

长度：−SubH

宽度：W

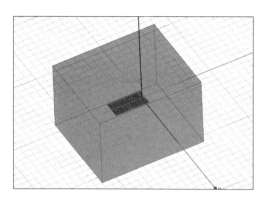

图 7-215　AirBox

图 7-216　修改 Port1 的参数

接下来选中 Port1 并右击,选择添加端口激励→集总端口,端口名称默认为 P1,如图 7-217 所示。

图 7-217　集总端口设置

2) 添加边界条件

选择 Rectangle1 对象,在其右键菜单选择添加边界条件→理想电导体,如图 7-218 所示。

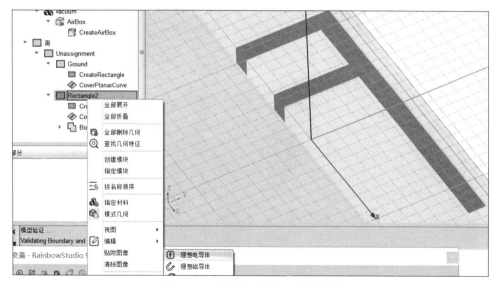

图 7-218　长方形 1 添加理想电导体

选择 Ground 对象,在其右键菜单选择添加边界条件→理想电导体,如图 7-219 所示。

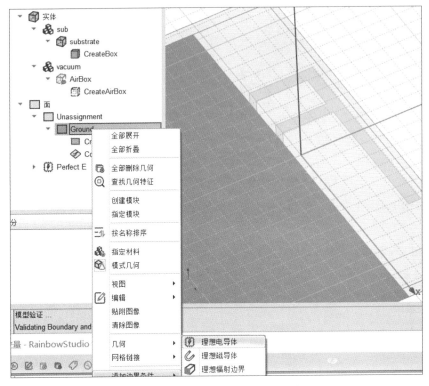

图 7-219 Ground 添加理想电导体

选择 AirBox 对象,在其右键菜单选择添加边界条件→理想辐射边界,如图 7-220 所示。

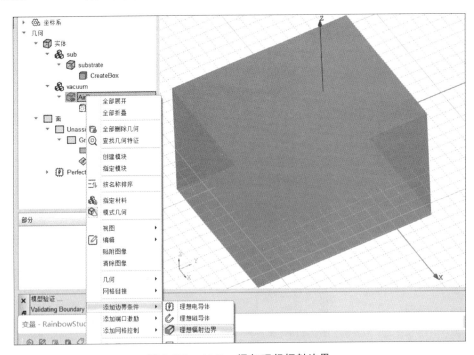

图 7-220 AirBox 添加理想辐射边界

选中 AirBox 对象,单击视图→隐藏选中对象,如图 7-221 所示,将 AirBox 对象隐藏。

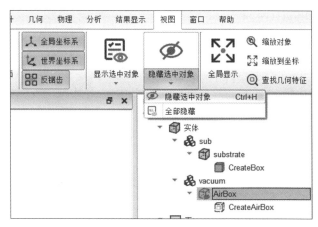

图 7-221　隐藏 AirBox 对象

6. 仿真求解

1）设置仿真求解器

用户需要设置求解器的仿真频率及其选项,以及可能的频率扫描范围。在工程管理树中,Rainbow-FEM3D 把这些新增的求解器参数和频率扫描范围添加到设计的求解方案目录下。选择菜单分析→添加求解方案,如图 7-222 所示。并在图 7-223 所示的求解器设置对话框中修改求解器参数。

图 7-222　添加求解方案操作

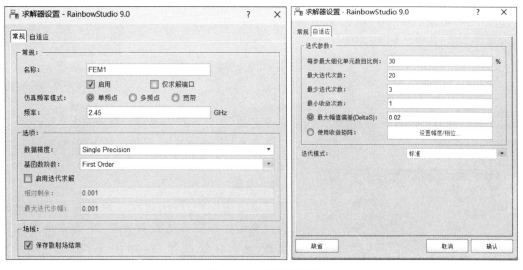

图 7-223　求解器设置

仿真频率：2.45GHz

数据精度：Single Precision

基函数阶数：First Order

每步最大细化单元数目比例：0.3

Maximum Number of Passes：20

最大能量差值(Delta S)：0.02

2）添加扫频方案

在求解方案目录下打开刚添加的 FEM1，在其右键菜单中选择扫频方案→添加扫频方案，如图 7-224 所示，按照图 7-225 所示的对话框来设置扫频方案。

图 7-224　添加扫频方案

图 7-225　设置扫频方案

扫描类型：Interpolating

选择方法：Liner bynumber

起始：2GHz

终止：2.8GHz

3）添加远场方向球

完成扫频方案设置后，为求解天线远场方向图，需要添加远场球设置，如图 7-226 所示。

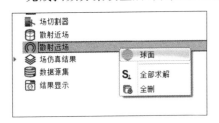

图 7-226　设置远场球

选择散射远场→球面，添加远场方向球，如图 7-227 所示。

7. 求解

完成上述任务后，用户可以选择菜单分析→验证设计来验证模型设置是否完整，单击验证设计后会出现验证有效性界面，如图 7-228 和图 7-229 所示。

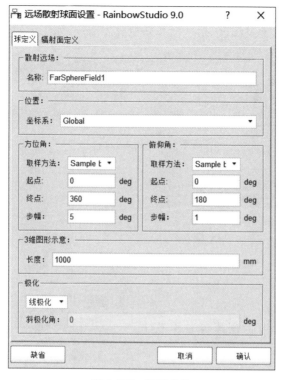

图 7-227　场球参数

图 7-228　验证设计操作

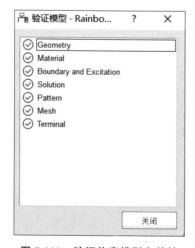

图 7-229　验证仿真模型有效性

选择菜单分析→求解设计,启动仿真求解器分析模型,如图 7-230 所示。用户可以利用任务显示面板来查看求解过程,包括进度和其他日志信息,如图 7-231 所示。

图 7-230 求解设计操作

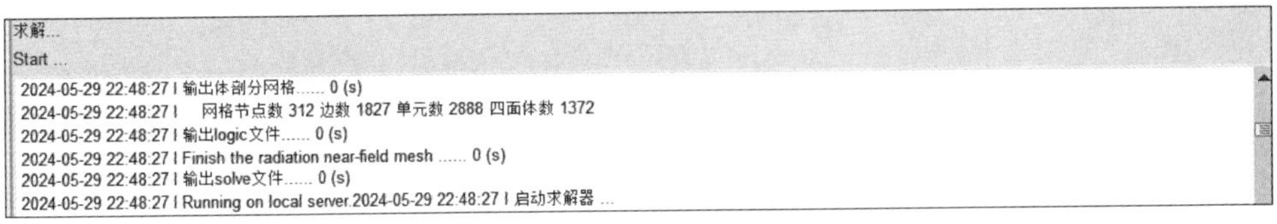

```
求解...
Start ...
2024-05-29 22:48:27 | 输出体剖分网格 ...... 0 (s)
2024-05-29 22:48:27 |   网格节点数 312 边数 1827 单元数 2888 四面体数 1372
2024-05-29 22:48:27 | 输出logic文件...... 0 (s)
2024-05-29 22:48:27 | Finish the radiation near-field mesh ...... 0 (s)
2024-05-29 22:48:27 | 输出solve文件...... 0 (s)
2024-05-29 22:48:27 | Running on local server 2024-05-29 22:48:27 | 启动求解器 ...
```

图 7-231 查看仿真任务进度信息

8. 数据后处理

1) S 参数图表显示

仿真结束后,系统可以创建各种形式的视图,包括线图、曲面和极坐标显示、天线辐射图等。在工程管理树中,Rainbow-FEM3D 把这些新增的视图显示添加到设计的结果显示目录下。选择菜单结果显示→SYZ 参数图表→2 维矩形线图,如图 7-232 所示,并在如图 7-233 所示的控制窗口中输入如下控制参数来添加结果。

S 参数的结果如图 7-234 所示。

图 7-232 打开 2 维矩阵线图

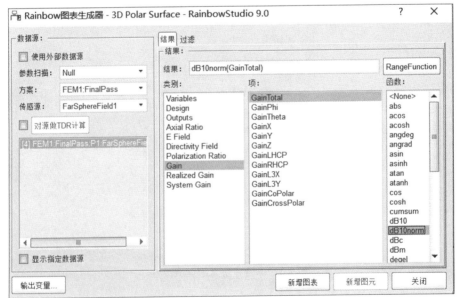

图 7-233 设置 2 维矩阵线图参数

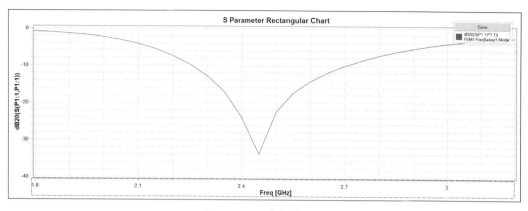

图 7-234　S 参数的结果

2）远场方向图显示

在结果显示目录下，选择菜单结果显示→远场图表→3 维极坐标曲面图，如图 7-235 所示。

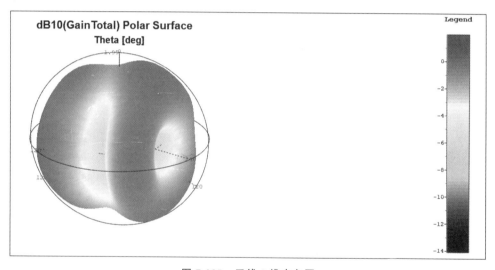

图 7-235　天线 3 维方向图

习题

1. 参照微带天线仿真案例，设计一个同样 S_{11} 低于-20dB 的圆形微带天线，并分析其远场分布。

2. 设计一款在 2.2GHz，S_{11} 低于-20dB 的微带行波天线，并分析其远场分布。

3. 以介电常数为 2.25 的聚乙烯为介质，设计一个与厚度为 1mm、柱体半径为 50mm 的圆柱曲面共形的矩形共形天线，长度宽度可自由调整，天线谐振频率为 2.5GHz，并观察其远场分布。

4. 设计一个中心频率为 5GHz 双模工作的圆锥喇叭天线，并观察其远场分布。

第 8 章

HFSS 天线设计应用

本章将向读者介绍 HFSS(High Frequency Simulator Structure)的主要功能以及 HFSS 的设计流程和操作方法,以便读者更加熟练地掌握 HFSS,能够举一反三并在实际工程中灵活运用。

8.1 HFSS 概述

HFSS 是美国 Ansys 公司开发的全波三维电磁仿真软件,其功能强大、界面友好、计算结果准确,是业界公认的三维电磁场设计和分析的工业标准软件之一。

8.1.1 HFSS 简介

HFSS 采用标准的 Windows 图形用户界面,简洁直观;自动化的设计流程,易学易用;稳定成熟的自适应网格剖分技术,结果准确。在 HFSS 中,用户只需要创建或导入设计模型,指定模型材料属性,正确设置模型的边界条件和激励,准确定义求解设置,便可以计算输出模型的仿真结果。

HFSS 具有精确的场仿真器,强大的电性能分析能力和后处理功能,可以用于分析、计算并显示下列参数。

(1) S、Y、Z 等参数矩阵。

(2) 电压驻波比。

(3) 端口阻抗和传播常数。

(4) 电磁场分布和电流分布。

(5) 谐振频率、品质因数 Q。

(6) 天线辐射方向图和各种天线参数,如增益、方向性、波束宽度等。

(7) 比吸收率。

(8) 雷达反射截面。

经过二十多年的发展,HFSS 凭借出色的仿真精度和可靠性、方便易用的操作界面、稳定成熟的自适应网格剖分技术,被广泛地应用于航空、航天、电子、半导体、计算机和通信等多个领域。借助 HFSS,能够有效地降低设计成本,缩短设计周期,增强企业的竞争力。HFSS 的具体应用包括以下 8 方面。

（1）射频和微波无源器件设计。

HFSS能够快速精确地计算各种射频和微波无源器件的电磁特性，得到S参数、传播常数、电磁特性，并进行容差分析，帮助工程师快速完成设计并得到各类器件的电磁特性，包括波导器件、滤波器、耦合器、功率分配/合成器、隔离器、腔体和铁氧体器件等。

（2）天线、天线阵列设计。

HFSS可为天线和天线阵列提供全面的仿真分析和优化设计，精确仿真计算天线的各种性能，包括二维和三维远场，近场辐射方向图，天线的方向性、增益、轴比、半功率波瓣宽度、内部电磁场分布、天线阻抗、电压驻波比、S参数等。

（3）高速数字信号完整性分析。

随着信号工作频率和信息传输速度的不断提高，互联结构的寄生效应对整个系统的性能影响已经成为设计中不可忽略的一部分。HFSS能够自动和精确地提取高速互联结构和版图寄生效应，导出SPICE参数模型和Touch stone文件（即.snp格式文件），结合Ansys Designer或其他电路仿真分析工具仿真瞬态现象。

（4）EMC和EMI问题分析。

电磁兼容（Electromagnetic Compatibility，EMC）和电磁干扰（Electromagnetic Interference，EMI）具有随机性和多变性的特点，因此完整地"复现"一个实际工程中的EMC和EMI问题是很难做到的。但Ansys提供的"自顶向下"的EMC解决方案可以轻松地解决这个问题。HFSS强大的场后处理功能为设计人员提供丰富的数据分析结果。整个空间的场分布情况可以以色标图的方式直观地显示出来，让设计人员对系统的场分布全貌有所把握，进一步通过场计算器得到电场/磁场强度峰值点，并能输出详细的场强值和坐标值。

（5）电真空器件设计。

在电真空器件如行波管、速调管、回旋管的设计中，HFSS本征模求解器结合周期性边界条件，能够准确地仿真分析器件的色散特性，得到归一化相速与频率的关系以及结构中的电磁场分布，为这类器件的分析和设计提供了强有力的手段。

（6）目标特性研究和RCS仿真。

雷达散射截面（Radar Cross Section，RCS）的分析预估一直是电磁理论研究的重要课题，当前人们对大尺寸复杂目标的RCS分析尤为关注。HFSS中定义了平面波入射激励，结合辐射边界条件或理想匹配层（Perfect Matched Layer，PML）边界条件，可以准确地分析器件的RCS。

（7）计算SAR。

比吸收率（Specific Absorption Rate，SAR）是单位质量的人体组织所吸收的电磁辐射能量，SAR的大小表明了电磁辐射对人体健康的影响程度。随着信息技术的发展，大众在享受无线通信设备带来的各种便利之时，也日益关注无线通信终端对人体健康的影响。使用HFSS可以准确地计算出指定位置的局部SAR和平均SAR。

（8）光电器件仿真设计。

HFSS的应用频率能够达到光波波段，能够精确仿真光电器件的特性。

8.1.2　启动HFSS

HFSS软件安装完成后，在桌面和程序菜单中都有快捷方式。可以通过两种方法来启动 HFSS 软件：一是双击桌面快捷方式，启动 HFSS；二是在 Windows 程序菜单中，单击 ANSYS Electromagnetics Suite18.0→ANSYS Electronics Desktop 2017.0，如图 8-1 所示。 HFSS 启动后的用户界面如图 8-2 所示。

图 8-1　启动 HFSS 操作

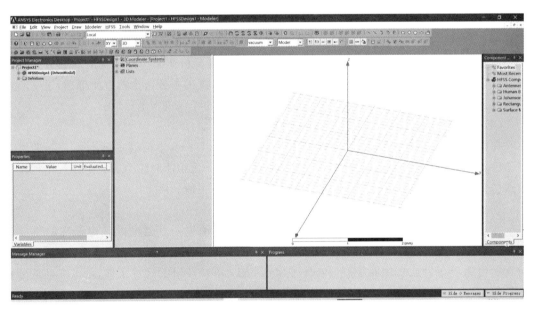

图 8-2　HFSS 用户界面

8.1.3　建立 HFSS 工程的一般过程

HFSS 启动后，在图 8-2 所示的用户界面主菜单栏单击 Tools→Options→General Options 命令，可以打开如图 8-3 所示的 General Options 对话框。在对话框的 Project Options 界面，可以设置 HFSS 工程文件、临时工程文件和材料库文件的存放路径。一般材料库文件保留默认路径不变；HFSS 工程文件、临时工程文件路径用户可以根据需要更改。需要说明的是，HFSS 工程文件、临时工程文件和材料库文件的存放路径不能包含中文字符。

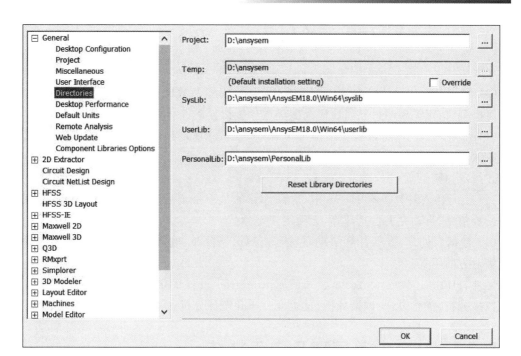

图 8-3 General Options 对话框

使用 HFSS 进行电磁分析和高频器件设计的简要流程如图 8-4 所示。各个步骤简述如下。

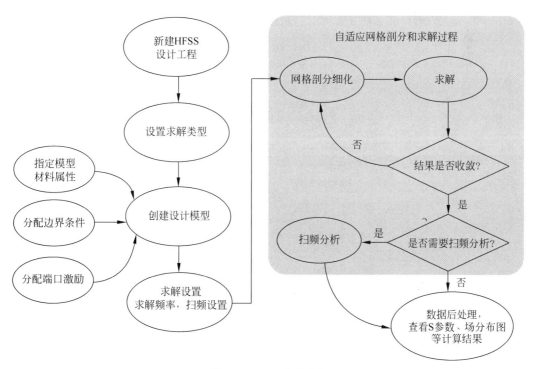

图 8-4 HFSS 设计流程

（1）启动 HFSS 软件，新建一个设计工程。

（2）选择求解类型。在 HFSS 中有 3 种求解类型：模式驱动求解、终端驱动求解和本征模求解。

（3）创建参数化设计模型。在 HFSS 设计中，创建参数化模型的步骤包括：构造准确的几何模型、指定模型的材料属性以及准确地分配边界条件和端口激励。

（4）求解设置。求解设置包括指定求解频率（软件在该频率下进行自适应网格剖分计算）、收敛误差和网格剖分最大迭代次数等信息；如果需要进行扫频分析，还需要选择扫频类型并指定扫频范围。

（5）运行仿真计算。在 HFSS 中，仿真计算的过程是全自动的。软件根据用户指定的求解设置信息，自动完成仿真计算，无须用户干预。

（6）数据后处理，查看计算结果，包括 S 参数、场分布、电流分布、谐振频率、品质因数、天线辐射方向图等。

另外，HFSS 还集成了 Ansys 公司的 Optimetrics 设计优化模块，可以对设计模型进行参数扫描分析、优化设计、调谐分析、灵敏度分析和统计分析。

8.2 HFSS 计算原理及使用技巧

8.2.1 工程求解分类

新建一个 HFSS 工程时，首先需要选择求解器类型。通过主菜单栏选择 HFSS→Solution Type 命令，打开如图 8-5 所示的对话框，设置求解类型。

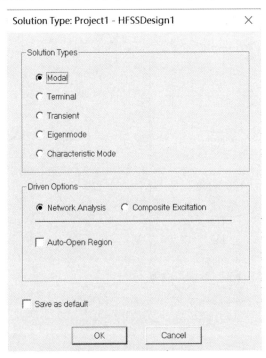

图 8-5　求解类型对话框

HFSS 中有 5 种求解类型：模式驱动求解（Driven Modal）、终端驱动求解（Driven Terminal）、时域驱动求解（Driven Transient）、本征模求解（Eigen Mode）和特征模求解（Characteristic Mode）。

（1）模式驱动求解。用于计算无源高频结构的 S 参数，如微带、波导和由源驱动的传输线，并用于计算入射平面波散射。此时，根据导波内各模式的入射功率和反射功率来计算 S 参数矩阵的解。

（2）终端驱动求解。以终端为基础计算多导体传输线端口的无源、高频结构的 S 参数，这些 S 参数是由源驱动的。根据传输线终端的电压和电流来计算 S 参数矩阵的解。

（3）时域驱动求解。用于计算时域问题，如超宽带天线，它使用时域（瞬态）求解器。对于瞬态，选择 Composite Excitation 或 Network Analysis 设置选项。

（4）本征模求解。本征模求解器主要用于谐振问题的设计分析，可以用于计算谐振结构的谐振频率和谐振频率处对应的场分布，以及计算谐振腔体的无载 Q 值。应用本征模求解时，需要注意本征模求解：不需要设置激励方式；不能定义辐射边界条件；不能进行扫频分析；不能包含铁氧体材料；只有场结果，没有 S 参数求解结果。

（5）特征模求解。特征模求解用于分析模式数、特征角、电流、模态意义和质量因子，以及基于编辑源加权的每个端口电压。应用特征模求解时，需要注意特征模求解：只支持离散扫描；只支持 CMA 求解器；只允许无损耗的边界；不允许有半空间边界。

8.2.2　工程建模

HFSS 软件对于工程问题采用参数化建模建立几何模型，并赋予其材料特性和激励特性，然后软件对其进行离散化，建立其集合结构的数据文件，利用有限元法对其进行近似求解。

1. HFSS 软件参数化建模的常用技巧

1）标准单位的设置

菜单栏：Modeler→Units

软件推荐使用毫米作为计量单位，也可采用 mil 或英寸。如图 8-6 所示，当单位改变时，结构的每段长度将自动修改为新单位下的数值。最好在建模时从始至终设置同一单位。

2）建模透明度的使用

当绘制新的对象时，有可能看不到其他结构的内部，因为它们的透明度默认设为 0。在这种情况下，如图 8-7 所示，在对象属性里调整外部物体的透明度，使用户容易观察内部物体，效果如图 8-8 所示。

除了设定透明度，还有一个办法可以观察内部结构：勾选外部物体的属性（Property）中的显示线框（Display Wireframe）。

3）可见性的改变

菜单栏：View→Visibility

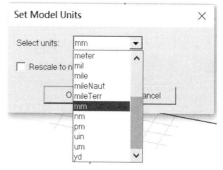

图 8-6　单位设置

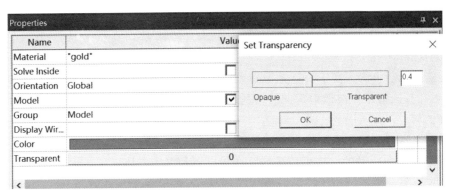

图 8-7　透明度设置

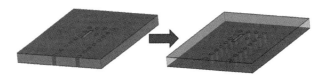

图 8-8　透明度对比示意图

如果对象的数目增多或者不再需要编辑的对象妨碍了目标对象的编辑,如图 8-9 所示,可以使它们不显示出来。也可以使用工具条上的按钮直接操作。

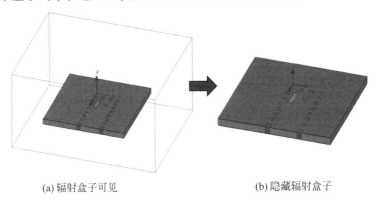

(a)辐射盒子可见　　　　　　　　　　　　　　　(b)隐藏辐射盒子

图 8-9　可见性设置示意图

注意:这个功能对于天线仿真中辐射边界必须设定为远离天线的情况非常有用。这个功能使对象临时不可见,但是在仿真分析时这些不可见的对象仍然会被计算。

4) 定位功能的使用

菜单栏:Tools→Options→General Options→Drawing

跟其他绘制工具一样,HFSS 的 3D 模型同样也具有定位功能,可以使鼠标指针自动移动到一个精确的位置。使用定位功能,可以非常方便地选择坐标、边线、边线中点、面中心等,而不需要再次建立坐标。

如图 8-10 所示,在定位模式(Snap Mode)下只需要勾选选项框就能使用该功能,使用者可以在某一绘图情况下调整定位模式开启/关闭。

(1) 网格(Grid):方格坐标定位。

(2) 顶点(Vertex):顶点定位。

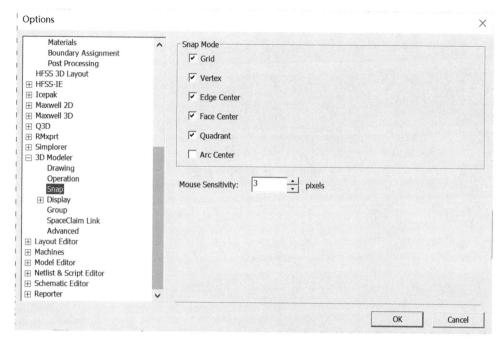

图 8-10　定位功能设置

（3）边线中心（Edge Center）：线中点定位。

（4）面中心（Face Center）：面中心定位。

（5）四分之一点（Quadrant）：沿圆周每 90°定位。

（6）弧中心（Arc Center）：弧段中心定位。

注意用户可以使用工具（Tools）→定制（Customize）功能，显示或隐藏定位工具栏，便于用户直接使用相关功能。

5）不易定位点的选定技巧

按住 Ctrl 键并用鼠标单击顶点拖拉作图→输入 x、y、z。

在某些情况下，有些模型需要使用者在不习惯的标准位置绘制。当然设计者可以通过直接输入坐标建立模型，但在这种情况下，如果使用特定的对象上现有的点作为标准点，模型的建立将变得简单。例如，建立一个矩形时：

（1）在菜单栏中单击选择一个矩形进行作图；

（2）按住 Ctrl 键并用鼠标选择一个顶点作为标准点（按住 Ctrl 键的原因是避免点下鼠标时立即作图，按住 Ctrl 键就不会开始作图）；

（3）随后移动鼠标建立模型，如果只想在某一个面上建立模型，只需要按住键盘上相应的坐标系字母，如图 8-11 所示；

（4）单击这个面上的目标点，则将从这个点开始作图。

6）线、面、体的快捷键的使用

当使用者想选择一个点/线/面/体，可以使用快捷键选择，如图 8-12 所示。

V：选择一个点。

E：选择一条边。

F：选择一个面。

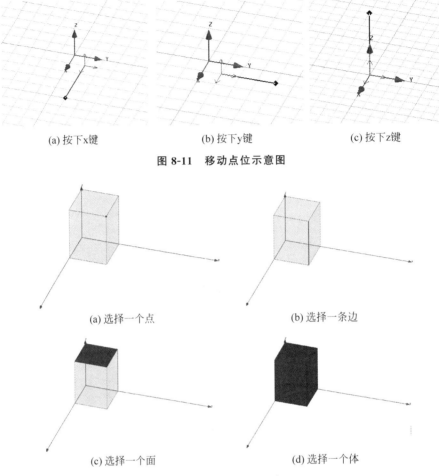

(a) 按下x键　　　　　　(b) 按下y键　　　　　　(c) 按下z键

图 8-11　移动点位示意图

(a) 选择一个点　　　　　　　　　　(b) 选择一条边

(c) 选择一个面　　　　　　　　　　(d) 选择一个体

图 8-12　快捷键使用示意图

O：选择一个体(3D)。

M：根据情况选择上述 4 种对象之一。

7) 建模对象的大小和位置的调整

右击绘图对象,Property→Position/Size

调整已画好对象的大小或位置是很简单的。如果使用者在对象窗口选择一个对象并单击创建该对象的制图命令时,则在屏幕左下角会自动出现属性窗口。

在属性窗口修改位置,该对象立即移动到新位置。或者,想改变物理尺寸,比如坐标大小或者圆的半径,使用者可以实时调整该对象的尺寸。

通过右击绘图命令出现的下拉菜单,也可以打开此属性窗口,如图 8-13 所示。

8) 移动/复制的方法

菜单栏:Edit→Arrange/Duplicate,如图 8-14 所示。

移动和复制的核心是设置一个移动矢量,这个矢量由始点与终点间的相对距离和方向组成。这个功能主要应用于平行移动和复制,但其他情况(旋转方向等)也同样可用。步骤如图 8-15 所示。

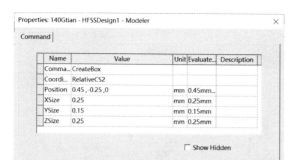

图 8-13　建模对象大小和位置的调整

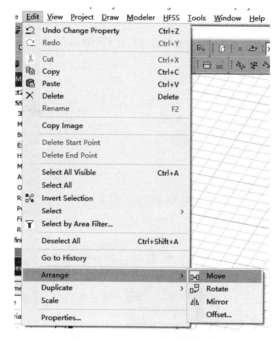

图 8-14　HFSS 中的复制操作

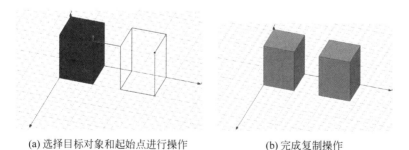

(a) 选择目标对象和起始点进行操作　　　(b) 完成复制操作

图 8-15　建模对象复制操作

9）建模对象的组合和削减

菜单栏：Modeler→Boolean

选中对象后，有如下选项和功能，如图 8-16 所示。

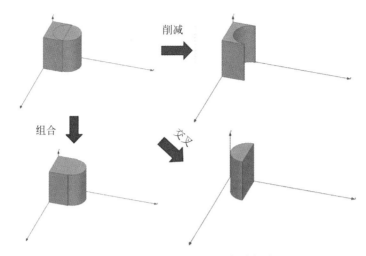

图 8-16　建模对象组合和削减操作

组合(Unite)：将所选对象组合起来。

削减(Subtract)：从一个中减去另一个。

交叉(Intersect)：保留交叠部分。

分离(Split)：将一个对象切成两半。

10）从 HFSS 软件中截图的技巧

菜单栏：Edit→Copy Image

当编辑演示文稿或论文时，如果需要 HFSS 图表或图片，右击并选择下拉菜单最下面一项，或者在菜单栏里选择编辑后单击复制图像，如图 8-17 所示。屏幕上的数据都自动保

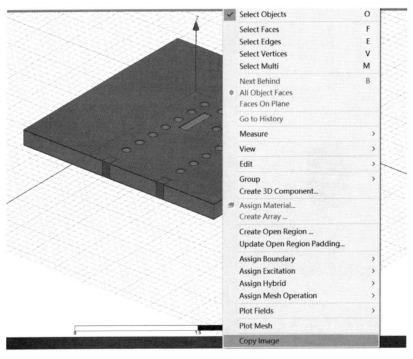

图 8-17　模型截图技巧

存到剪贴板中,以便应用于其他外部项目里。使用快捷键 Ctrl＋V 将保存在剪贴板内的图像粘贴到 Word 或其他图像处理项目中。通过复制图像功能,场分布和结果图也可以复制到剪贴板里。

11)视图中网格和坐标的隐藏

菜单栏:View→Coordinate System/Grid Settings

选择视图菜单 View 中坐标系 Coordinate System 里的隐藏项(Hide),如图 8-18 所示,坐标就会隐藏。

在视图 View 里网格设置 Grid Settings 中勾选 Gird visibility→Hide,如图 8-19 所示。可得到一张没有网格和坐标的整洁的图,如图 8-20 所示,就得到了一张没有网格和坐标的整洁的图。

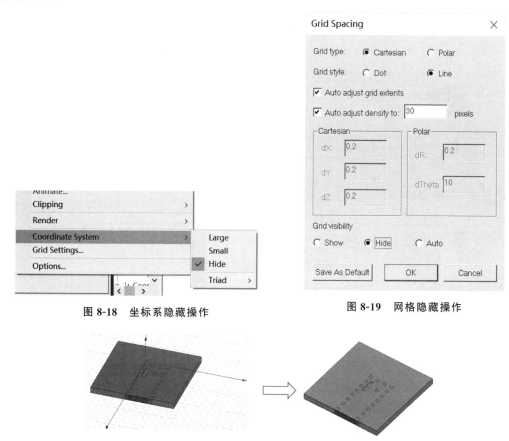

图 8-18　坐标系隐藏操作　　　　　图 8-19　网格隐藏操作

图 8-20　网格和坐标隐藏示意图

12)模型几何参数的测量

菜单栏:Modeler→Measure

(1)位置(Position):显示一个点的坐标。

(2)线(Edge):显示一条线的长度。

(3)面(Face):显示一个面的区域。

(4)体(Object):显示一个对象的体积。

菜单内模型几何参数的测量功能如图 8-21 所示。

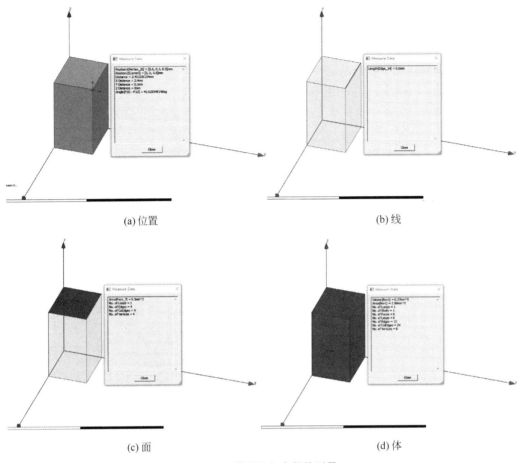

(a) 位置   (b) 线

(c) 面   (d) 体

图 8-21　模型几何参数的测量

连续选择两个点，则此两点间的最短距离以及投影到 X、Y 和 Z 轴上的长度都会显示出来，如图 8-22 所示。

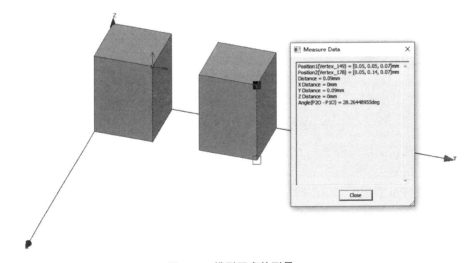

图 8-22　模型距离的测量

13）任意复杂形状的绘制

菜单栏：Draw→Line&Sweep

通常模型结构都是矩形或圆形，但是有时需要绘制三角形、梯形甚至三维的星状图。在绘制这样任意形状时，最好的方法就是同时运用线条和扫描功能。步骤如图 8-23 所示。

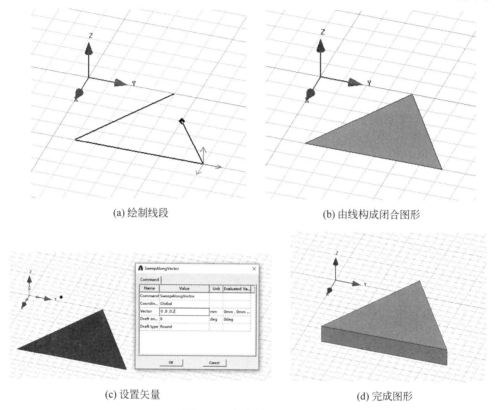

(a) 绘制线段　　　　　　　　　　　　　(b) 由线构成闭合图形

(c) 设置矢量　　　　　　　　　　　　　(d) 完成图形

图 8-23　复杂模型的建立

14）模型边缘的切削技巧

菜单栏：Modeler→Fillet/Chamfer

通过使用模型 Modeler→圆角（Fillet）/倒角（Chamfer），使用者可以轻松雕刻边缘形状，如图 8-24 所示。

（1）按下 E 键以便鼠标选取一条边；

（2）选择要切削的边后，选取圆角（修改成圆弧）或者选取倒角（修改成斜角）；

（3）设定切削的边的长度。

15）辐射边界的自动设置

菜单栏：Draw→Region

在自由空间计算散射或者天线问题时，在计算区域的边缘必须使用辐射边界吸收电磁波。通常用户只关心辐射边界的大小，只要内部结构变化就调整辐射边界的尺寸。如果使用 Ansys HFSS 2011 版本里"区域"这个新功能，就能自动建立一个包裹内部结构且与其保持相同距离的外部边界，如图 8-25 所示。

这个功能不仅可以用于辐射边界还可以用于任意边界。例如，若一个边界设为 PEC，

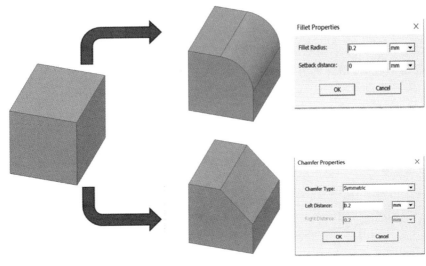

图 8-24　模型边缘的切割

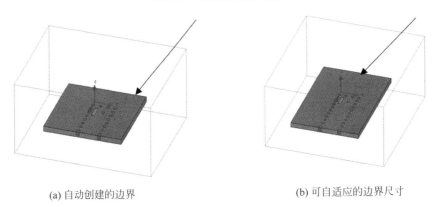

(a) 自动创建的边界　　　　　　　　　　(b) 可自适应的边界尺寸

图 8-25　辐射边界的自动改变

则可以通过使用这个功能自动生成一个保护罩边界。

16）螺旋结构的绘制

菜单栏：Draw→Helix

建立 3D 模型时，有时需要绘制螺旋结构。然而，第一次绘制时还是比较复杂的。通过 HFSS 提供的螺旋线和螺旋结构指令，用户可以更快捷地绘制螺旋结构，如图 8-26 所示。

17）将部分模型从仿真分析中排除

Object→Property→Model

在建模时，可能需要绘制某些不被分析的对象。出于某些原因，它们必须绘制出来但是又不包含在仿真分析中。因此，在每一个分析中都移除这些模型很不方便。在这种情况下，绘制整个结构后，取消勾选模型会被看作非模型。一旦对象被设置为非模型，就不能设定它的材料并且会被排除在仿真分析外。排除部分模型的仿真设置如图 8-27 所示。

18）变量的函数化

菜单栏：HFSS→Design Property→Design Property→Add，如图 8-28 所示，就可以将一个变量定义为函数。

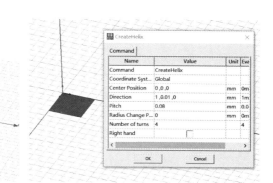

(a) 绘制二维物体的横截面　　　　　　(b) 设定螺距和螺数

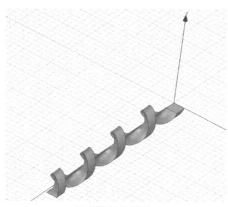

(c) 螺旋结构模型

图 8-26　HFSS 软件中螺旋结构的绘制

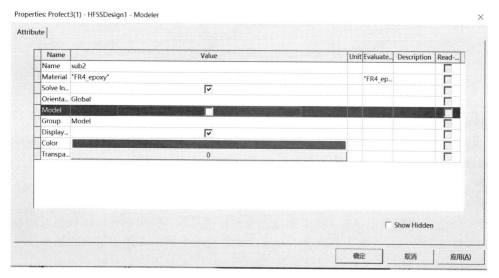

图 8-27　排除部分模型的仿真设置

通过这个功能使用者可以轻松地给变量函数化。

图 8-29 是混合使用变量和三角函数的一个例子。

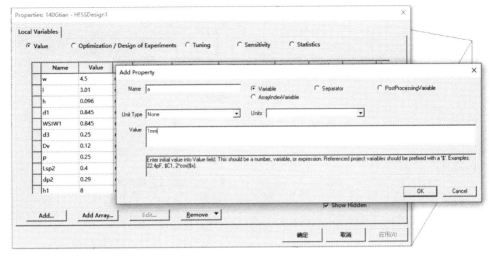

图 8-28 变量的函数定义

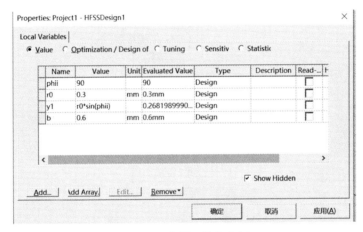

图 8-29 变量函数化实例

19）频变材料特性设置

Object→Property→Assign Material→Add Materials→Frequency Dependency

当主要特征如介电常量、磁导率或者电导率等都随频率变化时，在材料设置窗口添加一种新的材料，并且在窗口底部选择设为可频变的，如图 8-30 所示。

20）历史记录的清除

菜单栏：Modeler→Purge History

HFSS 在绘图历史记录里保存了相应对象的建模过程。使用者可以在任何时候修改绘图属性，但是 HFSS 文件的大小也会随着这些大量的历史记录而逐渐增大。如果历史记录不那么重要或者 HFSS 文件已安全备份，就可以通过清除历史记录而减小文件大小，如图 8-31 所示。

2. HFSS 软件中的网格剖分原理

HFSS 软件先对研究对象进行网格剖分，再计算其在特定频率激励下存在于微波结构内部的电磁场。

HFSS 软件对研究对象生成包含有表面近似设置的初始网格。如果要求基于波长精确

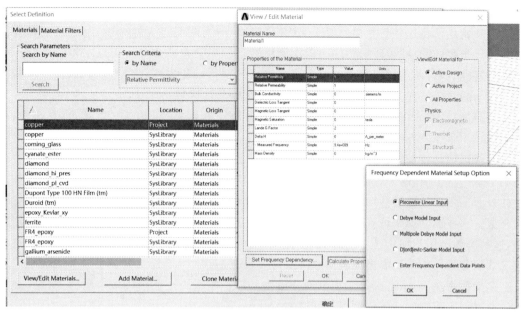

图 8-30 频变材料的设置

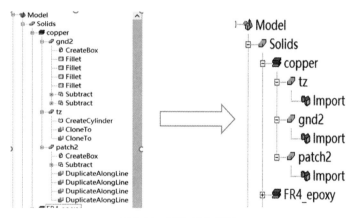

图 8-31 清除历史记录

剖分,HFSS将以材料相关的波长为基础细化初始网格,并且任何已定义的网格操作都会被用于细化网格。如果定义了端口,HFSS会在端口处多次迭代细化 2D 网格。

如果进行自适应分析,HFSS利用粗剖分对象计算的有限元解来估计的精确解会有很大的误差。因此,需要将这些区域的四面体网格进行细化。然后,HFSS利用细化过的网格产生新的解,重新计算误差,重复迭代过程,直到满足收敛标准或达到最大迭代步数。

如果设定的是扫频计算,则 HFSS 在其他频点求解问题时不再进一步细化网格,自适应求解仅在指定求解频率上进行。

注意 HFSS 并不是在每次求解过程开始时都生成初始网格,而仅在当前网格不可用时才生成初始网格。

1) 手动设置网格

在 HFSS 中,如果使用者已知某一几何模型对整体结构的电磁特性是非常重要的,则可选择网格细化设置让使用者给 HFSS 提供一个基于经验知识的工程指导。在自适应分析过程开始之前将这些指导提供给 HFSS,可以减少(有时会极大地减少)求解场所需要的收敛迭代步数,同时减少所需要的四面体网格数目。尽管自适应分析可以求得收敛目标区域的场特性,但若使用比标准设置包含更多信息的网格细化操作,例如包含材料特性,就能够在初始的几步迭代求解完成后找出场特性变化剧烈的区域。

人为进行 HFSS 网格构造的技术被称为手动设置网格,可用 HFSS 菜单中的 Mesh Operations 命令进行操作。

在网格细化过程中,可使 HFSS 对模型的表面或内部四面体单元的长度进行细化直到其小于某一特定值(基于长度的网格细化),也可使用 HFSS 对所有表面或内部的四面体单元的表面三角形长度进行细化直到小于某一特定值(基于集肤深度的网格细化),具体见下文介绍。这些剖分操作可在任何时候定义。如果在自适应求解过程之前应用这些网格操作,这些操作会用于细化已生成的初始网格。也可选择仅应用于剖分操作而不产生解,这种情况下剖分操作用于生成当前网格。

在少数情况下,也可以定义一个剖分操作来修正模型的一个面或多个面的 HFSS 表面近似设置。表面近似设置仅适用于网格初始化。

(1)手动设置网格准则。在以下两种情况下需要手动设置网格。第一种是模型内部的强电场和强磁场(带有强容性或强感性负载)区域中。例如,在谐振结构中的容性加载缝隙,波导的尖角或拐角,应手动细分该区域网格。第二种是与边界相比具有高精细度的表面。例如,长的 PCB 导线路径或表面的长线,可通过调节剖分点使其大致等于导线路径的宽度或长线的直径,从而在第一次自适应迭代中即可反映这些高精细结构的更准确特性。

(2)基于长度的网格细化。当要求基于长度的精细剖分时,可用 HFSS 对四面体单元的长度进行细化直到长度小于设定值。四面体的长度定义为其最长边的长度。可在目标表面或内部指明四面体的最大长度,亦可在细化网格的过程中设定单元的最大数目。在初始剖分生成后,精制网格的标准将被用于细化初始网格。

(3)基于集肤深度的网格细化。当要求基于集肤深度的精细剖分时,可用 HFSS 对所有四面体单元表面的三角形边长细化到某一特定值。以表面剖分为基础可产生分层的网格,每层按集肤深度和指定的层数依序排列。

在基于集肤深度的精细剖分过程中,HFSS 创造了一组每层都平行于目标表面的平面,并且这组平面在指定的集肤深度内按几何级数分布。对于表面上的每个点,在网格中加一组点$(P_0, P_1, P_2, \cdots, P_n)$,其中 n 为层数。P_0 为表面上的点,P_0 到 P_n 的距离为集肤深度。这些点以一种非均匀方式间隔开,从 P_n 到 P_0 的距离以几何级数递增。

例如,集肤深度为 12mm,层数为 4,如表 8-1 所示。

表 8-1　集肤深度

距离$[P_0, P_1]$	0.8mm
距离$[P_1, P_2]$	1.6mm
距离$[P_2, P_3]$	3.2mm
距离$[P_3, P_4]$	6.4mm
距离$[P_0, P_4]$	$0.8+1.6+3.2+6.4=12(\text{mm})$

基于集肤深度的网格细化首先满足了表面三角形边长的标准,其次在其余各层上引入一系列点。如果对剖分的增长率设定一个限制,则可设定以下几种情况。

（1）限定值设置得足够高以满足集肤深度的网格细化。

（2）限定值设置得足够高以满足表面三角形边长标准。

（3）限定值不必达到满足表面三角形边长标准。

由于通过集肤深度细化网格可以加入许多点,所以首先以基于长度的网格细化方法来精细物体表面网格,以此来获得集肤深度细化网格时所选取的 HFSS 点的精确数目。这将有助于在手动设置集肤深度之前获得表面边长标准、剖分单元的大概数目和表面上点的数目。给定的网格细化标准也将用于电流网格。

2）表面近似设置

HFSS 中的目标面可能是平面、柱面、锥面、环面、球面或螺旋形,称最初的模型表面为真实表面。为了产生一个有限元网格,HFSS 首先将所有的真实表面分为三角形。由于用一系列的直线段来表示曲面或平面,所以称这些三角形表面为多面体表面。以平面为例,这些三角形恰好都在模型表面,真实表面和剖分表面的位置与法向没有区别。当模型表面为非平面时,多面体表面与物体的真实表面就有一小段距离,称这一距离为表面偏差,以模型的长度单位来计量。在靠近三角形中心处的表面偏差比靠近三角形顶点处的偏差要大。

曲面的法向与位置有关,但其对一个三角形保持不变（在这里,法向定义为与表面垂直的直线）。曲面的法向与剖分网格的表面之间的角度差称为法向偏差,以度为单位计量。

在平面中的三角形的纵横比为三角形的外接圆半径与三角形的内径长度之比。一个等边三角形的纵横比为 1,而越狭长的三角形,其纵横比趋于无限大。

可以在一个或多个表面上修改表面偏差、允许的最大偏差和三角形的最大纵横比,这些量可在 Surface Approximation 对话框中给出（单击 HFSS→Mesh Operation→Assign→Surface Approximation）表面近似设置,用于初始剖分。

注意：对于初始网格,三角形所有的顶点都位于真实表面上。在自适应剖分过程中,顶点增加到剖分表面,而不是真实表面。

若对一个或多个目标面的表面近似设置进行修改,可不使用预设的表面近似设置,这样曲面描述得更准确,越准确则网格量和 CPU 处理时间及内存需求就越多,大多数情况默认设置就足够了。如果想更快速度的求解,对整个物体应用粗糙的表面近似设置。

如果要求三角形的纵横比接近于 1,有时对于 HFSS 是很难做到的。因为只有等边三角形可以被填充到网格中,因此纵横比设置会导致巨大的剖分网格数目。HFSS 限制平面物体的纵横比为 4,曲面物体为 1.2。

8.2.3　工程的激励设置

对于微波激励问题,HFSS 提供以下形式的激励设置：波端口激励方式、集总端口激励方式、Floquet 端口激励、差分对激励方式、磁偏置源激励方式、照射波激励方式（包括平面波、赫兹-偶极子波、柱面波、高斯波束、线性天线波、近场激励波和远场激励波）。

HFSS 软件在激励问题的求解时,除了散射问题以外的大多数工程问题和微波结构的激励源都设置在"端口"（Port）处,是计算 S 参数的信号输入输出的地方,这是和实际微波工程问题相对应的,波端口（Wave Port）、集总端口（Lumped Port）和 Floquet 端口（Floquet

Port)是最常用的三种激励端口。而对于散射问题,HFSS 软件除了可以设置平面波、柱面波等入射波的形式,还可以利用动态链接(Dynamic Link)功能,把其他程序计算出来的结果作为近场激励波源或者远场激励波源。

下面对于各种激励的原理和设置技巧分别加以介绍。

1. HFSS 软件的波端口

HFSS 软件中的波端口(Wave Port)是一种外部端口,通过传输线方式对微波结构施加激励。

1)波端口的基本定义

HFSS 假定用户所定义的每个波端口都和一个半无限长波导相连,该波导与波端口具有相同的横截面和材料属性。当求解参数时,HFSS 假定结构由这些横截面的简正场模式所激励。每个波端口所产生的二维场解为三维问题提供在这些端口上的边界条件。最终的场解必须与每个端口的二维场模式相匹配。

设均匀波导传输的行波场为

$$E(x,y,z,t)=\mathrm{Re}[E(x,y)\mathrm{e}^{\mathrm{j}(wt-\gamma z)}] \tag{8-1}$$

式中,Re 为复变函数的实部;$E(x,y)$ 为电场矢量;$\gamma=\alpha+\mathrm{j}\beta$ 为复传播常数,其中,α 为波的衰减常数,β 为波的相位常数,ω 为角频率,j 为虚数单位 $\sqrt{-1}$,这里 x 轴和 y 轴假定位于端口截面上,z 轴沿传播方向。

波导内的行波模式可由求解 Maxwell 方程组推导的矢量 Helmhotlz 方程得

$$\nabla\times\left(\frac{1}{u_r}\nabla\times E(x,y)\right)-k_0\varepsilon_r E(x,y)=0 \tag{8-2}$$

式中,$E(x,y)$ 是正弦电场的矢量;k_0 是自由空间波数;ω 为角频率;u_r 为相对复磁导率;ε_r 为相对复介电常量。

求解该方程后,可以得到由矢量 $E(x,y)$ 描述的场模式,也可以用磁场 H 的波动方程来独立求解 $E(x,y)$;这些相量独立于 z 和 t,只有乘以因子后其才代表传输的波。

同时注意到,由上述波动方程求出的场模式依赖于给定频率。

在波端口定义中,采用二维有限元方法求解激励场。每个端口处的网格仅使用在模型内部四面体网格位于端口面上的 2D 三角形网格,软件也会迭代细化网格,但并不调用网格生成器。

细化网格过程如下:

使用初始四面体网格的三角形网格,软件同时求解出电场 E 和磁场 H。

为了确定二维解是否准确,使用如下方程组

$$\begin{aligned}\nabla\times H&=\sigma E+\mathrm{j}\omega\varepsilon E\\ \nabla\times E&=\mathrm{j}\omega\mu H\end{aligned} \tag{8-3}$$

式中,$H(x,y)$ 和 $E(x,y)$ 分别为磁场和电场矢量。

在软件中,首先独立计算电场 E 和磁场 H。其次计算 $\nabla\times H$ 并与求得的电场 E 相比较;计算 $\nabla\times H$ 并与磁场 H 的结果相比较。如果相比较的值在可接受的允许误差内,则该解是可接受的。另外,对于另一次的迭代,2D 网格被重新细化。

任何已加入端口面上的网格节点均由存在的剖分文件读出,这些点包含在 3D 网格内,供网格生成器下次迭代使用。

对于波导或给定横截面的传输线,存在满足给定频率下的一系列的基本场模式。在波导中的场可能是这些模式的线性组合。HFSS默认只计算场的主模,但是,在以下情况也要计算高次模的影响。

(1) 模式变换。在某些情况下必须在结构中包含高阶模式的影响,此时的结构作用为一个模式转换器。例如,在一个端口的模式1(主模)通过某个结构传输到另一端口变为模式2,则必须获得场模式2的S参数。

(2) 模式的反射和传输。也可能存在这样的情况,由一个指定模式激励信号产生的3D场包含有由于结构中不连续性引起的高阶模式的反射。如果这些高阶模式被反射回激励端口或是传输到另一端口,必须计算涉及这些模式的S参数。

在损耗的衰减或非传播的凋落模式,如果这样的高阶模式在到达任一端口之前就衰减掉了,在S参数中则不必包含上述模式。因此,一种避免计算高阶凋落模式的方法是在结构中包含一段足够长的传输线,使得高阶模式在端口处已衰减得很小。例如,如果某一端口的模式2在0.5mm长的距离就衰减得接近于0,则相同横截面的传输线结构至少为0.5mm长。另外,对于准确的S参数,必须在S矩阵中包含模式2。依赖于模式的衰减常数,那段相同横截面的传输线也包含在模型中。

注意:在每个端口的场模式随频率变化,而传播常数和阻抗也总是随频率变化的。因此,当进行扫频操作时,随着频率的增加,高阶模式变为传输模式的可能性也在增加。

对于由两条金属导带组成的耦合微带线,可以在每一边各自看成两个独立端口。如果独立定义两个端口,则这样的模型模拟了两个端口处连接了无耦合的传输结构。准确来说,在两个导体带之间必然存在耦合。

为了更好地模拟耦合,将两个端口分析为单一端口的多个模式。一般来讲,如果在端口横截面上有 N 个互不相连的导体,则为结果的准确性必须有至少 $N-1$ 个模式。例如,如果一个端口由导体封装的两个相邻的微带线组成,则 $N=3$。因此,至少在端口处定义两个模式,这样就给该端口分配了与微带线数目相等的模式数。

如果端口放置在模型不连续的结构附近,端口处的边界条件会影响仿真结果,所以端口模式数必须设置为大于 $N-1$;而对于多导体结构,存在的TEM模会对计算终端矩阵产生不利的影响,使仿真结果不准确,所以端口模式数也必须设置为大于 $N-1$。但通过增加结构外的传输线长度可以让端口远离敏感结构,解决模式衰减的问题,不用将模式数设置为大于 $N-1$。

HFSS软件设定入射到端口上的每个模式含有1W的平均功率。端口1被1W的信号激励,其他端口设置为0W。在该解产生后,端口2被1W的信号激励,其他端口设置为0W,循环往复。

在某些情况下,例如端口为正方形或者圆形时,不管是在这个问题的正方向还是负方向上,电场线的排列都是任意的。例如,在正方形波导中,主模的电场方向可以在波导中沿着水平方向、垂直方向或者对角方向排列。然而,如果选择了极化场选项(Polarize E Field),HFSS就会按照定义的终端线(Integration Line)排列电场。

圆波导同样也要求一个极化的电场。在 $\omega t=0$ 时,电场方向可以指向任意一个方向。要在一个首选方向上排列电场,需要定义一条终端线,并且选用极化场选项。在这种情况下终端线必须位于端口的中间位置,即在对称平面上。

当设定电场的极化方向时,注意以下几点。

(1) 仅在方形或圆形波导上对电场进行极化。

(2) 确定波导的端口只由单一导体馈电(波导壁)。

(3) 如果使用对称边界,就不要对电场进行极化。极化是通过对称边界条件自动强制完成的。

一般情况下,在 Solution Setup→Ports 设置端口场的过程中,如果仅进行端口求解,HFSS 每次都会使用 Port Field Accuracy 值,而对于完整型的场求解,只在第一次时使用。这是因为端口求解计算是在场求解计算过程之前,其适用于求解所有的三维场解。因此,要为一个已经求解的问题指定新的端口准确性要求,必须添加一个求解设置,并且该求解设置会产生一个新的解。

端口的网格细化会使 HFSS 细化整个结构的网格,这是因为在计算完整 3D 解时,端口场解是作为边界条件应用的。因此,太小的"端口准确性值"会产生复杂的有限元网格。

图 8-32　波端口激励示意

2) 波端口使用的技巧

以下将介绍针对多种传输线的波端口的正确设置方法和技巧。

波端口所在的位置就是 S 参数计算中的参考面,对于计算 S 参数的相位非常重要,而且在所定义的位置上,电磁场只能是单向存在的,如图 8-32 所示。

由于矩形波导波端口的边界相当于 Perfect E(理想导体边界),所以对于外围是开放结构的传输线,端口要做得足够大,避免端口边缘与信号线产生耦合,影响传输线的特性,如图 8-33 所示。

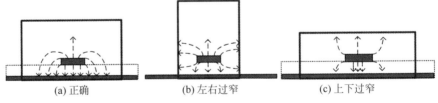

| (a) 正确 | (b) 左右过窄 | (c) 上下过窄 |

图 8-33　波端口的大小设置

一般来说,对于单根微带传输线或者耦合微带线的矩形波导激励,波端口宽度一般为微带线宽度 w 的 5 倍,或者介质高度 h 的 3～4 倍,左右对称,高度一般为介质高度的 6～10 倍,端口的下边从地平面向上,不要跨越。

对于单根带状线或者耦合带状线的矩形波导激励,端口左右两侧宽度在 $w \geqslant h$ 时,一般设置为微带线宽度 w 的 8 倍;在 $w < h$ 时一般设置为介质高度 h 的 3～4 倍,或者微带线宽度 w 的 5 倍,左右对称,波端口上下边缘必须与参考地重合。

对于槽线电路,如果有参考地,则波端口的下边缘必须与参考地重合;如果没有参考地,则波端口需要覆盖介质层上下两边的空间,使槽线位于波端口的中央。假设槽线电路的缝隙宽度为 g,介质层厚度为 h,则波端口的高度需要大于 $4g$ 和 $4h$,波端口宽度需要大于 $7g$。

对于共面波导电路,如果有参考地,则波端口的下边缘必须与参考地重合;如果没有参考地,则波端口需要覆盖介质层上下两边的空间,此时共面波导位于波端口中央。假设共面波导电路中间导线宽度为s,导线两端缝隙宽度为g,介质层厚度为h,则波端口高度需要大于$4g$和$4h$,波端口左右两侧距离共面波导中心需要大于$3-5s(s>g$时)或者$3-5g(g>s$时),这样波端口的总宽度需要大于$10g$和$10s$。

2. HFSS 软件的集总端口

1) 集总端口的基本定义

集总端口类似于波端口,但可以定义在内部并可以自定义复阻抗。集总端口在端口处直接计算 S 参数,微带结构中常采用集总端口。

集总端口可以在一个矩形上定义,从矩形的一条边沿某一路径到地板,或者像传统的波端口那样。所有默认的边界为理想磁场边界。

集总端口定义的复阻抗 Zs 为在端口的 S 矩阵提供参考阻抗。阻抗 Zs 具有波阻抗的特性,它通常用来通过复功率归一化(复功率的幅值被归一化为 1)以决定信号源的强度,例如模式电压和模式电流。对于同一问题,为集总端口设置一个集总 Zs 来求解,或是将用其他端口阻抗得到的解重新归一到 Zs 上,都能得到相同的 S 矩阵。

当参考阻抗是一个复值时,S 矩阵元素的幅值不总是小于或等于 1,甚至对于一个无源器件也是如此。特别要注意的是,当将一个集总端口用作内部端口时,必须移除波端口所要求的 conducting cap,以避免信号源短路。

当 HFSS 在一个端口计算激励场模式时,场在 $\omega t=0$ 处的方向是任意的,场总是至少指向两个方向中的一个。

在图 8-34 中,模型 1 在 $\omega t=0$ 处的场可以向上也可以向下。每个方向都是正确的,除非定义了一个首选的方向。为了指定一个方向,我们必须通过终端线来校准端口与参考方向的关系。

在矩形波导中,图 8-34 显示了由物理连接引起的差别。如果端口的上边界与带有激

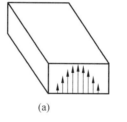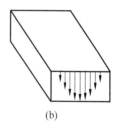

(a)　　　　　　　(b)

图 8-34　矩形端口处的激励

励信号的波导上壁相连,那么这个端口上的信号与期望信号相位相同。但是如果端口的上边界与波导的下壁连接在一起,那么输入信号的相位将与期望信号相反。因此,需要在结构的所有端口上定义哪一边界是上边界,否则 S 参数会与期望值不同。

HFSS 通过校准端口来定义在相对其他端口具有相同或者相似横截面的每个端口上的首选方向。在这种情况下,用移除元件直接将两端口相连的校准方法得到的实验测量结果是可以被重复出来的。另外,终端线决定激励信号和传输波的相位值,当进行单端口求解时,HFSS 就将其忽略掉了。

2) 集总端口使用的技巧

集总端口和波端口都是 HFSS 常用的仿真微波激励的端口形式,当端口的电磁场大多集中在信号电路和接地电路之间时,常选用集总端口,因为它是内部端口,必须定义在周边有场存在的区域。

集总端口相当于测试系统的内阻,因此使用者需要指定端口阻抗,端口阻抗应根据仿真

模型的特性阻抗设定,以消除测试系统引入的阻抗匹配问题。

在设置集总端口时,要注意以下技巧:①集总端口的长和宽要远远小于波长;②端口终端线的起点和终点必须和 Perfect E 或金属表面相接;③集总端口的两侧默认都是 Perfect H 边界,两个集总端口的边缘不能相接;④可以和波端口混合定义;⑤仅能用于 TEM 模式或准 TEM 模式,不可用于波导等非 TEM 模式的传输线中;⑥不能进行"去嵌入"操作。

3. HFSS 软件的 Floquet 端口

在 HFSS 软件中,Floquet 端口专门用于解决平面周期结构问题。当平面相控阵和频率选择表面可以被理想地视为无限大时,此类结构的电磁问题是应用 Floquet 端口的恰当例子。对整个无限大周期结构的分析可以通过对单元的分析来实现,如图 8-35 所示,就是一个频率选择表面利用 Floquet 端口分析时的单元模型。

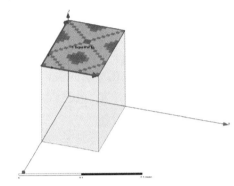

单元的侧壁往往采用"链接边界条件"(Linked Boundaries),但除了这一边界条件,仍需要至少一个"开放边界条件"(Open Boundary Condition)来模拟波辐射到空间无限远处的吸收边界特征。此前,理想匹配层(PML)或辐射边界条件(Radiation Boundary)作为此类吸收边界已被广泛使用,现在 Floquet 端口成为一个新的

图 8-35 Floquet 端口分析频率选择表面

选择。

既然都可以采用模式的概念来表征端口边界的电磁场,Floquet 端口与波端口自然存在密切的内在联系。这些用来表征端口边界电磁场的新模式被称为 Floquet 模式。从本质上说,Floquet 模式是一类平面波。此类平面波的传播方向由周期结构的频率和几何形状共同决定。和波模式类似,Floquet 模式有自己的传播常数并且在足够低的频率时呈现截止特性。设置好一个 Floquet 端口后,HFSS 的求解会包含辐射结构模式分解的附加信息。对波端口来说,这个信息将以与 Floquet 模式相关联的 S 矩阵的形式给出。事实上,如果 Floquet 端口和波端口同时出现,那么 S 矩阵会在工程中关联所有的波动模式和 Floquet 模式。

注意,在 Ansys HFSS 2011 版本的 HFSS 软件中,Floquet 端口的应用有以下限制。

(1)目前,只有求解类型为驱动模式的工程(Modal Project)可以包含 Floquet 端口,与 Floquet 端口相邻的边界条件必须是"链接边界条件"。

(2)不支持快速频率扫描,只支持离散(Discrete)扫频计算和插值(Interpolating)扫频计算。

4. 差分对激励

差分对描述了一正一负两个电路,两者非常接近以至于会携带几乎相同的噪声。接收机将两者的信号相减,产生低噪声信号,设计者可以将差分对的噪声抑制与常规的信号端信号的噪声抑制相比较,并且改变差分对的终端特性阻抗 Z,来决定最好的参考阻抗值。

差分对的计算:

在一个公共端口上计算差模电压 v_d 和共模电压 v_c,要在 Wave Port 对话框中定义个差分对。差模和共模电压 v_d 和 v_c 定义如下：

$$v_d = v_1 + v_2$$
$$v_c = \frac{v_1 + v_2}{2} \tag{8-4}$$

考虑到能量守恒，相应差模电流 i_d 和共模电流 i_c 定义为

$$i_d = \frac{i_1 + i_2}{2}$$
$$i_c = i_1 + i_2 \tag{8-5}$$

上述方程可以简单表示为

$$v = Qe$$
$$i = Q^{-T}u \tag{8-6}$$

其中

$$v = \begin{bmatrix} v_1 \\ v_2 \end{bmatrix}$$

$$i = \begin{bmatrix} i_1 \\ i_2 \end{bmatrix}$$

$$e = \begin{bmatrix} v_d \\ v_c \end{bmatrix}$$

$$i = \begin{bmatrix} i_d \\ i_c \end{bmatrix}$$

5. 磁偏置源激励

当创建一个铁氧体材料时，必须通过分配一个磁场偏置源来定义网格的内部偏置场。这个偏置场使得铁氧体中磁性偶极子规则排列，产生一个非零的磁矩。当假设应用均匀偏置场时，必须指定从全局坐标系旋转后的张量坐标系。当应用的偏置场非均匀时，允许指定坐标系旋转。局部坐标系的磁导率张量在四面体网格内由四面体基函数计算得到，方向由静态求解得到的场方向决定。HFSS 在产生解的过程中将静态解工程作为非均匀静磁场的源来参考。

1）均匀偏置场

实际的直流偏置导致了铁氧体总是在张量坐标系 z 方向的正向饱和。假定初始张量坐标系与固有坐标系排列一致，张量的 z 轴与模型的 z 轴一致。要模拟其他方向的偏置，磁导率张量要旋转到使其 z 轴位于固有坐标系中的另一方向。这可通过在为模型表面分配磁偏置源时定义关于轴的旋转角来实现。

旋转角度必须通过以下方式定义在 M magnetic Bias Source 对话框内来得到张量坐标系：

（1）将张量坐标系绕固有 z 轴旋转 α 度（从 x 轴出发）。

（2）将旋转后的坐标系绕新的 y 轴旋转 β 度（从 y 轴出发）。

（3）将旋转后的坐标系绕新的 z 轴旋转 γ 度（从 z 轴出发）。

这一概念在图 8-36 中给予说明。在图 8-36(a)中，磁导率张量绕 x 轴旋转了 α 度。在图 8-36(b)中，张量绕 y 轴旋转了 β 度（新的 y 轴）。在图 8-36(c)中，张量绕 z 轴旋转了 γ

度(新的 z 轴)。

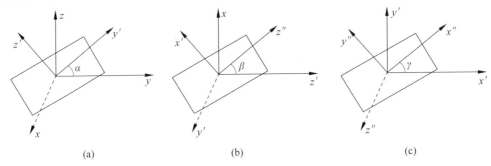

(a)　　　　　　　　　　(b)　　　　　　　　　　(c)

图 8-36　坐标系旋转示意图

例如,要模拟在 x 方向上的直流偏置,需要将张量坐标系旋转到 z 轴与固有坐标系的 x 轴一致。因此,在 X Angle 中输入 0, Y Angle 中输入 90, Z Angle 中输入 0。

2) 非均匀偏置场

要建立一个在静磁场偏置中的铁氧体模型,必须计算非均匀偏置磁场。在 HFSS 中,铁氧体的磁导率张量是静偏置磁场的直接结果。静态场使张量为厄密形式。其交叉耦合项的场分量垂直于偏置方向。然而,均匀偏置场在实际中是很难实现的。即使偏置场接近均匀,非椭圆的铁氧体材料有非均匀的退磁化,在铁氧体材料中产生非均匀的场。

可以在 Ansys 公司的另外一个软件 Maxwell 3D 场求解器中用静磁解模拟产生一个非均匀静磁场,然后将该解导入 HFSS 中。

6. 照射波激励

照射波激励是一种虚拟的对物体进行照射的电磁波激励,适用于解决各种电磁散射问题,如雷达散射截面的求解、频率选择表面的分析等。在 HFSS 软件中的照射波可以选择多种形式的激励,包括:平面波、柱面波、高斯波束波、线天线波、赫兹-偶极子波、远场波及近场波激励 7 种激励方式。

这 7 种照射波激励的定义如下:

(1) 平面波激励。平面波是一种沿一个方向传播并且在垂直于传播方向上为均匀分布的波。

(2) 柱面波激励。柱面波是模拟放置在原点上无限大线电流远场的波。

(3) 高斯波束波激励。高斯波束波是沿一个方向传播并且在垂直于传播方向上满足高斯分布的波。

(4) 线天线波激励。线天线波是模拟放置在原点上线天线远场的波。

(5) 赫兹-偶极子波激励。赫兹-偶极子波可以分为电偶极子波和磁偶极子波两种。电偶极子模拟一个放置在原点上电小对称阵子天线的场。磁偶极子对于电磁兼容分析很有用处。

(6) 远场波激励。远场波激励可以用从其他 HFSS 文件中导出的分析结果,利用"动态链接"(Dynamic Link)功能导入作为激励。远场波激励是指到天线的距离足够远(通常距离大于一个波长),从而近似于平面波的波。远场波几乎是各向同性的。

(7) 近场波激励。这种激励可以用从其他 HFSS 文件中导出的分析结果,利用"动态链接"(Dynamic Link)功能导入作为激励。近场波激励离天线源足够近,距离典型值为小于一个波长以至于发生近场效应。近场波趋向于凋落波,是各向异性的。

8.2.4　工程的边界条件设置

边界条件定义了微波问题的分界表面上场的特性,HFSS 软件中可以定义以下边界条件类型:理想导体边界、理想导磁体边界、阻抗边界、辐射边界、理想匹配层、有限导体边界、对称边界、主从边界、集总 RLC 边界、无限大地平面、网屏阻抗边界条件等。

1. 理想导体边界

HFSS 软件中,可以通过设置理想导体边界(Perfect E)描述微波问题中的理想导体表面。HFSS 模型所有暴露在背景中的边界都默认设置成为理想导体边界,这种情况下,HFSS 假定整个结构是由理想导体壁包围的。电场假设为垂直于这些表面,最终的场解必须满足在理想导体边界电场的切向分量为零。如图 8-37 所示的几种在实际工程中不考虑损耗的边界都可以设置为理想导体边界。

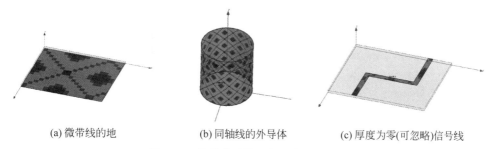

(a) 微带线的地　　　　　(b) 同轴线的外导体　　　　　(c) 厚度为零(可忽略)信号线

图 8-37　几种典型的理想导体边界条件

2. 理想导磁体边界

HFSS 软件中,可以通过设置理想导磁体边界(Perfect H)描述微波问题中的理想导磁体表面。磁场假设为垂直于这些表面,相当于理想开路。注意,当使用理想导磁体边界覆盖理想导体边界时,覆盖部分相当于自然边界条件。如图 8-38 所示就是利用这一方法在零厚度的理想导体上开孔。

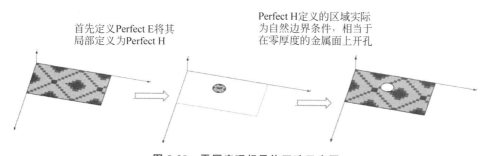

首先定义Perfect E将其局部定义为Perfect H　　　　Perfect H定义的区域实际为自然边界条件, 相当于在零厚度的金属面上开孔

图 8-38　零厚度理想导体开孔示意图

3. 阻抗边界

HFSS 软件中,利用阻抗边界条件(Impedance)描述了已知阻抗的表面,表面的电场特性和由流过表面的电流产生的损耗由使用者给出。HFSS 也使用阻抗边界条件来描述一些元器件,如一个电阻器包含由薄膜电阻器分离的两个介质体,该电阻器能够由两部分之间表面上的阻抗边界来描述。

4. 辐射边界

在利用有限元方法求解微波问题时需要利用吸收边界条件将问题区域进行有限截断。在 HFSS 软件中,辐射边界(Radiation)就是一种模拟波辐射到空间的无限远处的吸收边界条件。

二阶辐射边界条件是自由空间的近似,这种近似的准确值取决于物体辐射或散射源与边界之间的距离。在计算天线等强辐射问题时,辐射边界距离与辐射体应该在 1/4 波长以上,在其他弱辐射问题时,这个距离可以小于 1/4 波长,如图 8-39 所示。

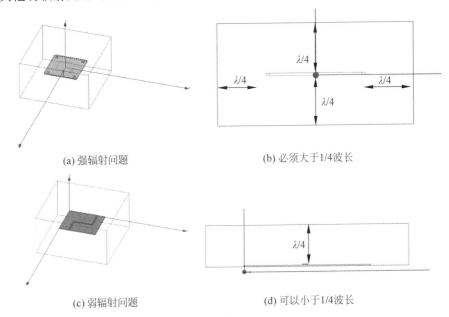

(a) 强辐射问题   (b) 必须大于1/4波长

(c) 弱辐射问题   (d) 可以小于1/4波长

图 8-39 辐射边界的设置

天线的远场辐射特性是在辐射边界面上的积分而获得的,所以在辐射边界面上的手动网格细化可以提高天线远场辐射特性的计算精度。

5. 理想匹配层

理想匹配层(PML)也是吸收边界条件的一种,是能够完全吸收入射电磁波的一种假想的复各向异性材料。

HFSS 软件中,PML 常应用于外场问题中的自由空间截断和导波问题中的吸收负载。

对于自由空间截断情况,PML 表面向自由空间各个方向的辐射都相等。在这种情况下,PML 比辐射边界更适用,这是因为,PML 使辐射表面的位置更接近于辐射体,减小了问题区域。任何各向同性材料包括有耗材料,如海水,都可以采用这种 PML。

对于导波的吸收负载,PML 模拟导波结构均匀地延伸到无穷远。

将结构设置在 PML 后,下一步就是指定区域外部的边界。最简单的办法就是将区域的外边界设置为理想导体(Perfect Electric Conductor,PEC)或理想导磁体(Perfect Magnetic Conductor,PMC)。

6. 有限导体边界

HFSS 中,有限导体边界(Finite Conductivity)用来描述非理想导体。

任何非理想导体材料的物体表面都自动地定义为非理想导体边界。注意,HFSS 不计算这些物体内部的场,有限导体边界近似了场在物体表面的特性。

因此,有限导体边界条件在定义时,可以定义材料的电导率和相对磁导率,也可以直接定义导体的材料,如铜、银等。

有限导体边界条件只有在建造的导体模型是良导体时才是有效的,也就是说,在给定频率范围内,导体的厚度比趋肤深度大得多。如果在给定频率范围内,导体的厚度在集肤深度范围内或比趋肤深度大时,需要使用 HFSS 的分层阻抗边界条件。

7. 对称边界

HFSS 软件中,对称边界(Symmetry)描述了理想电壁或理想磁壁对称面。应用对称边界可以使得在构造结构时仅构造一部分,这就减小了设计的尺寸或复杂性,因此缩短了求解问题所需的时间。

定义一个对称平面时,要遵循以下原则。

(1)对称平面必须暴露在背景中。

(2)在 3D 模型中,对称平面不能穿过物体。

(3)对称平面要定义在平面表面上。

(4)在一个问题中只可以定义三个正交对称面。

一般地,运用下面的原则来决定使用哪种类型的边界。

(1)如果电场垂直于对称面对称,那么就使用理想电壁对称面。

(2)如果磁场垂直于对称面对称,那么就使用理想磁壁对称面。

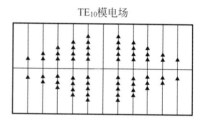

图 8-40　TE_{10} 模电场分布

如图 8-40 所示,一个简单的矩形波导表示了两种边界的差别。电场主模(TE_{10})如图 8-40 所示。波导有两个对称面,一个与中心垂直,另一个与中心平行。平行的对称面是理想电场表面,电场是法向的,磁场是切向的。垂直面是理想磁场表面,电场是切向的,磁场是法向的,如图 8-41 所示。

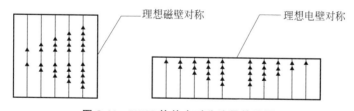

图 8-41　HFSS 软件中对称边界的设置

通常可以根据几何结构决定是哪种对称边界。例如,如果结构是微带,电力线位于地板和导带之间,因此,电场与将微带分成两部分的竖直对称面相切。但要注意的是,在几何结构对称的同时,场分布也要是对称的,否则不能使用对称边界。

如果已经定义了对称面,必须定义阻抗倍增器,否则计算的端口阻抗与完整结构的端口阻抗是不一致的,如图 8-42 所示。

但是要注意,仅在定义了端口的情况下才会计算端口阻抗。如果求解一个没有端口的问题,就不需要指定阻抗倍增器。

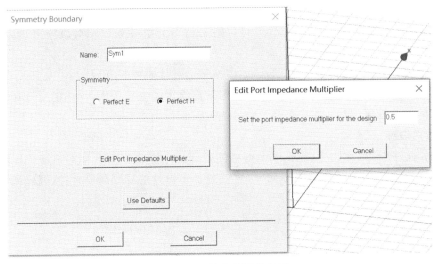

图 8-42　阻抗倍增器的使用

如果求解多个模式,各模式之间电场与磁场的正交方式是不同的,这时主模的理想磁壁对称边界对于另一个模型来说可能是理想电壁对称的。

定义的 Perfect H 穿越端口面,使得端口阻抗的求解结果为全模型状态下的 2 倍。因此,将阻抗倍增系数 Impedance Multiplier 设置为 0.5 进行修正。

8. 主从边界

主从边界条件由主边界(Master)和从边界(Slave)两种边界共同构成,可以模拟平面周期结构。主边界和从边界两种边界条件总是成对出现的,且主边界表面和从边界表面的形状、大小和方向必须完全相同,主边界表面和从边界表面上的电场存在一定的相位差,该相位差就是周期性结构相邻单元之间存在的相位差。

建立匹配的主从边界时,要遵循以下原则。

(1)主从边界只能定义在平面,可以是 2D 和 3D 物体表面。

(2)一个边界上的几何结构必须与其他边界上的几何结构匹配。例如,如果主边界是矩形表面,则从边界也必须是同样大小的矩形表面。

如果主边界上的网格与从边界上的网格不是严格匹配的,求解就会失败。通常 HFSS会自动强制网格在边界上匹配;然而,在某些情况下,无法强制网格匹配,这时为了防止求解失败,就要在控制边界上创建一个虚拟物体来严格匹配主边界上的其他物体,或者在主边界上创建一个虚拟物体来严格匹配从边界上的其他物体。

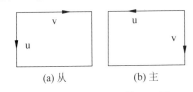

(a) 从　　　　(b) 主

图 8-43　主从边界的不匹配

要建立一个主或从边界表面,必须指定坐标系来说明所选表面所处的平面。当 HFSS 使两边界匹配时,相应的两个坐标系也必须互相匹配。如果不匹配(见图 8-43),HFSS 就会旋转从边界来匹配主边界,定义了从边界的表面也随之旋转。如果两个表面相对于其各自定义的坐标系并不处于同一位置,就会导致错误信息的出现。这意味着在模拟过程中可能存在问题,因为两个表面的定位与预期不符。

要在坐标系内匹配主边界,相应的工作边界就必须逆时针旋转 90°;旋转之后,就得到匹配的结果,如图 8-44 所示。

两个表面不一致时网格不匹配,就导致了错误信息的出现。而且,定义的 u 轴和 v 轴之间的夹角对于主和从边界要一致。

从边界上的电场强制与主边界上的电场匹配,两个边界上电场的幅度相同,而二者的相位可能不一致。

9. 集总 RLC 边界

如果要在研究模型表面模拟任何并联的集总电阻、电感、电容器的组合,可以创建一个集总 RLC(Lumped RLC)边界。集总 RLC 边界描述了并联的电阻、电感和电容,如图 8-45 所示。

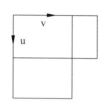

图 8-44　主从边界的匹配

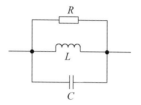

图 8-45　集总 RLC 电路

10. 无限大地平面

如果要模拟无限大地平面的作用,就需要在设置理想导体、有限导体或阻抗边界时选取无限大地平面(Infinite Ground Plane)复选框,3D 后处理器(3D Post Processor)将有限部分的边界模拟为无限的理想导电平面。

从理论上讲,指定边界条件的无限大地平面将问题区域分为整个模型所在的上半区域和辐射场都为零的下半区域,包括辐射功率等在内的天线参数都满足这些特性。该选择在后处理中仅仅影响近、远场辐射的计算。

11. 网屏阻抗边界条件

HFSS 软件中,具有周期结构特性的网状或栅格状平面结构的微波特性可以用网屏阻抗边界条件(Screen Impedance Boundary)来描述。在包含网格状平面的微波结构的仿真中,比如频率选择表面、机箱屏蔽网等,如果对于网格平面直接剖分计算,会导致巨大的未知数数量。然而采用网屏阻抗边界条件,就可以把这一平面等效为一个阻抗边界,从而大大减少未知数数量。

网屏阻抗边界条件的原理是首先对网格的单元在不同极化情况下进行求解,然后通过链接功能导入网屏阻抗边界条件中获得其边界阻抗。

12. 频率相关的边界和激励

边界参数可以表达为频率的函数。

(1) 阻抗边界:电阻和电抗参数。

(2) 有限导体边界:传导率参数。指定材料时,材料与频率相关。

(3) 主从边界中的主边界:相位参数。

(4) 集总 RLC 边界:电阻、电感及电容参数。

(5) 分层阻抗边界:各层的材料可与频率相关。

这些与频率相关的边界和激励支持单频求解、离散和内插扫频。但是在进行快速扫频求解时,对于中心频率,解是正确的,在其他频率的解可能并不正确。

13. HFSS 中的默认边界分配

在设计者没有给模型表面设置边界时,HFSS 会将表 8-2 所示的默认边界中的一种分配给表面。

表 8-2　默认边界

金属	理想导体边界用于分配给在属性窗口中没有选择内部求解的理想导体的所有表面
i_＜ObjectName＞	有限导体边界用于分配给属性窗口中没有选择内部求解的有限导体的所有表面,＜ObjectName＞是分配该边界的物体名称
外部	默认的理想导体边界用于模型最外边的表面上

8.2.5　工程的求解设置

在完成了建模、激励形式、边界条件等设置后,HFSS 软件可以开始对待求解问题进行仿真计算。在求解计算中,HFSS 软件可以设置三种不同阶数基函数(Basis Functions)的形式来满足不同速度和精度的仿真需求。HFSS 软件提供了直接法(Direct Solver)和迭代法(Iterative Solver)两种矩阵方程求解器。对软件特有的自适应迭代求解算法和多种宽带插值算法的恰当设置可以进一步加强对微波问题的快速准确仿真能力。本节着重介绍 HFSS 软件的基函数,矩阵方程求解器,自适应迭代求解法,以及单个频率求解和扫频解。

1. HFSS 软件的基函数类型

基函数是利用数值解法对待求解微波问题的电磁场解在每个离散单元中近似表示的插值函数。这种插值函数可以选择为零阶(Zero Order)、一阶(First Order)或者更高阶的多项式,选用基函数的阶数越高,每个单元中的近似解精度越高但是对应更多的未知数。HFSS 软件提供零阶基函数、一阶基函数和二阶基函数这三种基函数,使用者可以根据不同的应用进行选择,如图 8-46 所示。

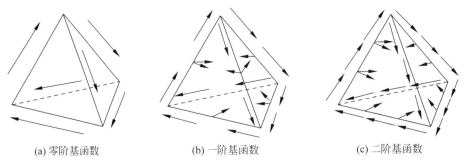

(a) 零阶基函数　　　　　(b) 一阶基函数　　　　　(c) 二阶基函数

图 8-46　HFSS 软件中三种基函数

一般来说,当待求解的微波结构的几何形状变化起伏较小而相对电尺寸较大时,应该选用二阶基函数,这样相对于选用低阶基函数达到相同求解精度需要更少的剖分单元,形成的矩阵方程中系数矩阵的规模更小,计算效率更高。而需要求解几何形状较为复杂的电小尺寸问题时,需要较多的剖分单元才能达到较为准确的形状离散化近似,则最好选用零阶基函数,这样导致的未知数较少,计算效率较高。对于大多数问题,一阶基函数是较好的选择。

2. 矩阵方程求解器

HFSS 软件提供直接法和迭代法两种矩阵方程求解器。

直接法相当于矩阵求逆,求解稳定,不存在收敛问题。而迭代法需要设置收敛精度,对于未知数较多的电尺寸较大问题,相比于直接法,选用迭代法会更加节省内存,如果不收敛软件会自动跳回到直接法。

注意,在迭代法求解中,需要设置求解精度,这个精度是利用共轭梯度法求解矩阵方程的精度,如图 8-47 所示。

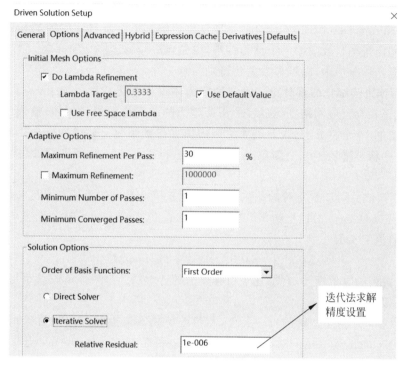

图 8-47　迭代法精度

3. 自适应迭代求解法

自适应迭代求解的一般步骤如下。

(1) HFSS 生成初始网格。

(2) 在求解频率激励下,HFSS 利用初始网格计算结构内部的电磁场(如果进行扫频,自适应求解仅在指定频率上进行)。

(3) 基于当前有限元的解,用 HFSS 估算与精确解有较大误差的问题区域。这些区域的四面体网格会得到细化。

(4) HFSS 利用细化过的网格产生新的解。

(5) HFSS 重新计算误差,重复迭代过程直到满足收敛标准或达到最大迭代步数。

(6) 如果正在进行扫频,则 HFSS 在其他频点求解问题,而不再进一步细化网格。

具体的误差判据有以下两种。

1) ΔS 最大值

ΔS 是连续的两步迭代中 S 参数值的差值。如果两步迭代之间 S 参数大小和相位总的变化比 Maximum Delta S Perpass 中的值要小,将停止自适应分析。否则,分析将一直进行到完成所需步数。

例如,如果指定每步的最大值为 0.1,HFSS 将持续细化网格,直到完成所需步数或直到所有的误差小于 0.1 为止。

ΔS 的最大值定义为

$$\text{Max}\left[\text{mag}(S_{ij}^N - S_{ij}^{N-1})\right] \tag{8-7}$$

式中,i 和 j 遍历所有矩阵元素;N 表示步数。

2)ΔE 最大值

ΔE(Maximum Delta E Perpass)是一步自适应解到下一步自适应解的相对能量误差。这是每步之间衡量场量收敛的一个计算标准,也是自适应解法停止的标准。

在自适应迭代分析中,以下参数需要特别注意。

(1)四面体每步细化的百分比。设定的四面体每步细化的百分比 Percent Refinement Perpass 决定了在自适应网格细化过程中需要增添的四面体数量。例如,输入 10 则在剖分的每步大概增加 10 个百分点,误差最大的四面体将得到细化。如果网格由 1000 个单元构成,则在剖分中将会增加 100 个新单元对四面体进行细化。一般来讲,可以接受系统的默认值。

(2)幅度差值。对于 S 矩阵的每一元件,幅度差值是 S 参数差值与目标差值之间的差,由 Matrix Conver Gence 对话框给出。幅度差值是在 Conver Gence 选项卡整个矩阵中的最大值。幅度差值定义为

$$\text{Max}_{ij}\left[\,|\,\text{mag}S_{ij}^{N} - S_{ij}^{N-1}\,| - \text{mag}\boldsymbol{M}_{ij}\right] \tag{8-8}$$

式中,$\boldsymbol{M}_{ij}$ 是输入的收敛矩阵,它描述了目标差值的近似解。如果该解收敛于目标的差值幅度,每步将会报告一个零值。

(3)相位差值。对于矩阵的每一元件,相位差值是 S 参数相位差与目标相位差之间的差值,由 Matrix Conver Gence 对话框给出。相位差值是在 Conver Gence 选项卡整个矩阵值中的最大值。相位差值定义为

$$\text{Max}_{ij}\left[\,|\,\text{phase}S_{ij}^{N} - \text{phase}_{ij}^{N-1}\,| - \text{phase}\boldsymbol{M}_{ij}\right] \tag{8-9}$$

式中,$\boldsymbol{M}_{ij}$ 是输入的收敛矩阵。边缘相位描述了目标相位差的近似解。如果该解收敛于目标相位差,每步将会报告一个零值。

(4)频率差的最大值。在求解过程中的任何时候,都可看到一个自适应解到下一个自适应解的谐振频率百分比之差或最大频率差。这是每步之间频率的一个稳定计算标准,而且可由两步或多步自适应求解完成后得到。

对于无耗问题,频率差的最大值是所有模式下频率实部的最大百分比变化。对于有耗问题,最大频率差是以下二者中较大的:所有模式中频率实部最大百分比变化和频率虚部的最大百分比变化。

4. 单个频率求解和扫频解

HFSS 可以给出所研究问题单个频率上的解,也可以利用扫频方法给出宽带内的解。

在某频率下,单一的频率求解生成一个自适应或非自适应解,该频率解在 Solution Setup 对话框中指定,且通常是进行扫频操作的第一步。

如果希望研究一个频率范围内的宽带解可以通过扫频操作来完成,HFSS 软件的不同宽带插值方法提供如下几种扫频类型。

1）快速扫频（Fast Sweep）

快速扫频方法通过求解传输函数零极点来快速获得待求解问题的宽带频率响应。因此，这种扫频方法的计算时间对于扫频宽度不敏感。宽带内具有多谐振点的微波问题可以利用这一方法快速找到各个谐振频率，并获得其场分布。

这种扫频方法需要给定求解频率（Solution Frequency），并将其设置为扫频频带中心频率，这样，对于待求问题的离散化剖分就在这一频点进行。因此，在这一频点附近的求解结果相对更加准确，而偏离这一频点越远，结果误差越大。

注意，只有中心频率处的场解得到保存，而每个频点上的 S 参数都将被保存。经过后处理可以得到扫描范围内任意一个频率上的场解。

2）离散扫频（Discrete Sweep）

离散扫频方法是在当前剖分情况下，在每个指定频率上对待求问题进行求解。例如，如果指定 1000～2000MHz 的频率范围，步长设为 2.5，则会在 1000MHz、1250MHz、1500MHz、1750MHz 和 2000MHz 处产生解。默认情况下，只会保存最后一个频点的场的解，这里即 2000MHz。可以在设置频段内频点时选择 Save Fields，每个频点的 S 参数均会保存。步数设计越多，完成扫频所花的时间越长。

如果频段内只有少量频点并要求准确计算时，可选择离散扫频。

注意：如果不要求自适应求解，则该问题产生初始网格后，在扫频过程中不再进行剖分单元细化。因为自适应求解仅在设置的求解频率上进行剖分优化，在远离该频率时结果可能发生显著变化。如果希望变化最小，可以使用频带的中心频率为求解频率，在观察得到的结果之后，可以在重要的频点也将其设置为求解频率。

3）内插扫频（Interpolating Sweep）

内插扫频方法是在当前剖分条件下，软件自动确定求解频率，然后通过插值方法，估计整个频段内的解。内插扫频方法比离散扫频所花费的时间要少，内插扫频需要的时间是单频点求解时间乘以最大求解频点数目。这种方法最好在频段宽、频率响应光滑或者快速扫频超出计算机资源的情况下使用。

HFSS 选择求解的频率解以使整个插值解在一定的误差范围内。当解满足在误差范围之内的要求或者产生最大数的解时，扫描完成，这个误差可以由 Error Tolerance 功能来设置。为了观察解的更多信息，增加求解步数，再次进行扫描。

每一频率点的场解被删除，以产生下一个点的新解。只有最后的频点上的全场解被保存下来，但每一个频点的 S 参数都会被保存。

注意，在扫频中指定频点求解完成后，可以定义是否需要保存在每个频点上的包含所有端口模式的 3D 场解。由于保存每个包含高阶模式的场解会增加若干兆字节的硬盘需求，因此在默认情况下 HFSS 不保存高阶模式数据。如果不保存场解，在后处理模拟中这些模式是不可用的。

8.2.6 工程的数据后处理

HFSS 具有强大而又灵活的数据后处理功能，使用 HFSS 进行电磁问题的求解分析后，利用数据后处理功能能够直观地得出问题的各种求解信息和求解结果。

1. 求解信息数据

在 HFSS 求解分析过程中或者求解分析完成后,单击 HFSS→Result→SolutionData 命令,打开如图 8-48 所示的求解信息显示对话框。

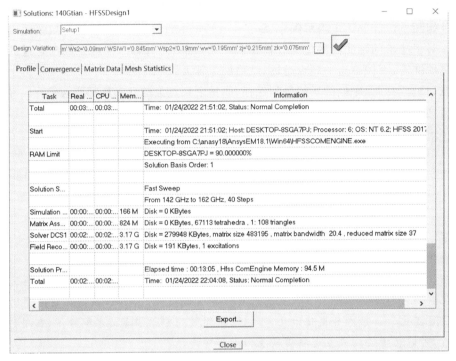

图 8-48 求解信息显示对话框

在该对话框中最上方的 Simulation 项列出了当前设计中所有的求解设置名称。

其中,Profile 选项卡显示各个模块的求解时间和所占用的资源内存等信息。

Convergence 选项卡显示自适应网格剖分过程的收敛信息,包括网格剖分的迭代次数、网框数目和收散误差值等信息。

Matrix Date 选项卡显示求解的各个参数矩阵结果,如图 8-49 所示。

2. 数值结果

求解分析完成后,从主菜单栏选择 HFSS→Results 命令可以查看 HFSS 各种分析求解数值结果的命令。

1)数值结果的显示方式

HFSS 后处理模块能以多种方式来显示分析数值的结果,这些数值结果的显示方式包括 Rectangular Polt 直角坐标图形显示、Polar Polt 极坐标图形显示、Radiation Pattern 辐射方向图、Data Table 数据列表显示、Smith Chart 史密斯圆图显示等。

对于模式驱动求解设置,右键单击工程树下的 Results 节点,从弹出的菜单栏中单击 Create Modal Solution Data Report 命令,打开所需要的显示方式,如图 8-50 所示。

2)数值结果类型

HFSS 在计算求解时,既会计算系统内建的性能参数,也会计算用户自定义的输出变量参数。因此,在数据后处理时,既可以显示内建的性能参数,也可以显示用户自定义的输出

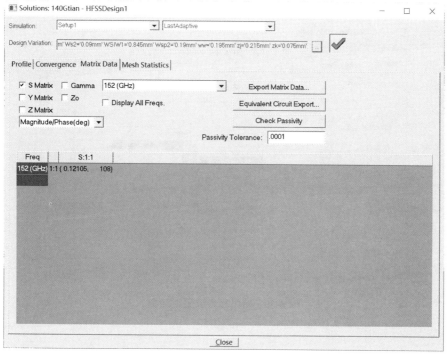

图 8-49　Matrix Date 选项卡

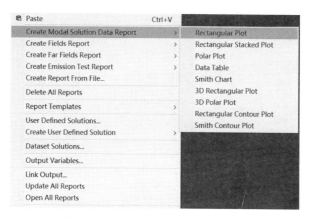

图 8-50　选择后处理数据显示方式

变量参数。

　　在数据后处理中,以模式驱动求解为例,能够显示数值结果参数类型的有:散射参数、导纳参数、阻抗参数、电压驻波比、端口特性阻抗等 11 种类型。

　　3) 查看数值结果的操作步骤

　　以直角坐标图形显示 S 参数结果为例。右键单击工程树下的 Results 节点,从弹出的菜单栏中选择 Create Modal Solution Data Report→Rectangular Polt 命令,打开如图 8-51 所示的结果报告设置对话框。

　　在该对话框中,选择扫频设置,横坐标设为 Freq。在 Category 中选择想要查看的参数: S Parameter;在 Quantity 中选择想要查看的 S 参数:S(1,1);最后在 Function 中选择相关的数学函数：dB；单击 New Report 按钮生成如图 8-52 的结果图。

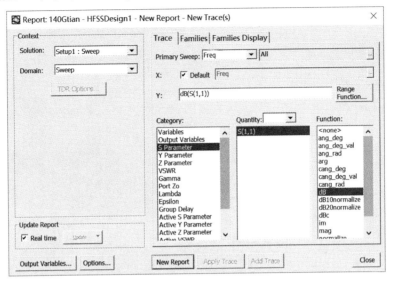

图 8-51　结果报告设置对话框

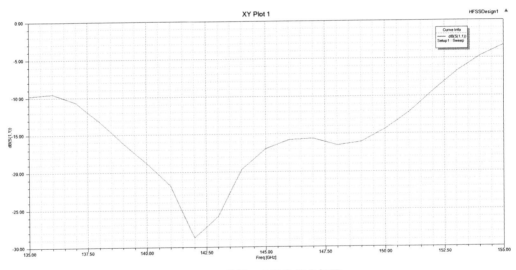

图 8-52　显示 S 参数结果坐标图

4）编辑图形显示结果报告

单击图 8-52 右上角的曲线图例，可更改曲线的显示形式，如图 8-53 所示。

3. 场分布图

在计算出场量的基础上，可以进一步进行后处理，得到以下结果。

（1）场分布。在 HFSS 中，场分布可以由物体、表面场或者其导数来描述。用于描绘场的物体可以是几何模型中的部分模型或者是在后处理中创建的模型。如果选取了表面，HFSS 则将表面场描绘显示出来。如果选取物体，HFSS 则将物体内部场描绘显示出来。可以选择用标量或矢量来描绘场分布。标量用阴影线条来表示表面或体积内部场量的大小。矢量用箭头表示场的分量的大小。

（2）场量。默认的场量可以绘制出图形，它们的定义及单位如表 8-3 所示。

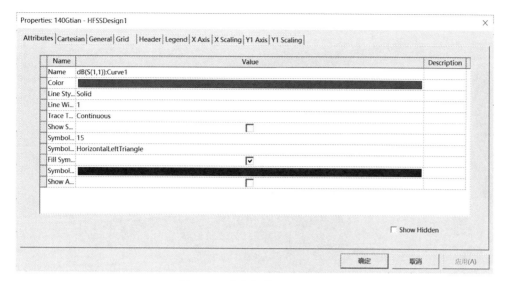

图 8-53 曲线属性设置对话框

表 8-3 默认场量的定义及单位

场 量	定 义	单 位
MagE	电场幅度	V/m
MagH	磁场幅度	A/m
MagJvol	体电流密度幅度	A/m^2
MagJsurf	表面电流密度幅度	A/m
ComplexMagE	电场复振幅	V/m
ComplexMagH	磁场复振幅	A/m
ComplexMagJvol	体电流密度复振幅	A/m^2
ComplexMagJsurf	表面电流密度复振幅	A/m
VectorE	矢量电场	V/m
VectorH	矢量磁场	A/m
VectorJvol	体电流密度向量	A/m^2
VectorJsurf	面电流密度向量	A/m
VectorRealPoynting	坡印亭矢量	W/m^2
LocalSAR	比吸收率	W/kg
AverageSAR	平均比吸收率	W/kg

1）绘制场分布图的操作步骤

首先选择一个物体或一个面，从主菜单栏选择 HFSS→Fields→Plot Fields→E→Vector_E，即可绘制出波导内部矢量电场分布图，如图 8-54 所示。

2）场分布的动态显示

HFSS 数据后处理模块除了能显示场量的静态分布外，还能显示场量的分布随变量的变化而动态改变的分布图。

（1）查看场分布图的动态演示首先需要展开工程树的 Field Overlays 节点，找到相应的场分布图名称。选择 Animate 命令，如图 8-55 所示。

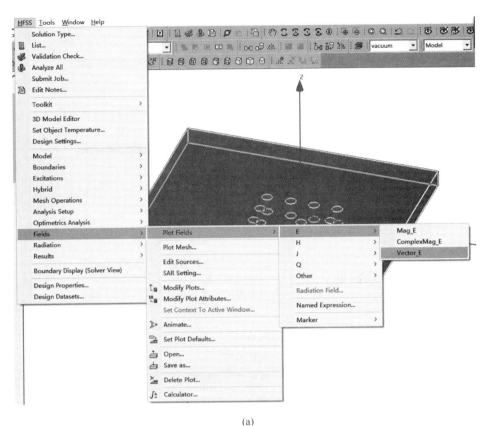

(a)

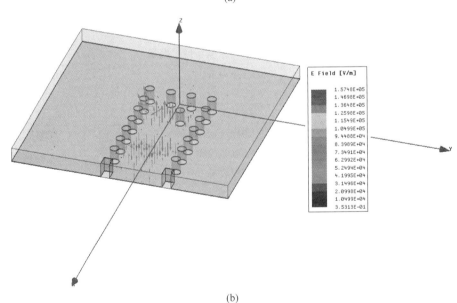

(b)

图 8-54　绘制电场矢量分布

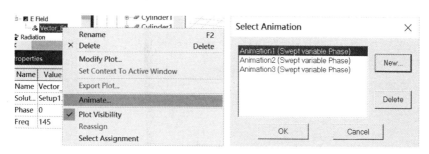

图 8-55　场分布图的动态演示操作

（2）单击 New 按钮，在图 8-56 中 Swept Variable 下拉菜单选择相位（phase），单击 OK 按钮，即可查看动态场分布图。

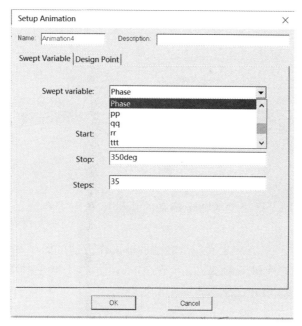

图 8-56　动态演示设置对话框

4. 天线辐射问题的后处理

1）定义远场区辐射表面

从主菜单栏选择 HFSS→Radiation→Insert Far Field Setup→Infinite Sphere 命令，打开远场区辐射表面设置对话框，如图 8-57 所示，定义和添加远场区场辐射表面。

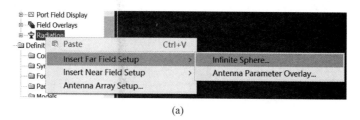

(a)

图 8-57　远场区辐射表面设置对话框

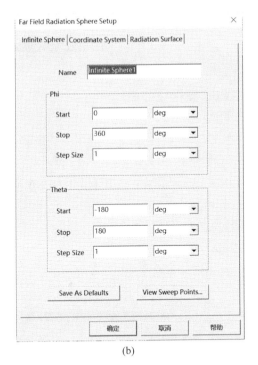

(b)

图 8-57　（续）

2）天线方向图

天线的辐射场在固定距离上随球坐标系的角坐标 θ、φ 分布的图形被称为天线的辐射方向图，简称方向图。

（1）绘制立体方向图。首先定义一个完整的球面作为远区场辐射表面，设置成如图 8-58 所示参数。然后右击工程树下的 Results 节点，从弹出的菜单栏中选择 Create Far Fields Report→3D Polar Plot，打开三维立体方向绘制设置。

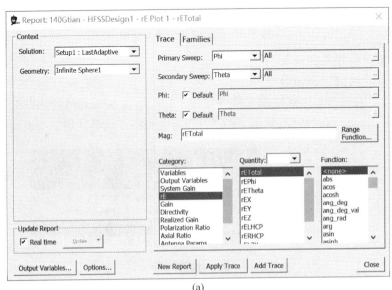

(a)

图 8-58　三维立体方向图绘制设置对话框

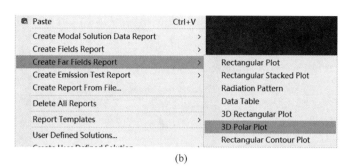

(b)

图 8-58 （续）

更改对话框，按照图 8-58(a)所示参数进行选择，单击 New Report 按钮，则可看到如图 8-59 所示的三维场强方向图。

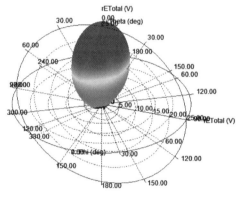

图 8-59 三维场强方向图

（2）绘制平面方向图。假设此处需要绘制 YOZ 平面上的场强方向图，那么首先需要定义 YOZ 截面作为辐射表面。与定义远场区辐射表面操作相同，定义如图 8-60 所示的内容。

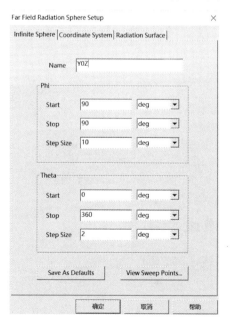

图 8-60 YOZ 截面周边作为辐射表面的设置

单击工程树下的 Results 节点,在弹出的菜单栏中选择 Create Far Fields Report→ Radiation Pattern,打开平面方向图报告设置对话框,如图 8-61 所示。

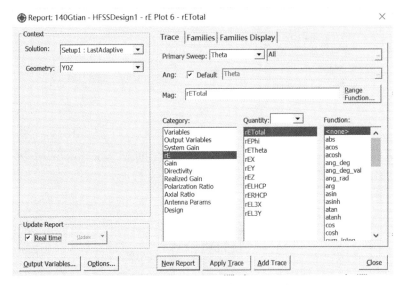

图 8-61　平面方向图报告设置对话框

在对话框中,按照图 8-61 所示参数进行选择,单击 New Report 按钮,则可看到如图 8-62 所示的平面场强方向图。

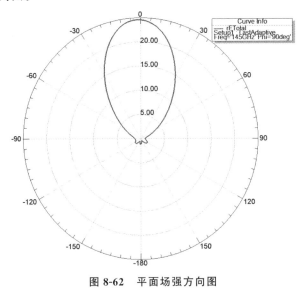

图 8-62　平面场强方向图

8.3　HFSS 天线设计实例

8.3.1　微带天线设计实例

1. 设计背景

微带天线具有小型化、易集成、方向性好等优点,因此其应用前景广阔。现以某型号炮

微课视频

弹引信为例,简要说明微带天线在引信上的分析与设计。该引信是一调频体制引信,天线部分由头部的塑料封帽、微带贴片和金属底板组成,安装在弹体头部。该天线在电流不连续点形成等效磁流源,改变各磁流的位置,可改变天线的方向性。

2. ANSYS Electronics 仿真软件实现

利用 ANSYS Electronics 设计一个微带天线,此天线的谐振频率在 4.7GHz,本例介绍如何在 ANSYS Electronics 中实现微带天线模型建立,以及对该天线端口和边界的设置,最后生成反射系数(S_{11})仿真结果。

1)建立新的工程

(1)打开软件进入菜单栏,界面如图 8-63 所示。

图 8-63 菜单栏界面

(2)单击菜单栏第一个图标,进入 HFSS 软件工作界面,如图 8-64 所示。

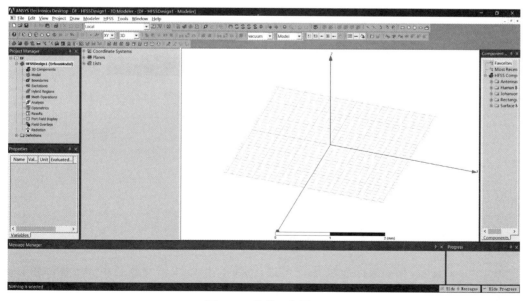

图 8-64 软件工作界面

（3）单击 HFSS 选择 Solution Type 进入设置菜单，如图 8-65 所示。
选择 Modal(模式驱动)，单击 OK 按钮。

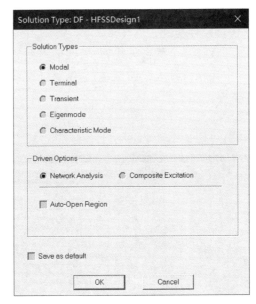

图 8-65　设置菜单

2）创建模型

（1）在菜单栏中单击 Draw→Box 或者在工具栏直接单击长方体图标。

（2）长方体的有关参数进行如下设置：

Position 栏：输入坐标(－wa/2,0,0)，wa 赋值 75；

Xsize 栏：输入 wa；

YSize 栏：输入 la，赋值 75；

ZSize 栏：输入－subh，赋值 1.6，如图 8-66 所示。

注意：当弹出 Add Variable 窗口时注意 Unit 栏是否为 Length。

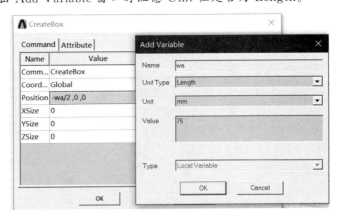

图 8-66　长方体参数设置

完成上述操作后得到窗口如图 8-67 所示，单击 Attribute 对建立的长方体进行相关属性操作。

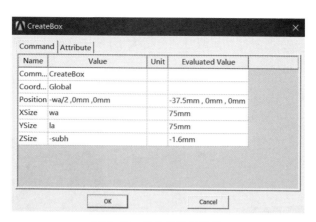

图 8-67　长方体相关属性

将 Attribute 下 Name 中的 box1 修改为 sub。单击 Material 栏的 vacuum 选择 Edit，如图 8-68 所示。

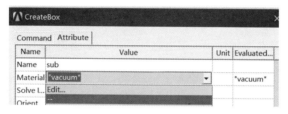

图 8-68　修改长方体属性

进入材料选择栏。搜索 FR4_epoxy。选择该材料并单击确定按钮，如图 8-69 所示。

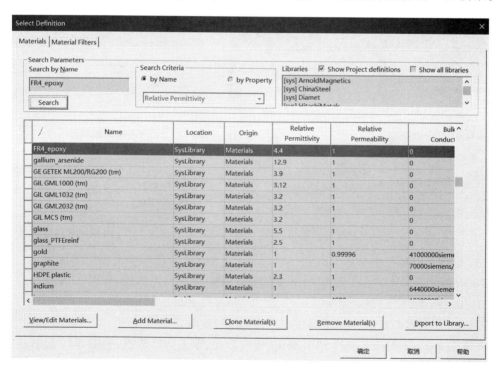

图 8-69　修改长方体材料属性

设置完毕后,单击 OK 按钮完成,如图 8-70 所示。

利用快捷键 Ctrl+D 把窗口界面调整到合适大小,按住 Alt 键并按住鼠标左键移动,可以调整物体观察方向,如图 8-71 所示。

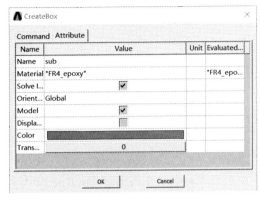

图 8-70　长方体属性的确认

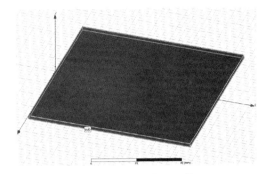

图 8-71　界面窗口调整

(3) 在菜单栏中单击 Draw→Rectangle 或者在工具栏中单击矩形图标。

(4) Position 栏:输入坐标(−wa/2,0,−subh),wa 赋值 75;

Axis 栏:输入 z;

Width 栏:输入 wa;

Length 栏:输入 la;

注意:当弹出 Add Variable 窗口时注意 Unit 栏是否为 Length。

设置完成后,如图 8-72 所示,单击 Attribute。

将 Attribute 下 Name 中的 rectangle1 修改为 gnd,单击 OK 按钮,如图 8-73 所示。

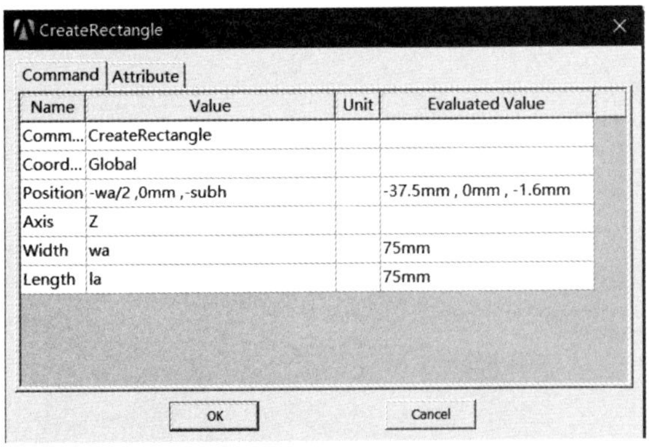

图 8-72　gnd 矩形属性界面

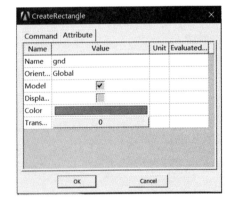

图 8-73　gnd 矩形名称修改

(5) 继续在菜单栏中单击 Draw→Rectangle 或者在工具栏中单击矩形图标。

Position 栏:输入(−w1/2,0,0),w1 赋值 0.68。单击 OK 按钮,如图 8-74 所示。

Width 栏:输入 w1;

Length 栏:输入 l1,赋值 17.5;单击 OK 按钮,如图 8-75 所示。

将 Attribute 下 Name 中的 rectangle1 修改为 dl,单击 OK 按钮,如图 8-76 所示。

再次创建矩形。

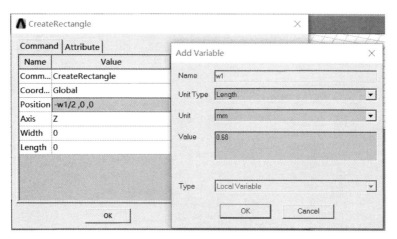

图 8-74 dl 矩形位置设置

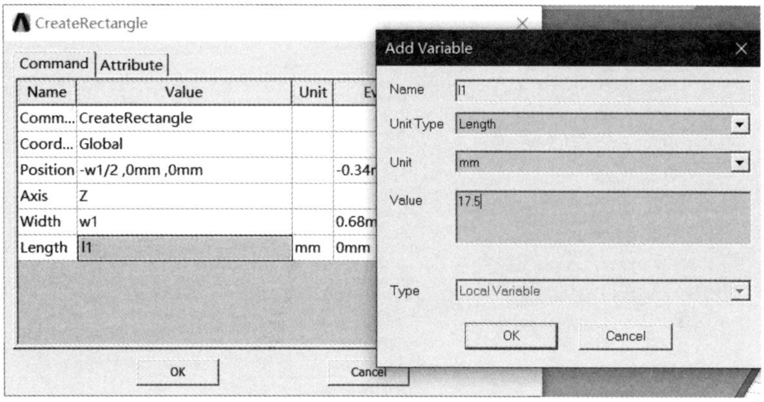

图 8-75 dl 矩形长度设置

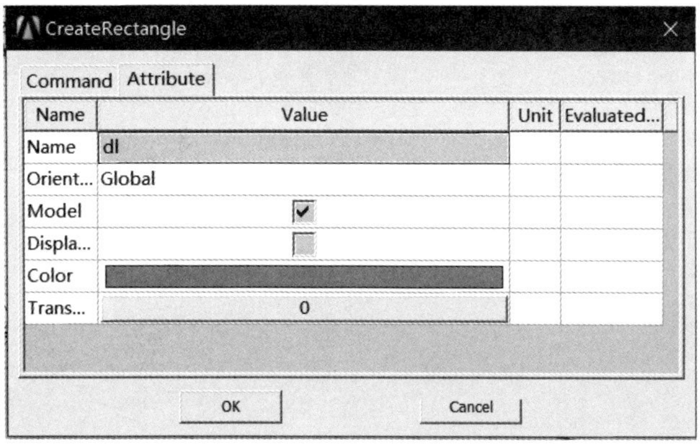

图 8-76 dl 矩形名称修改

Width 栏：输入 w2，赋值 37；

Length 栏：输入 l2，赋值 28；单击 OK 按钮，如图 8-77 和图 8-78 所示。

将 Attribute 下 Name 中的 rectangle1 改为 antenna，单击 OK 按钮，如图 8-79 所示。

（6）在完成后按住 Ctrl 键依次单击创建的矩形 antenna 和 dl，如图 8-80 所示。

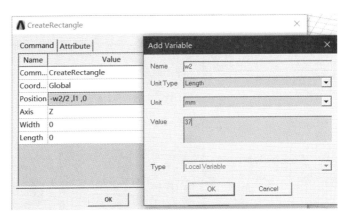

图 8-77　antenna 矩形位置设置

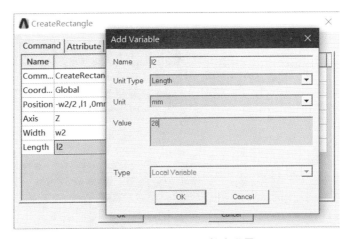

图 8-78　antenna 矩形长度设置

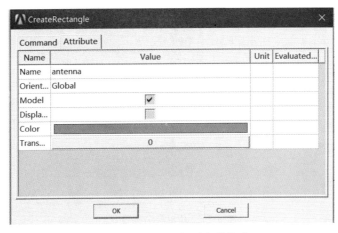

图 8-79　antenna 矩形名称修改

（7）出现图 8-80 情况后单击菜单栏中的 Modeler，选择 Boolean，单击 Unit 后 2 个矩形将会合并，如图 8-81 所示。

（8）接下来对建立模型中的天线和地平面进行材料设置。

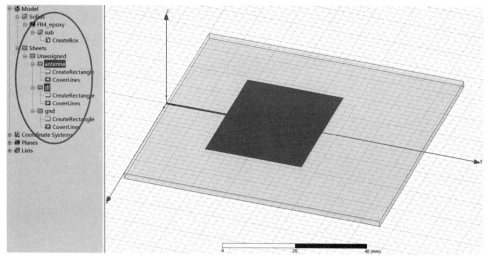

图 8-80　选中 antenna 与 dl 矩形

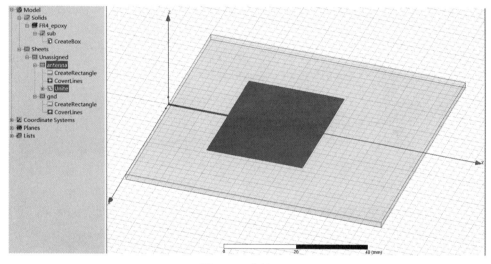

图 8-81　合并矩形

按住 Ctrl 键依次单击天线和地平面。选中后右击把鼠标移动到 Assign Boundary，单击选择 Finite Conductivity Boundary。进入 Finite Conductivity Boundary 界面，如图 8-82 所示。

勾选 Use Material，单击 vacuum 按钮出现如图 8-83 所示界面，搜索材料铜（copper），选择后单击确定即设置完毕。

上一步设置结束后，系统返回进入 Finite Conductivity Boundary 界面，单击 OK 按钮，完成材料设置。

3）设置模型激励

把平面由原来的 XY 平面改为 XZ 平面，如图 8-84 所示。

在菜单栏中单击 Draw→Rectangle 或者在工具栏中单击矩形图标。

Position 栏：输入（-w3/2,0，-subh），w3 赋值 5。单击 OK 按钮，如图 8-85 所示。

Width 栏：输入 l3，赋值 12；

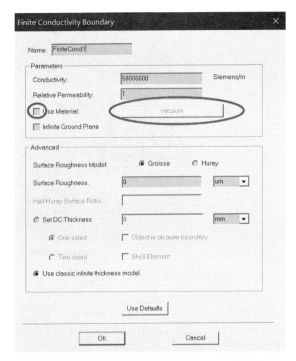

图 8-82 Finite Conductivity Boundary 界面

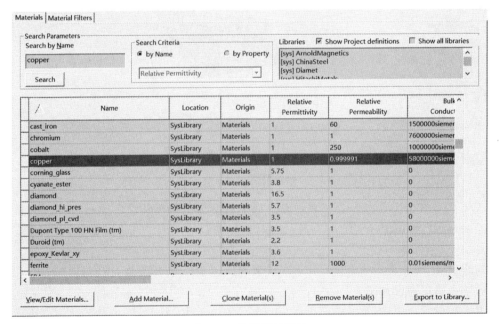

图 8-83 设置材料属性

图 8-84 平面坐标系切换

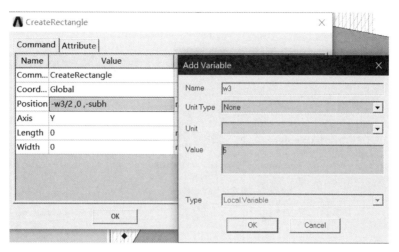

图 8-85　port 矩形位置设置

Length 栏：输入 w3；单击 OK 按钮，如图 8-86 所示。

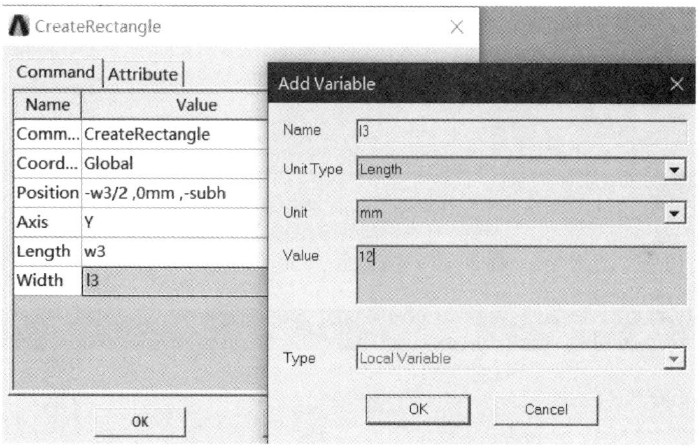

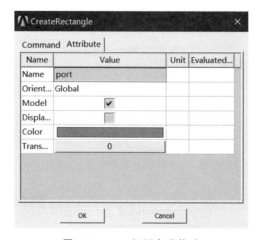

图 8-86　port 矩形长度设置

在 Attribute 中，Name 栏的 rectangle1 修改为 port，单击 OK 按钮，如图 8-87 所示。

图 8-87　port 矩形名称修改

单击选中设置的矩形 port,然后右击选择 Assign Excitation,选择 Lumped Port,如图 8-88 所示。

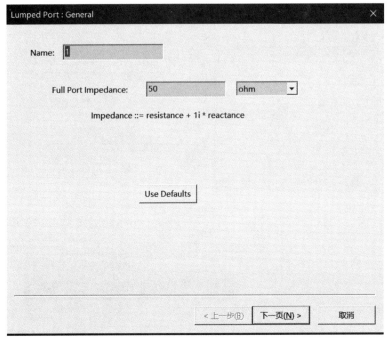

图 8-88　port 矩形设置

单击下一页按钮,进入下一界面后,再单击 None 后选择 New Line,如图 8-89 所示。

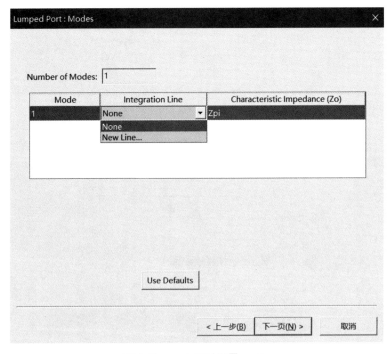

图 8-89　port 矩形设置 modes

进入终端线的绘制界面,利用鼠标滚轮向前滑动把矩形 port 放大,如图 8-90 所示。

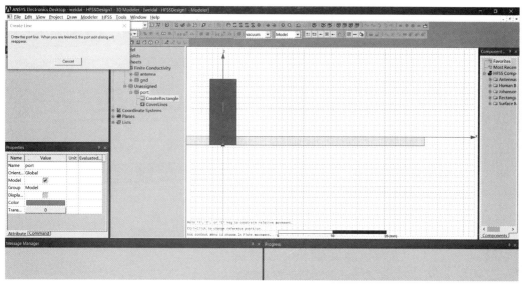

图 8-90　滚轮放大矩形

把鼠标指针移动到矩形 port 下边界,当鼠标指针移动至中点时变为▲,单击后确定起点;再将鼠标指针上移到矩形 port 上边界,当鼠标指针也移动至中点时再次单击即完成设置。弹出以下界面单击下一页按钮,如图 8-91 所示。

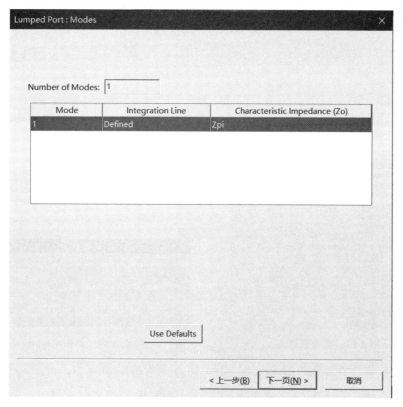

图 8-91　Port new line 确定

进入下一界面查看阻抗是否为 50,检查无误后单击完成按钮,如图 8-92 所示。

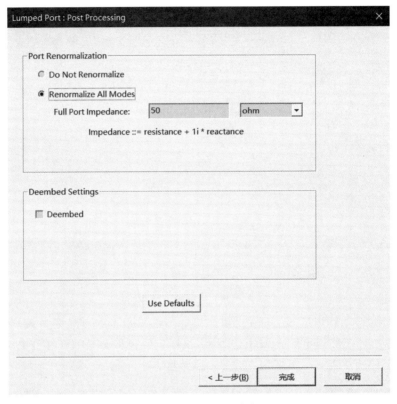

图 8-92　Port 阻抗确定

设置完成后,左侧的管理栏中的 Excitation 出现加号,单击加号后会出现设置的激励 1,如图 8-93 所示。

4）设置模型辐射空间

在菜单栏中选择图标,建立辐射空间或者单击菜单栏中 Draw,选择 Region,如图 8-94 所示。

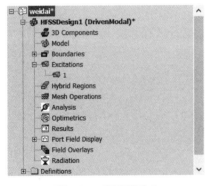

图 8-93　查看激励 1

图 8-94　单击 Region

进入 Region 设置界面后把 Percentage Offset 改为 Absolute Offset。

Value 栏:输入 LAMDA/2,赋值 5。单击 OK 按钮,如图 8-95 所示。

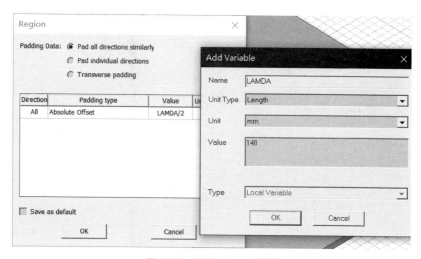

图 8-95 设置 Region 属性

单击选中设置的 Region,再把鼠标移动到 Assign Boundary 后,单击 Radiation,出现以下界面直接单击 OK 按钮,如图 8-96 所示。

设置完成后左侧的管理栏中 Boundaries 出现加号,单击加号后会出现设置的辐射边界 Rad1,如图 8-97 所示。

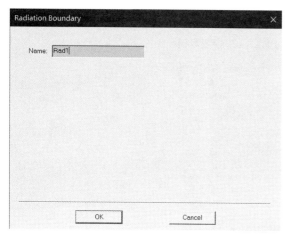

图 8-96 设置 Region 名称

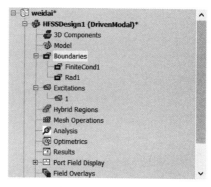

图 8-97 查看 Rad1

5)设置模型扫描分析求解

(1)Analysis 的设置。

在左侧的管理栏中,右击 Analysis,单击 Add Solution Setup 进入设置界面,如图 8-98 所示。

修改设置中的求解分析中心频率 5.5GHz,设置扫描次数为 20,单击确定按钮,设置好后,如图 8-99 所示。

左侧的管理栏中打开 Analysis 的加号,右击 Setup1,然后选择 Add Frequency Sweep,如图 8-100 所示。

在分析设置界面的 Sweep Type 中单击倒三角形选择 Fast,单击 Distribution 中下一栏改为 Linear Step。

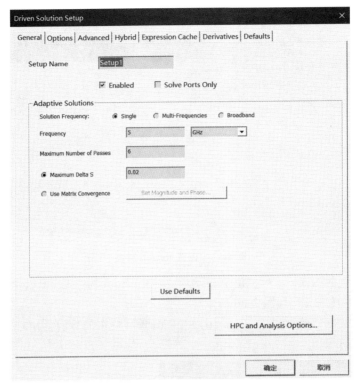

图 8-98　Solution Setup 设置界面

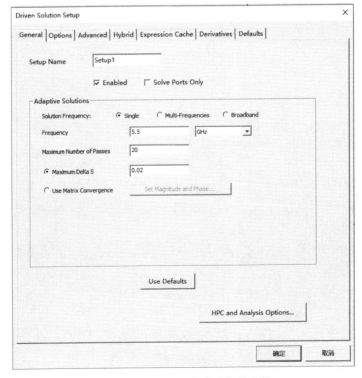

图 8-99　设置中心频率及扫描次数

把频率范围修改为 4.5GHz 到 6.5GHz,扫描步进值为 0.1GHz,单击确定按钮,如图 8-101 所示。

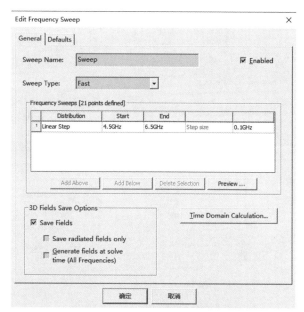

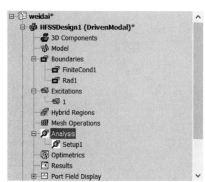

图 8-100　选择 Setup1　　　　　　　　图 8-101　修改频率范围及步进值

(2)单击菜单栏 HFSS 后,选择 Validation Check 检查模型是否正确,如图 8-102 所示。

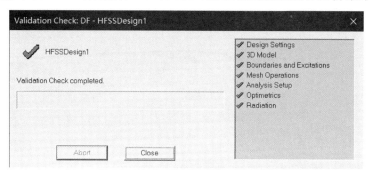

图 8-102　检查模型

(3)单击左侧的管理栏中 Analysis 的加号后,单击 Setup1 的加号,如图 8-103 所示。

右击 Sweep,单击 Analysis,软件将自动进行仿真。

6)结果查询

S 参数查询:右击管理栏 Results,鼠标移动到 Create Model Solution Date,选择 Rectangular Plot 进入以下界面,单击选择 S Parameter、S(1,1)、dB,设置完成后,单击 New Report 按钮,如图 8-104 所示。

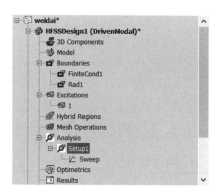

图 8-103　查看 Sweep

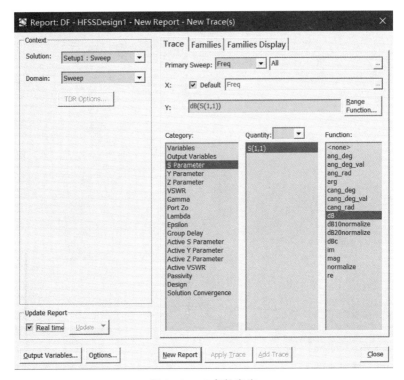

图 8-104 S 参数查询

S 参数结果将会自动出现,如图 8-105 所示。或者单击 Result 中的 S Parameter 进行查看。

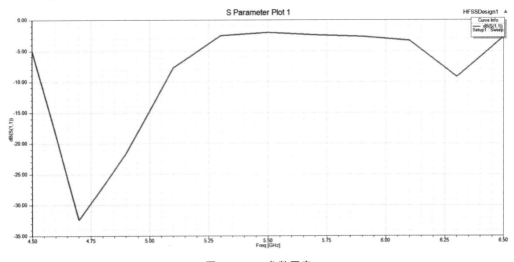

图 8-105 S 参数图表

8.3.2 对称阵子天线设计实例

1. 设计背景

对称阵子天线是在无线电通信中使用最早、结构最简单、应用最广泛的一类天线。它由一对对称放置的导体构成,导体相互靠近的两端分别与馈电线相连。用作发射天线时,电信号从天线中心馈入导体;用作接收天线时,也在天线中心从导体中获取接收信号。常见的

微课视频

对称阵子天线由两根共轴的直导线构成,这种天线在远处产生的辐射场是轴对称的,并且在理论上能够严格求解。对称阵子天线是共振天线,理论分析表明,细长对称阵子天线内的电流分布非常接近正弦驻波分布,驻波的波长正好是天线产生或接收的电磁波的波长。

2. ANSYS Electronics 仿真软件实现

利用 ANSYS Electronics 设计一个对称阵子天线,此天线的谐振频率在 2.4GHz。本例介绍如何在 ANSYS Electronics 中建模对称阵子天线,包括对该天线的端口和边界的设置,以及反射系数和 3D 增益曲线的仿真结果。

1)建立新的工程

(1)打开软件进入菜单栏界面,如图 8-106 所示。

图 8-106　菜单栏界面

(2)单击菜单栏第一个图标进入 HFSS 软件工作界面,如图 8-107 所示。

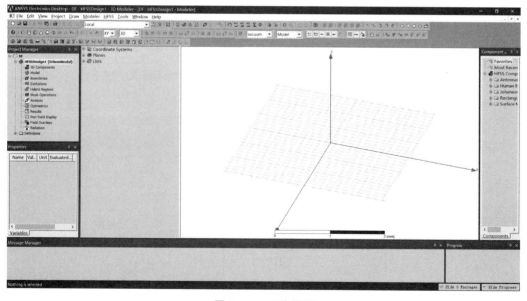

图 8-107　工作界面

（3）单击 HFSS，选择 Solution Type 进入设置菜单，如图 8-108 所示。

选择 Modal（模式驱动），单击 OK 按钮。

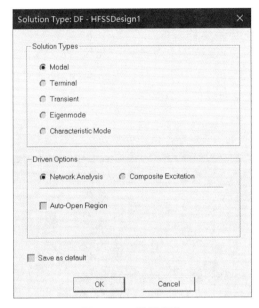

图 8-108　设置菜单

2）创建模型

（1）在菜单栏中单击 Draw→Cylinder 或者在工具栏直接单击圆柱图标。

（2）圆柱参数设置。

Center position：输入（0，0，DPH），DPH 赋值 1，如图 8-109 所示。

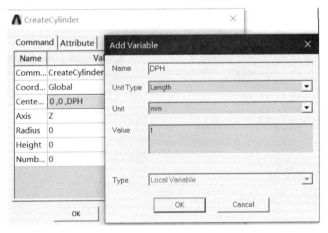

图 8-109　圆柱中心位置设置

设置完毕后，如图 8-110 所示。

Radius：输入 DPR，DPR 赋值为 5，单击 OK 按钮，如图 8-111 所示。

Height：输入 LAMDA/4，LAMDA 赋值为 125，如图 8-112 所示。

单击 Attribute，在 Name 行对应的 Value 行中把圆柱名字修改为 DP1，如图 8-113 所示。

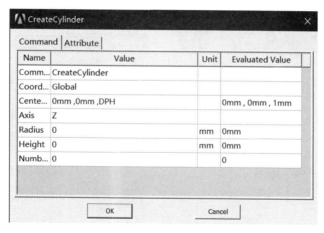

图 8-110　DP1 圆柱初始属性

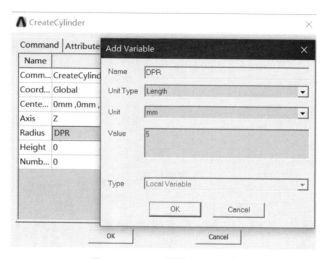

图 8-111　DP1 圆柱半径设置

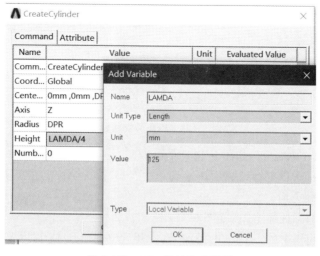

图 8-112　DP1 圆柱高度设置

单击 Material 对应的 Value 行,单击 Edit,如图 8-114 所示。

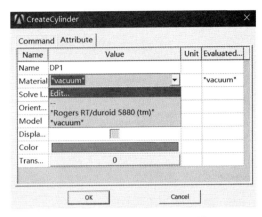

图 8-113　DP1 圆柱名称修改　　　　　图 8-114　DP1 圆柱材料设置

在打开的材料搜索栏中搜索 copper,选中材料后单击确定按钮,如图 8-115 所示。

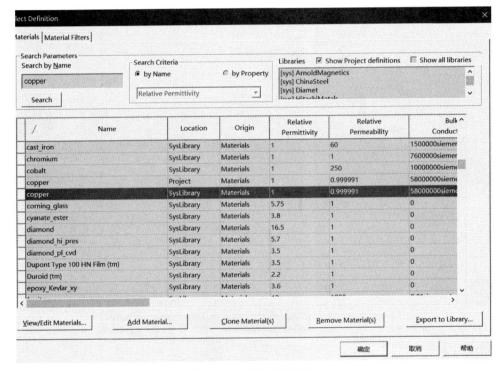

图 8-115　设置为铜材料

设置完毕,单击 OK 按钮,如图 8-116 所示。

利用快捷键 Ctrl+D 把窗口界面调整到合适大小,按住 Alt 键并按下鼠标左键,移动鼠标可以调整物体观察方向。

(3) 单击创建的圆柱体 DP1,如图 8-117 所示。

也可以单击中间栏中的 copper 中的加号,点开后也会出现 DP1,用单击选中,如图 8-118 所示。

(4) 选中 DP1 后,单击上方工具栏中的对称复制快捷键的图标,或者在选中 DP1 后单

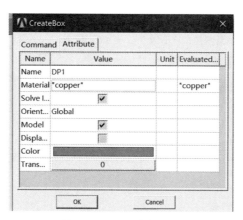

图 8-116 DP1 圆柱属性

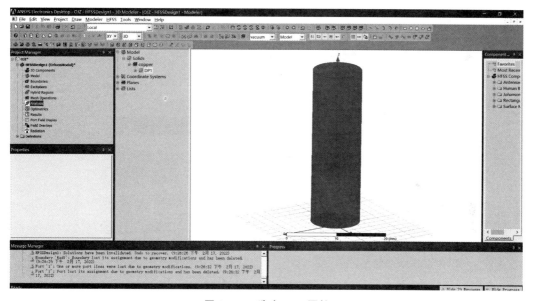

图 8-117 选中 DP1 圆柱

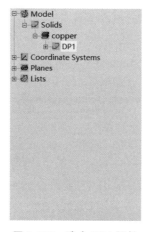

图 8-118 选中 DP1 圆柱

击 Edit,鼠标移动到 Duplicate,选择 Mirror。

（5）如果非表格输入形式则在最底下栏中分别输入(0,0,0),按下 Enter 键确认；继续输入(0,0,1),按下 Enter 键确认,如图 8-119 所示。

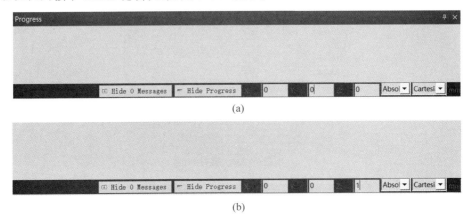

图 8-119　非表格输入形式设置镜像坐标

如果为表格输入,则在 Base Position 栏中输入(0,0,0),在 Normal Position 栏中输入(0,0,1),如图 8-120 所示。

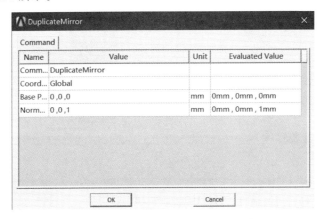

图 8-120　表格输入形式设置镜像坐标

（6）模型建立完毕后,利用快捷键将模型调整至合适大小,进行下一步操作。

3）设置模型激励

把平面由原来的 XY 平面改为 YZ 平面,如图 8-121 所示。

图 8-121　平面坐标系修改

根据分析可以得到矩形坐标和矩形长宽,如图 8-122 所示。

单击 Attribute 修改矩形名字,命名为 Port,单击 OK 按钮,如图 8-123 所示。

单击选中设置的矩形 Port,然后右击选择 Assign Excitation,选择 Lumped Port,如图 8-124 所示。

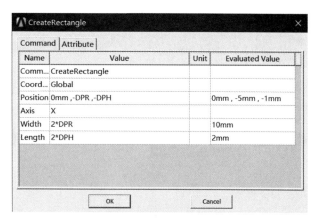

图 8-122 Port 矩形设置

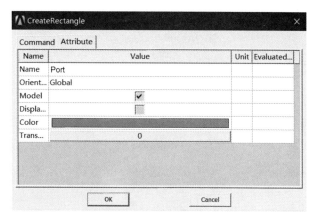

图 8-123 Port 矩形名字修改

图 8-124 Lumped Port 界面

单击下一页按钮,在 Integration Line 选择 New Line,如图 8-125 所示。

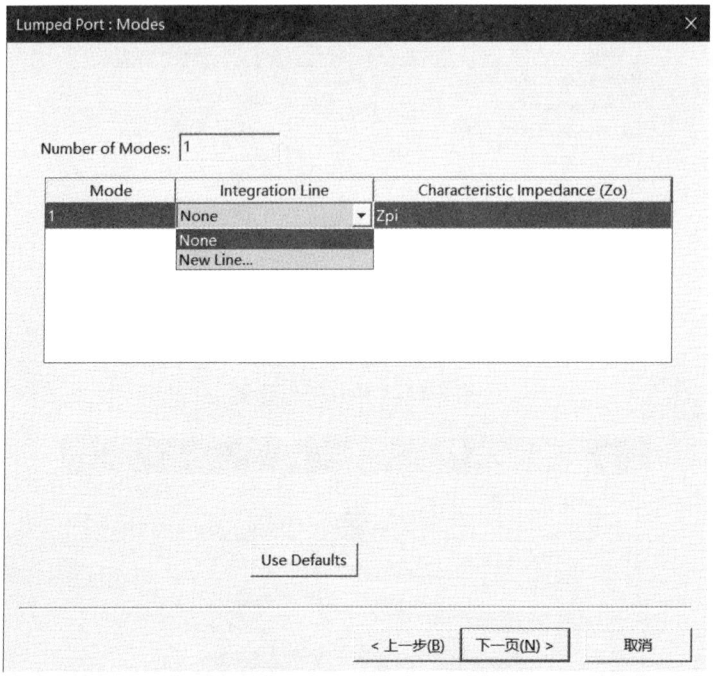

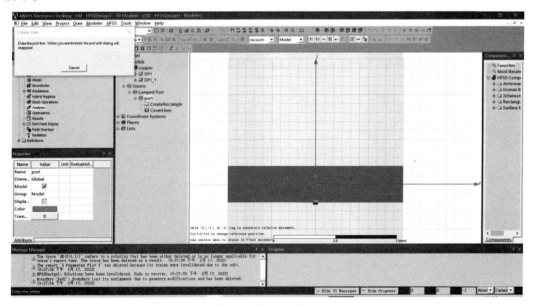

图 8-125　Integration Line 设置

进入端口终端线的绘画界面,利用鼠标滚轮向前滑动把矩形 Port 放大,如图 8-126
所示。

图 8-126　滚轮放大 Port 矩形

把鼠标移动到矩形 Port 下边界,当鼠标移动至中点时单击后确定起点;再将鼠标上移
到矩形 Port 上边界,当鼠标也移动至中点时再次单击即完成设置。弹出以下界面单击下一

页按钮,如图 8-127 所示。

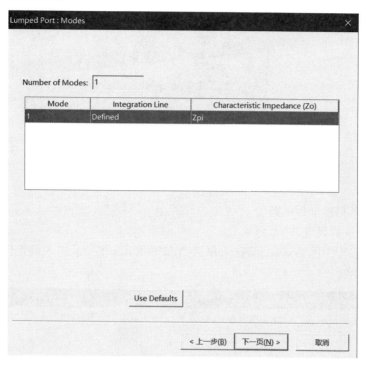

图 8-127 Port modes 界面

进入下一界面查看阻抗是否为 50,检查无误后单击完成按钮,如图 8-128 所示。

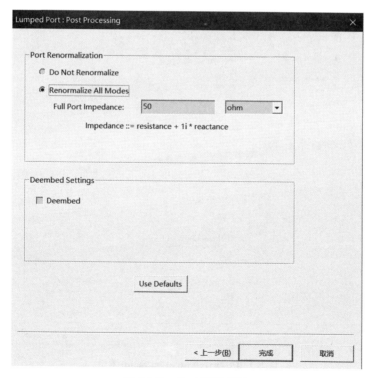

图 8-128 Port 阻抗设置

单击管理栏中 Excitations 的加号,可以显示设置完成的激励 1,如图 8-129 所示。

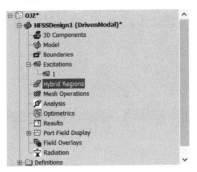

图 8-129　查看激励 1

4）设置模型扫描分析求解

（1）Analysis 的设置。

在左侧的管理栏中,右击 Analysis,单击 Add Solution Setup 进入设置界面,如图 8-130 所示。

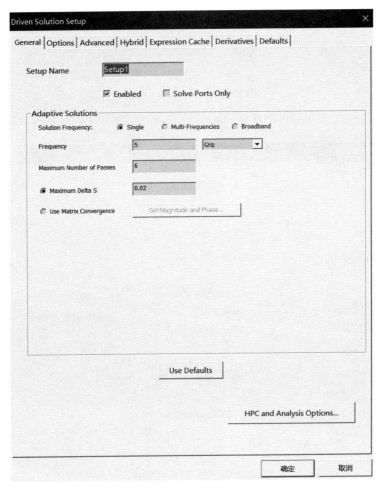

图 8-130　Driven Solution Setup 界面

　　修改设置中的求解分析中心频率 2.4GHz,设置扫描次数为 20,单击确定按钮,如图 8-131 所示。

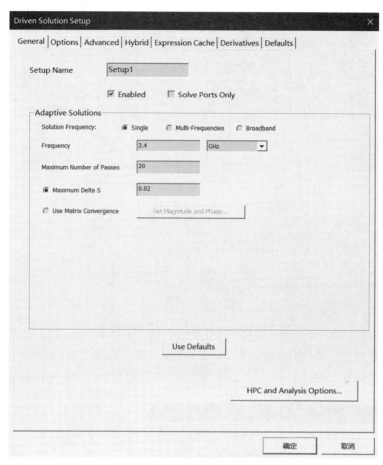

图 8-131　中心频率及扫描次数设置

　　在管理栏中单击 Analysis 的加号,右击 Setup1 选择 Add Frequency Sweep 添加分析设置,如图 8-132 所示。

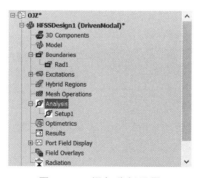

图 8-132　添加分析设置

　　在分析设置界面的 Sweep Type 中选择 Fast 扫描,在 Distribution 的下一栏中选择 Linear Step。把频率范围修改为 1GHz 到 5GHz,扫描步进值为 0.2GHz,单击确定按钮,如

图 8-133 所示。

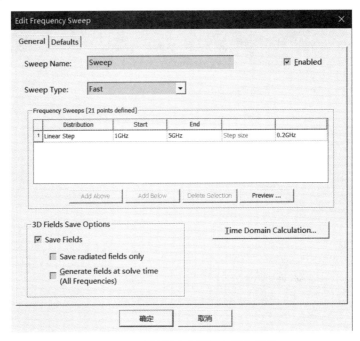

图 8-133 设置频率范围及扫描步进值

（2）在菜单栏中选择 Validation Check，检查模型建立是否正确，如图 8-134 所示。

（3）在左侧的管理栏中打开 Analysis 的加号后，打开 Setup1 的加号，如图 8-135 所示。

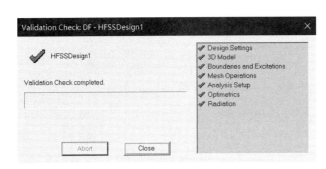

图 8-134 检测模型

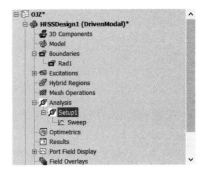

图 8-135 查看 Setup1

右击 Sweep，单击 Analysis，软件将自动进行仿真。

5）结果查询

（1）S 参数查询。

在管理栏单击 Results，右击 Create Model Solution Date，选择 S Parameter、S(1,1)、dB，设置好后单击 New Report 按钮，如图 8-136 所示。

S 参数结果自动显示如图 8-137 所示，或者选择 Result 中的 S Parameter 进行查看。

（2）3D 增益曲线。

右击管理栏中的 Radiation，鼠标移动到 Insert Far Field Setup，单击 Infinite Sphere 进入下面的界面，如图 8-138 所示。

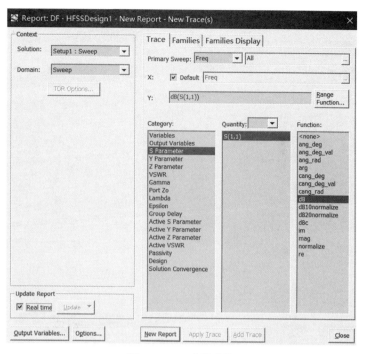

图 8-136　S 参数查询

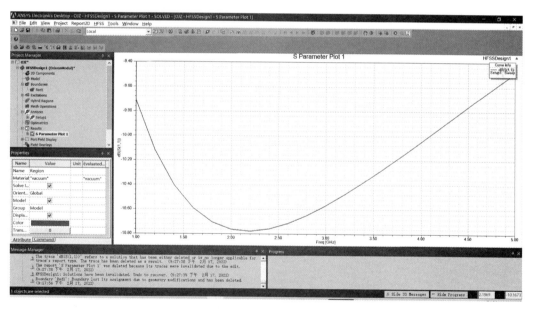

图 8-137　S 参数图表

　　设置 Phi 值从 0 度到 360 度,Theta 值从 0 度到 180 度,步进值为 1 度,设置完毕后单击确定按钮,如图 8-139 所示。

　　右击 Results,鼠标移动到 Create Far Fields Report,选择 3D Polar Plot 进入以下界面,单击 Solution 栏的倒三角形,选择 Sweep,在 Category 栏选择 Gain,在 Quantity 栏选择 Gain Total,在 Function 栏选择 dB,如图 8-140 所示。

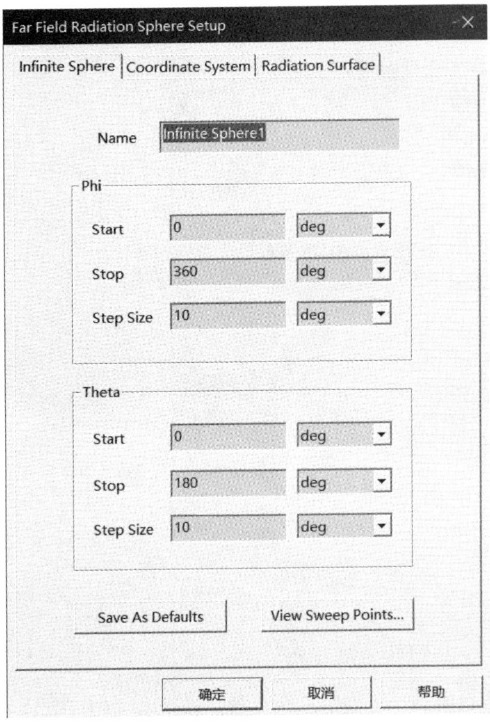

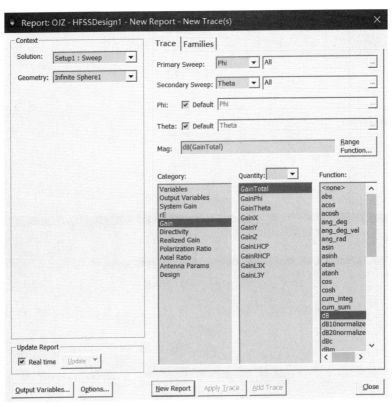

图 8-138　Infinite Sphere 设置

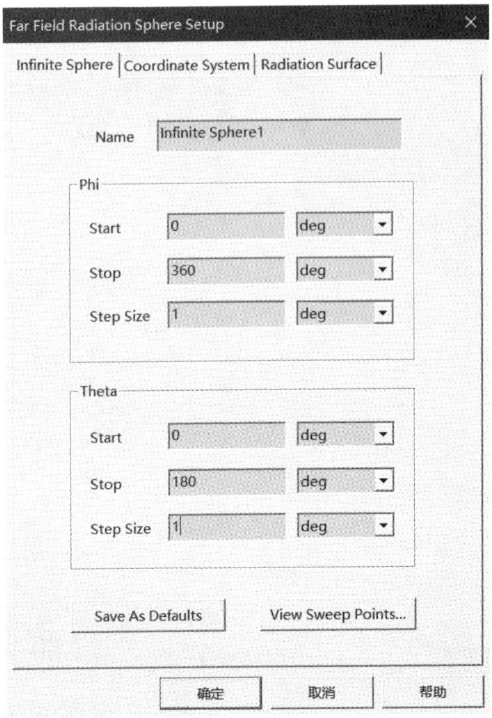

图 8-139　设置角度

图 8-140　Trace 设置

单击 Families，然后单击 Freq 对应的 Edit 栏，选择需要的频率后，单击 New Report 按钮，如图 8-141 所示。

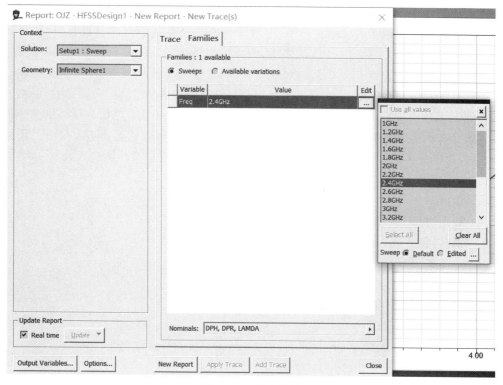

图 8-141 频点设置

3D 增益曲线图结果将会自动出现，如图 8-142 所示。单击 Result 中的 Gain Plot1 进行查看也可以得到如图 8-142 所示的结果。

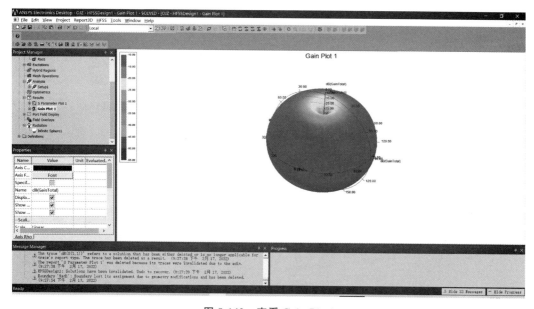

图 8-142 查看 Gain Plot1

8.3.3　倒 F 天线设计实例

倒 F 天线(Inverted-F Antenna,IFA),由于整个天线的形状像个倒写的英文字母 F,故得名。倒 F 天线由单极子天线演化而来,单极子天线的高度为四分之一波长,但是不适合现在消费类产品,因此需要减小天线的高度,便于适应更加紧凑的结构设计,于是便将单极子折倒形成倒 L 天线。倒 L 天线剖面较低,也有比较好的全向辐射特性,但由于将振子折倒从而形成了对地电容分量,其输入阻抗呈现低阻值高阻抗的特性,难以进行阻抗匹配。为了平衡倒 L 天线由于振子折倒而形成的对地容抗分量,在振子弯折处加载短路结构。该短路结构所具有的感性分量补偿振子弯折所形成的对地容性分量,从而在不改变天线谐振频率的同时,达到变换阻抗的目的。本实例将在电磁场仿真软件中设计倒 F 天线。

1. 实验目的

(1) 掌握倒 F 天线仿真工具设计方法;

(2) 利用仿真工具设计倒 F 天线。

2. 实验内容

(1) 建立平面倒 F 天线参数化模型;

(2) 根据设计指标优化天线结构;

(3) 扩展:更改端口仿真馈电类型。

3. 实验步骤

在 HFSS 中按倒 F 天线结构示意图(见图 8-143),对天线参数化建模。

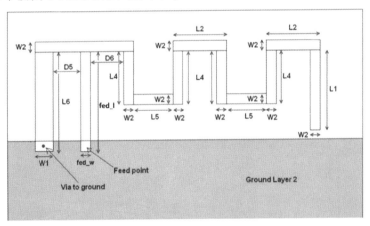

图 8-143　倒 F 天线示意图

表 8-4 为天线参数化建模所用参数参考值。

表 8-4　天线参数

序　号	变　量　名	初　始　值	序　号	变　量　名	初　始　值
1	L1	3.00mm	6	fed_w	0.30mm
2	L2	2.70mm	7	fed_x	3.00mm
3	L4	2.64mm	8	fed_y	4.50mm
4	L5	2.00mm	9	fed_l	3.90mm
5	L6	3.90mm	10	Subz	1.60mm

续表

序　号	变 量 名	初　始　值	序　号	变　量　名	初　始　值
11	W1	1.10mm	16	gnd_x	25.0mm
12	W2	0.40mm	17	gnd_y	5.0mm
13	D4	0.50mm	18	y_via	0.20mm
14	D5	0.30mm	19	r_via	0.20mm
15	D6	1.10mm			

本实例利用 ANSYS Electronics 设计一个倒 F 天线,此天线的谐振频率在 2.45GHz。本实例介绍如何在 ANSYS Electronics 中实现倒 F 天线模型建立,包括对该天线的端口和边界的设置,以及生成反射系数(S_{11})和增益曲线的仿真结果。

1) 建立新的工程

(1) 打开软件进入菜单栏界面,如图 8-144 所示。

图 8-144　菜单栏界面

(2) 单击菜单栏第一个图标进入 HFSS 软件工作界面,如图 8-145 所示。

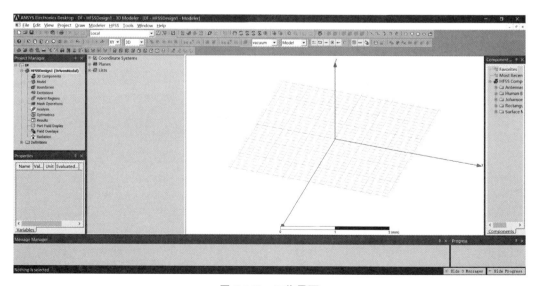

图 8-145　工作界面

（3）单击 HFSS 选择 Solution Type 进入设置菜单，如图 8-146 所示。
选择 Modal（模式驱动）；单击 OK 按钮。

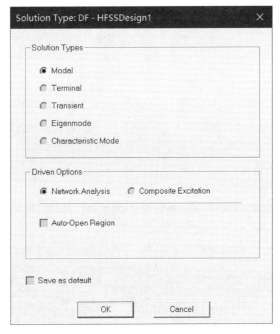

图 8-146　菜单设置

2）创建模型

（1）在菜单栏中单击 Draw→Box 或者在工具栏直接单击长方体图标。

（2）确定长方体的有关参数并进行如下设置。

Position 栏：输入（0，0，0），如图 8-147 所示。

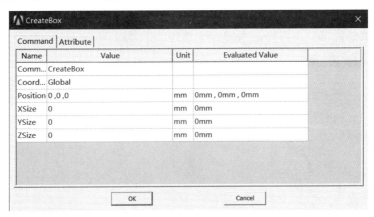

图 8-147　长方体设置

Xsize 栏：输入 SubX，赋值为 25，如图 8-148 所示。

Ysize 栏：输入 SubY，赋值为 10。

Zsize 栏：输入 SubZ，赋值 1.6；设置完成，如图 8-149 所示。

（3）单击 Attribute，对长方体进行名称、材料、透明度等属性进行编辑。

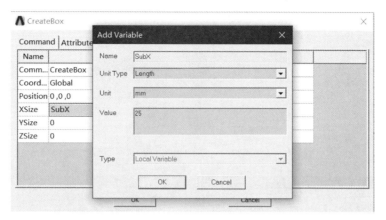

图 8-148　长方体长度设置

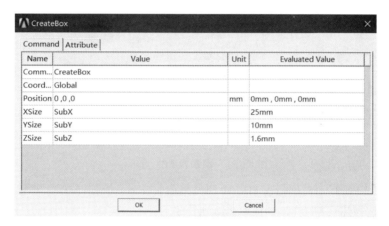

图 8-149　长方体宽度和高度设置

　　单击 Name,输入长方体模型名称为 Sub。选择材料时,单击倒三角箭头,再单击 Edit,如图 8-150 所示,在弹出的界面中的搜索栏输入 FR4_epoxy,单击 Search 按钮,选择所要的材料单击确定按钮,如图 8-151 所示。

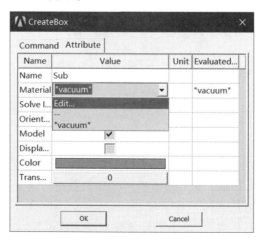

图 8-150　长方体材料设置

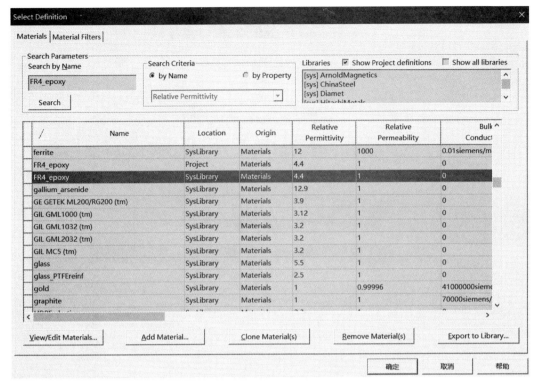

图 8-151　设置为 FR4_epoxy

（4）利用快捷键 Ctrl+D 把窗口界面调整到合适大小，按住 Alt 键并按下鼠标左键，移动鼠标可以调整物体观察方向，如图 8-152 所示。

图 8-152　查看长方体图形

（5）在菜单栏中单击 Draw→Rectangle 或者在工具栏中单击矩形图标，在介质上表面建立倒 F 天线。像创建长方体一样对矩形的坐标和参数进行设置，设置如图 8-153 所示。

（6）单击 Attribute 对长方体进行名称、材料、颜色、透明度等属性进行编辑，为避免颜色重复，单击 Color 选择其他颜色，单击 OK 按钮即可完成设置，如图 8-154 所示。

其他矩形和上述一样，这里给出参考，如图 8-155 所示。

CreateRectangle

Command | Attribute

Name	Value	Unit	Evaluated Value
Comm...	CreateRectangle		
Coord...	Global		
Position	fed_x-D5-W1 ,fed_y+fed_l ,Subz		0.5mm , 8.8mm , 1.6mm
Axis	Z		
Width	W1		1.1mm
Length	-L6		-3.9mm

OK Cancel

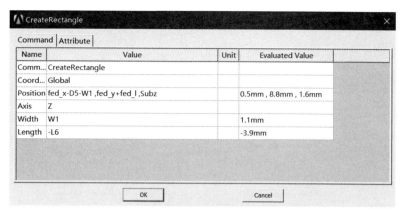

图 8-153 新矩形创建

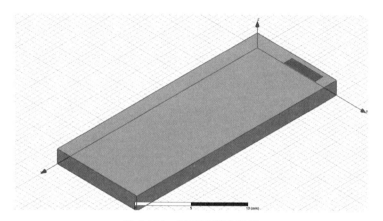

图 8-154 新矩形颜色设置

Name	Value	Unit	Evaluated Value	Description
Command	CreateRectangle			
Coordina...	Global			
Position	fed_x-D5-W1 ,fed_y+fed_l ,Subz		0.5mm , 8.8mm , 1.6mm	
Axis	Z			
XSize	W1+D5+fed_w+D6+W2		4.2mm	
YSize	W2		0.4mm	

Name	Value	Unit	Evaluated Value	Description
Command	CreateRectangle			
Coordina...	Global			
Position	fed_x ,fed_y ,Subz		3mm , 4.9mm , 1.6mm	
Axis	Z			
XSize	fed_w		0.3mm	
YSize	fed_l		3.9mm	

Name	Value	Unit	Evaluated Value	Description
Command	CreateRectangle			
Coordina...	Global			
Position	fed_x+fed_w+D6 ,fed_y+fed_l ,Subz		4.3mm , 8.8mm , 1.6mm	
Axis	Z			
XSize	W2		0.4mm	
YSize	-L4		-2.2mm	

图 8-155 各矩形参数设置

Name	Value	Unit	Evaluated Value	Description
Command	CreateRectangle			
Coordina...	Global			
Position	fed_x+fed_w+D6+W2 ,fed_y+fed...		4.7mm , 6.6mm , 1.6mm	
Axis	Z			
XSize	L5		2mm	
YSize	W2		0.4mm	

Name	Value	Unit	Evaluated Value	Description
Command	CreateRectangle			
Coordina...	Global			
Position	fed_x+fed_w+D6+W2+L5 ,fed_y...		6.7mm , 6.6mm , 1.6mm	
Axis	Z			
XSize	W2		0.4mm	
YSize	L4		2.2mm	

Name	Value	Unit	Evaluated Value	Description
Command	CreateRectangle			
Coordina...	Global			
Position	fed_x+fed_w+D6+W2+L5 ,fed_y...		6.7mm , 8.8mm , 1.6mm	
Axis	Z			
XSize	L2		2.5mm	
YSize	W2		0.4mm	

Name	Value	Unit	Evaluated Value	Description
Command	CreateRectangle			
Coordina...	Global			
Position	fed_x+fed_w+D6+W2+L5+L2-W...		8.8mm , 8.8mm , 1.6mm	
Axis	Z			
XSize	W2		0.4mm	
YSize	-L4		-2.2mm	

Name	Value	Unit	Evaluated Value	Description
Command	CreateRectangle			
Coordina...	Global			
Position	fed_x+fed_w+D6+W2+L5+L2 ,fe...		9.2mm , 6.6mm , 1.6mm	
Axis	Z			
XSize	L5		2mm	
YSize	W2		0.4mm	

Name	Value	Unit	Evaluated Value	Description
Command	CreateRectangle			
Coordina...	Global			
Position	fed_x+fed_w+D6+W2+L5+L2+L...		11.2mm , 6.6mm , 1.6mm	
Axis	Z			
XSize	W2		0.4mm	
YSize	L4		2.2mm	

Name	Value	Unit	Evaluated Value	Description
Command	CreateRectangle			
Coordina...	Global			
Position	fed_x+fed_w+D6+W2+L5+L2+L...		11.2mm , 8.8mm , 1.6mm	
Axis	Z			
XSize	L2		2.5mm	
YSize	W2		0.4mm	

Name	Value	Unit	Evaluated Value	Description
Command	CreateRectangle			
Coordina...	Global			
Position	fed_x+fed_w+D6+W2+L5+L2+L...		13.7mm , 8.8mm , 1.6mm	
Axis	Z			
XSize	-W2		-0.4mm	
YSize	-L1		-2.8mm	

图 8-155 （续）

按照上面设置建模完成后，如图 8-156 所示。

建立好倒 F 天线后，在中间 Model 栏按住 Ctrl 键，依次单击创建的矩形，如图 8-157 所示。

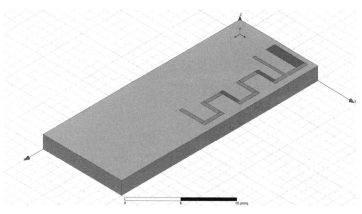

图 8-156　最终图形

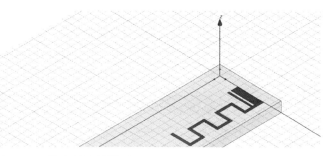

图 8-157　选中创建的图形

将所有创建的矩形选中后,选择菜单栏中 Modeler 底下的 Boolean,并选择 Unit 操作,如图 8-158 所示,所选中的矩形将会合并成一个整体。

图 8-158　合并图形

合并后,如图 8-159 所示。

(7) 在菜单栏中单击 Draw→Rectangle 或者在工具栏中单击矩形图标,在介质下表面的地平面建立矩形,如图 8-160 和图 8-161 所示。

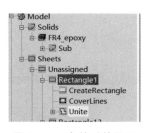

图 8-159　合并后的图形

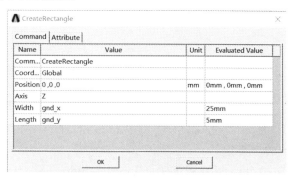

图 8-160　创建地平面参数

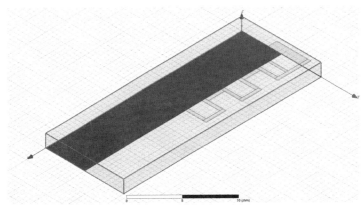

图 8-161   地平面图形

（8）接下来对建立模型中的天线和地平面进行材料设置。

按住 Ctrl 键依次单击天线和地平面。右击出现菜单栏，鼠标移至 Assign Boundary，选择 Finite Conductivity Boundary，进入 Finite Conductivity Boundary 界面，如图 8-162 所示。

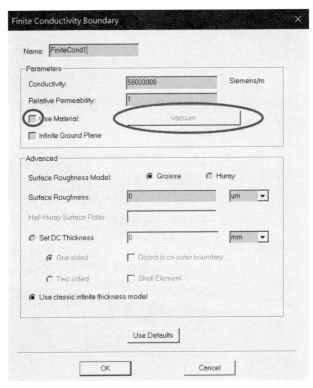

图 8-162   **Finite Conductivity Boundary** 界面

选中 Use Material，单击 vacuum 按钮，在介质中搜索材料铜（copper），单击确定按钮，如图 8-163 所示。

设置结束后，系统返回进入 Finite Conductivity Boundary 界面，单击 OK 按钮完成材料设置。

Name	Location	Origin	Relative Permittivity	Relative Permeability	Bulk Conduct
cast_iron	SysLibrary	Materials	1	60	1500000siemer
chromium	SysLibrary	Materials	1	1	7600000siemer
cobalt	SysLibrary	Materials	1	250	10000000sieme
copper	SysLibrary	Materials	1	0.999991	58000000sieme
corning_glass	SysLibrary	Materials	5.75	1	0
cyanate_ester	SysLibrary	Materials	3.8	1	0
diamond	SysLibrary	Materials	16.5	1	0
diamond_hi_pres	SysLibrary	Materials	5.7	1	0
diamond_pl_cvd	SysLibrary	Materials	3.5	1	0
Dupont Type 100 HN Film (tm)	SysLibrary	Materials	3.5	1	0
Duroid (tm)	SysLibrary	Materials	2.2	1	0
epoxy_Kevlar_xy	SysLibrary	Materials	3.6	1	0
ferrite	SysLibrary	Materials	12	1000	0.01siemens/m

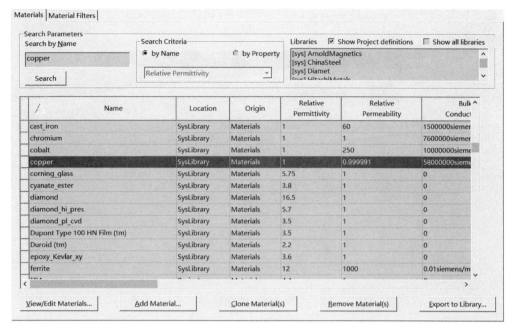

图 8-163　材料设置

（9）接下来建立激励端口，首先修改模型建立面，即把图 8-164 中 XY 选择为 XZ。

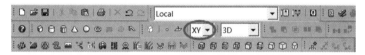

图 8-164　平面坐标系设置

根据之前设定的参数来确定端口位置，如图 8-165 和图 8-166 所示。

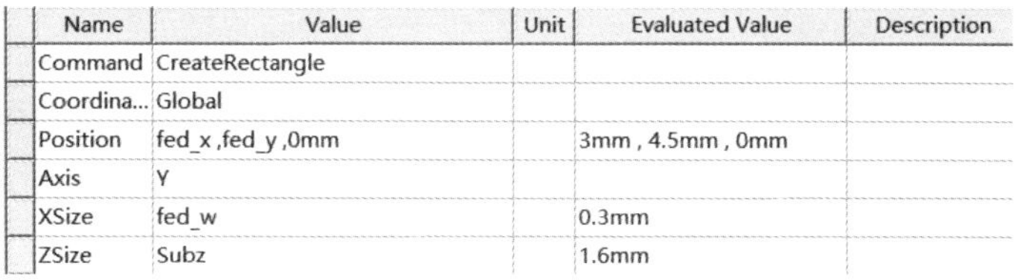

Name	Value	Unit	Evaluated Value	Description
Command	CreateRectangle			
Coordina...	Global			
Position	fed_x ,fed_y ,0mm		3mm , 4.5mm , 0mm	
Axis	Y			
XSize	fed_w		0.3mm	
ZSize	Subz		1.6mm	

图 8-165　端口位置设置

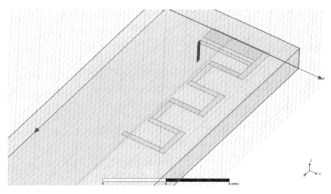

图 8-166　端口图形

选中设置的矩形 Port，右击 Assign Excitation，选择 Lumped Port 完成端口设置，如图 8-167 所示。

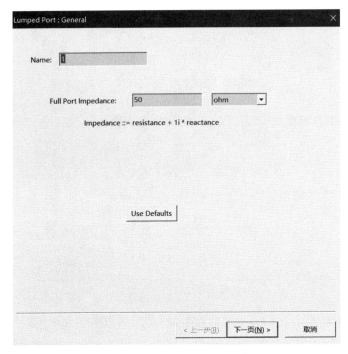

图 8-167　Lumped Port 设置

单击下一页按钮，进入下一界面后，再单击 ▾ 后选择 New Line，如图 8-168 所示。

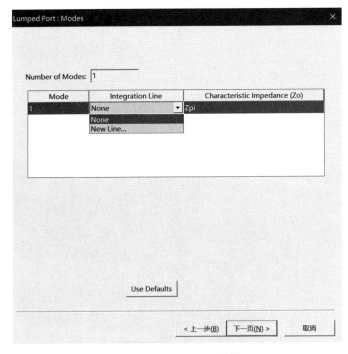

图 8-168　Port Line 设置

进入终端线的绘画界面。如果矩形 Port 太小可以利用鼠标滚轴进行放大,如图 8-169
所示。

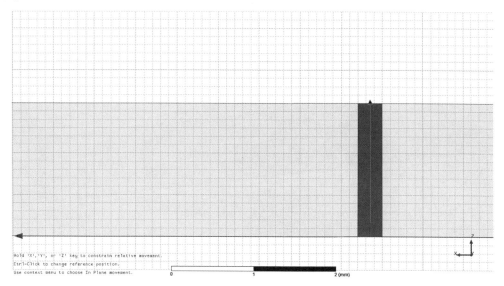

图 8-169　滚轮放大图形

将鼠标移到矩形 Port 下边界,鼠标移至中点鼠标变为 ▲,单击终端线确定起点;再将
鼠标上移到矩形 Port 上边界中点,再次单击即完成设置。弹出以下界面,单击下一页按钮,
如图 8-170 所示。

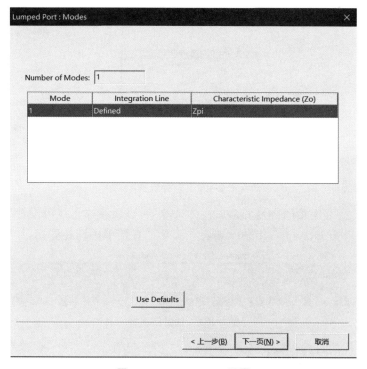

图 8-170　Port modes 设置

进入下一界面,查看阻抗是否为 50,检查无误后单击完成按钮,如图 8-171 所示。

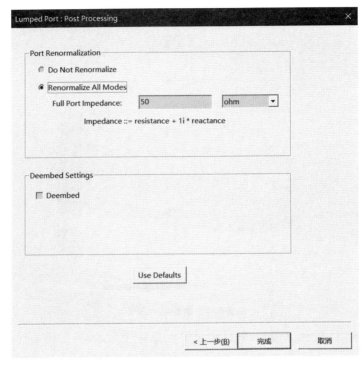

图 8-171　Port 阻抗设置

设置完成后,在左侧的管理栏中的 Excitations 可以查看设置的激励 1,如图 8-172 所示。

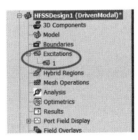

图 8-172　查看激励 1

(10) 通孔模型可用相同直径的金属柱体来等效,金属柱体半径可设置为 0.2mm。

在菜单栏中单击 Draw→Cylinder 或者在工具栏直接单击圆柱图标,如图 8-173 所示。

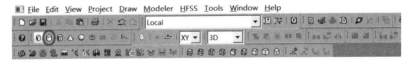

图 8-173　创建新圆柱

确定通孔圆柱的有关参数并进行如图 8-174 所示设置。

单击 Attribute 对长方体进行名称、材料、颜色、透明度等属性进行编辑。单击 Name 输入模型的名称。在选择材料时单击倒三角箭头,再单击 Edit 后,在弹出界面中的搜索栏输

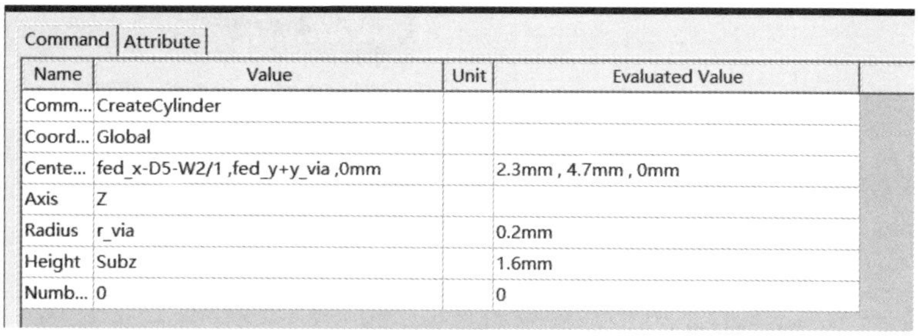

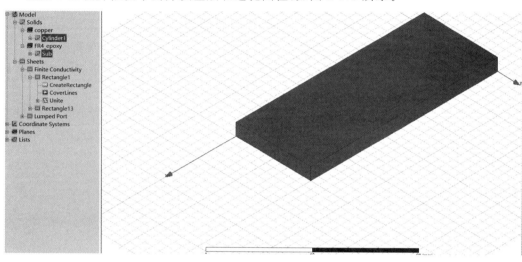

图 8-174　新圆柱参数

入 copper,单击 Search 后选择搜索的材料并单击确定按钮。

按住 Ctrl 键并依次单击介质基层和通孔圆柱,如图 8-175 所示。

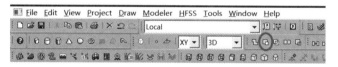

图 8-175　选择介质基层和圆柱

出现图 8-175 所示情况后,单击菜单栏中 Modeler,选择 Boolean 后单击 Subtract,2 个模型将会分离,如图 8-176 所示。

图 8-176　分离模型

出现以下界面,勾选 Clone tool objects before operation 前矩形框,单击 OK 按钮,如图 8-177 所示。

3)设置模型辐射空间

在菜单栏中选择图标或者单击菜单栏中 Draw,单击选择 Region,建立辐射空间,如图 8-178 所示。

进入 Region 设置界面后,把 Percentage Offset 改为 Absolute Offset,Value 值设置为二分之一个波长,如图 8-179 所示。

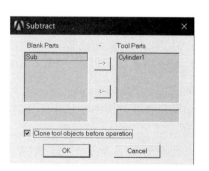

图 8-177　选择分离模型

图 8-178　建立辐射空间

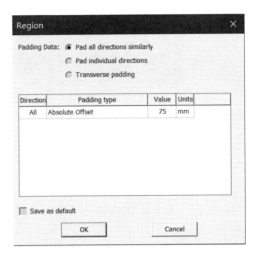

图 8-179　Region 设置界面

单击选中设置的 Region 后,再将鼠标移动到 Assign Boundary,单击 Radiation。出现以下界面直接单击 OK 按钮,如图 8-180 所示。

设置完成后,单击左侧的管理栏中 Boundaries 的加号,然后会出现设置的辐射边界 Rad1,如图 8-181 所示。

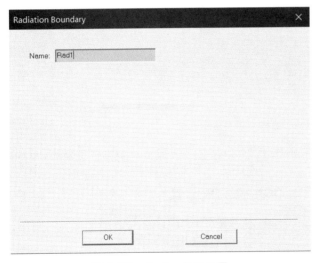

图 8-180　Region 名称设置

图 8-181　Region 设置界面

4)设置模型扫描分析求解

(1) Analysis 的设置。

在左侧的管理栏中右击 Analysis,单击 Add Solution Setup 进入设置界面,如图 8-182 所示。

设置求解分析中心频率 2.4GHz,扫描次数为 20,单击确定按钮,设置完成后,如图 8-183 所示。

在左侧的管理栏中打开 Analysis 的加号,右击 Setup1,然后选择 Add Frequency Sweep,如图 8-184 所示。

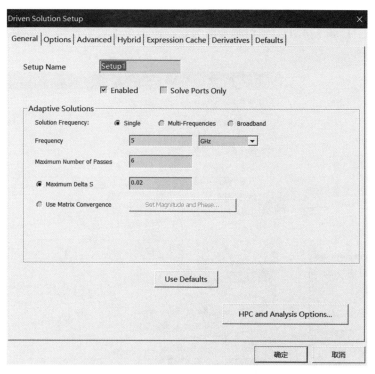

图 8-182　Solution Setup 设置界面

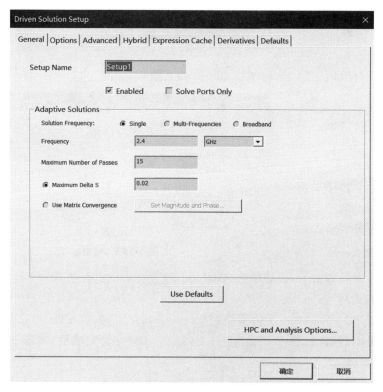

图 8-183　设置频率范围和扫描次数

在分析设置界面的 Sweep Type 中选择 Fast，将 Distribution 设置为 Linear Step。把频率范围修改为 2GHz 到 2.8GHz，扫描步进值为 0.1GHz，单击确定按钮。设置完成，如图 8-185 所示。

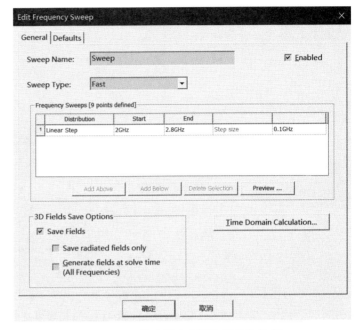

图 8-184　查看 Setup1　　　　　　图 8-185　修改频率范围和扫描步进值

（2）在左侧的管理栏中，打开 Analysis 的加号后，再打开 Setup1 的加号，如图 8-186 所示。

最后用软件菜单栏中的 Validation Check 检查模型，如图 8-187 所示。

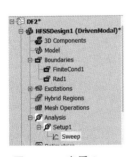

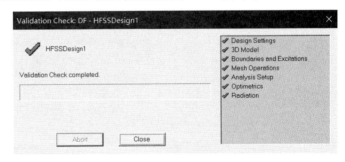

图 8-186　查看 Sweep　　　　　　　图 8-187　检查模型

确认没有错误后右击 Sweep，单击 Analysis，软件将自动进行仿真。

5）S 参数查询

右击管理栏中的 Results，鼠标移动到 Create Model Solution Date，选择 Rectangular Plot 进入以下界面，单击选择 S Parameter、S(1,1)、dB，设置完成后，单击 New Report 按钮，如图 8-188 所示。

S 参数结果如图 8-189 所示，可以通过单击 Result 中的 S Parameter 进行查看。

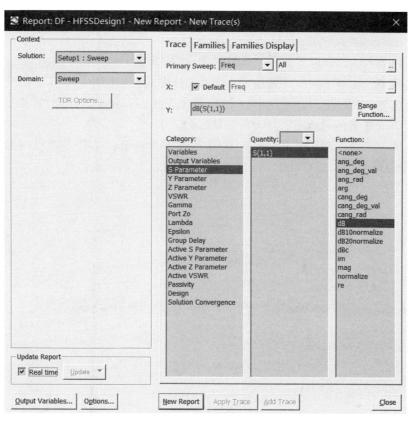

图 8-188　S 参数查询

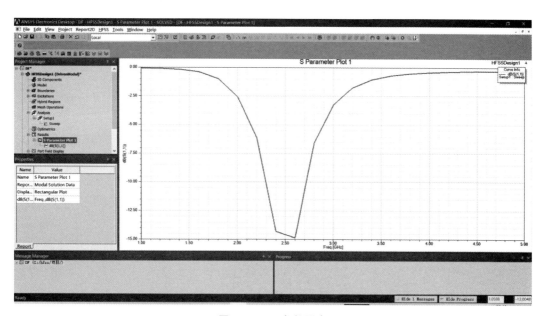

图 8-189　S 参数图表

习题

1. 仿照微带天线案例的参数进行参数优化,扩宽 S_{11} 的频带宽度。

2. 将案例中对称阵子天线的其他频点增益、3D 方向图导出并观察其变化。

3. 通过调整对称阵子天线案例中的参数,将该天线中心频率设计为 3GHz。

4. 将倒 F 天线案例的增益、3D 方向图导出。

5. 调整倒 F 天线案例的参数,使 S_{11} 的中心频率为自己的学号后两位(例如学号后两位为 06,则中心频率为 2.06GHz)。

第 9 章

天 线 测 量

天线系统的特性可以从多方面评价,比如:电路特性(如输入阻抗、匹配程度、效率等),辐射特性(如方向图、增益、极化、相位等),机械特性(如天线结构、体积、重量、抗风能力等)。天线测量的任务就是用实验方法测定和检验天线各方面的特性参数,用来验证理论设计、检查新安装的天线是否符合要求、监测长时间使用的天线性能,除此之外,天线测量本身也是研究天线的重要手段之一。

9.1　概述

根据互易原理,天线(含非线性元件的有源天线除外)用作发射时的参数和用作接收时的参数是相同的,因此对某一面天线的测试在发射或接收状态下均可进行测量,具体状态的选择视天线本身和测试设备以及场地条件等情况而定。需要注意的是,如果天线和非线性元件结合成一体,则互易原理就不能应用,这时必须在与其工作状态一致的情况下进行测试。

天线测试结果的可靠性不仅与仪器精度、测试者的技术水平有关,还和场地条件以及测量方法的正确性有关。天线测量应在无外界干扰的条件下完成,测量场地可分为室内和室外两种。在室内测量时要避免地面和墙壁反射电磁波引起的干扰,室内的所有墙壁和天花板、地面上均需铺设微波吸波材料,使其形成一个"微波暗室"。由于室内场地尺寸有限,可用缩尺模型技术和近场测量技术进行天线测量。缩尺模型技术是指在满足一定条件下,将真实天线按一定的缩尺比例缩小成便于测试的模型天线,通过对模型天线的测试可得到真实天线的参数。近场测试技术是利用天线近区辐射与远区辐射的内在联系,在天线的近场测量,将天线的近场数据处理后获得远场数据。

随着天线测试技术的不断发展,针对用户对不同天线的测试需求,出现了多种测试方法。从测试距离来分类,可以分为近场测试和远场测试。在天线辐射近场区进行测试称为近场测试,在天线辐射远场区进行测试称为远场测试。工程上判定远场距离一般以被测天线的孔径中心与边缘到测试点的行程差小于十六分之一波长(等效相位差 22.5°)为准,通用计算公式为 $\dfrac{2D^2}{\lambda}$,其中 D 为天线孔径,λ 为波长。从测试场地来分类,又分为室内场和室外场。图 9-1 为天线测试方法分类。

天线近场测量是用一个特性已知的探头,在距离天线 $3\lambda \sim 5\lambda$ 的区域内某一个表面进行扫描,获取天线辐射近场的幅度和相位信息。根据采样扫描的形状可分为:平面采样、柱

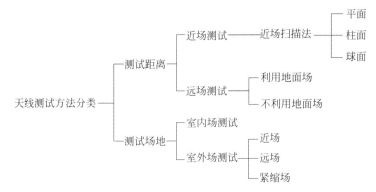

图 9-1　天线测试方法分类

面采样以及球面采样,如图 9-2 所示。

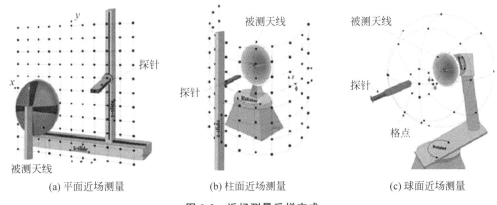

(a) 平面近场测量　　　　　(b) 柱面近场测量　　　　　(c) 球面近场测量

图 9-2　近场测量采样方式

远场测量法包括室外远场、室内远场和紧缩场,如图 9-3 所示。

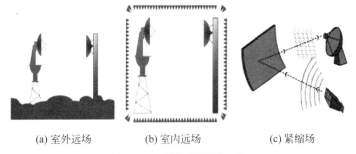

(a) 室外远场　　　　　(b) 室内远场　　　　　(c) 紧缩场

图 9-3　三种远场测量方案

室外远场为避免受到地面反射波的影响,通常把收发天线架设在水泥塔、相邻高大建筑物或山顶上。此时待测天线在方位或俯仰面上旋转采集数据,可以得到天线的方向图信息,并且能直接测量得到天线的远场特性。由于满足了经典远场条件,保证了测量精度,测量结果对于天线相位中心的位置变化不太敏感,因而旋转待测天线并不会导致明显的测量误差,待测天线和源天线之间的耦合和多次反射可以忽略。容易受到外界干扰和保密性差是室外远场测量的主要缺点。

相对于室外远场,室内远场具有可全天候测量、保密性强、抗电磁干扰等众多优势,但受制于室内空间和建设成本,通常在室内远场进行测量的天线口径都较小。

紧缩场测量是指在有限的测量距离上,通过反射面、透镜或其他工具,将源天线发射出的球面波转换为准平面波(幅度抖动满足±1.0dB,相位抖动满足±10°)照射到待测天线上进行测量的系统。系统中准平面波照射的区域被称作"静区"。紧缩场具有能在室内测量的优点,可在较小的场地内得到准平面波,测量结果具有实时和高速的特点,但是紧缩场暗室造价高,技术难度大,对反射面的机械加工精度要求极高。

无论是远场测试还是近场测试,每种测试方法都有自己的优缺点。由表 9-1 中信息对比可知,在测试速度方面,直接获取切面方向图(主平面方向图)远场测试更具优势,但对于低副瓣天线、大口径天线和相控阵天线来讲,近场测试更具优势。总体来讲,目前应用最多的还是室内外远场测试法与平面近场测试法。

表 9-1 天线测试方法对比

	平面近场	柱面近场	球面近场	室外远场	室内远场	紧缩场
高增益天线	极适用	适用	适用	可测	可测	极适用
低增益天线	不适用	适用	适用	可测	适用	极适用
高频天线	极适用	极适用	极适用	适用	不适用	极适用
低频天线	不适用	不适用	适用	适用	可测	不适用
低副瓣	极适用	极适用	极适用	条件	不适用	适用
轴比	极适用	极适用	极适用	适用	不适用	适用
建设成本	低	中	中	高	中	极高
测试速度	中	中	慢	快	快	快
天线阵测试	容易	一般	难	一般	一般	难
限制因素	天线大小	天线大小	天线大小	天气状况	场地大小	天线大小
	测试频率	测试频率	测试频率	场地大小	—	测试频率

9.2 天线测量场地

9.2.1 自由空间测试场

电磁波通常是由多路径传播到达接收点的,接收天线除接收到直射波外还接收到场地周围物体和地面的反射波、散射波与绕射波,这些波在接收点互相干涉从而导致信号隔离度恶化、平面波弯曲以及极化畸变等问题,因此天线测试场地应尽量减少会引起反射的物体。然而场地的地面反射总是存在的,这就需要采取必要的措施减少或消除地面反射的影响,具体措施有如下两种。

1. 等高场法

等高场法是将发射天线和被测天线架高到同一高度的高架测试场,由于发射天线通常波束很宽,同样存在严重的地面反射影响的问题。如图 9-4 所示,将辅助天线和待测天线架设至同一高度,用强方向性天线作辅助天线,并让其方向图的第一个零值点对准地面反射点,则可使地

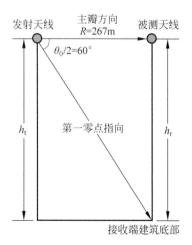

图 9-4 等高场法

面反射大大减小。收、发天线可架在两个高塔上,也可以架在两幢高建筑物上或两座相对的小山头上。

设 θ_0 为辅助天线垂直方向图主瓣张角,则主瓣最大辐射方向与对准地面反射点射线(方向图第一个零值点方向)之间的夹角应为 $\theta_0/2$,由图 9-4 可得到天线的最低架设高度为

$$h = \frac{R}{2}\mathrm{tg}\frac{\theta_0}{2} \tag{9-1}$$

若仅架高接收天线,此时高架天线测试场为了避免地面反射波,把收发天线架设在水泥塔上或相邻高大建筑物的顶部,并采用以下措施。

(1)采用锐方向性辅助源天线,使其垂直平面方向图的第一个零值点方向指向待测天线高架塔的底部。

(2)在收发天线之间的地面反射区,横向设置扰射栏,通常是一个金属反射屏,其作用是使未设栏时测试场地面向待测天线反射的那部分能量改变方向避开待测天线。

2. 倾斜天线测试场

顾名思义,倾斜天线测试场就是收发天线架设高度悬殊的天线测试场。天线测试场的一端建有固定高度为近百米的天线测试塔,在不同的高度上可架设尺寸稍小的微波天线。测试场的另一端地面上可架设尺寸较大的天线(通常是待测天线)。选择收发天线的距离以及辅助源天线的架设高度,使待测天线第一个零辐射方向对准地面反射点或使地面反射波不能经待测天线主波瓣进入天馈系统。

斜距场法是被测天线高架的斜距场,可通过将被测天线高架到足够高度,使发射天线垂直面方向图的第一个零点指向地面反射点来降低地面反射的影响,如图 9-5 所示,图中 h_t 为发射天线架设的高度,h_r 为被测天线架设的高度。若选用波束宽度为 $60°$ 的发射天线,则第一零点指向与主瓣方向的夹角约为 $60°$,要满足测试距离 $267\mathrm{m}$ 的条件,被测天线至少需要高架到 $h_r = R \times \sin 30° = 133.5\mathrm{m}$ 的高度。

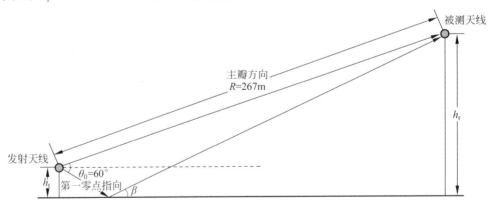

图 9-5　斜距场法

9.2.2　微波屏蔽室

屏蔽室的作用一方面是对外来电磁干扰加以屏蔽,从而保证室内电磁环境电平满足要求;另一方面是对内部发射源(如天线等)进行屏蔽,不对外界形成干扰。电磁兼容性标准规定,许多试验项目必须在屏蔽室内进行。屏蔽室为一个由金属材料制成的六面体,工作频

率范围一般定为 14kHz～18GHz,个别实验室要求频率上限可能更高。预留待测空间依具体情况而定,如 2.0m×1.5m×1.5m。屏蔽效能要求归一化场地衰减指标在规定频段内,在 1.5～2.0m 的垂直范围内(离地 0.8～4.0m)场地衰减偏差不超过 4dB。

屏蔽室的构造按材料分可分为铜网式、钢板或镀锌钢板式、电解铜箔式、铜板式和钢丝网架夹心板式;按结构分可分为单层、双层铜网式,单、双层钢板式,多层复合金属板式和单双层钢丝网夹心板式;按安装形式分可分为固定焊接式和拼装式。

影响屏蔽室性能的主要因素有:屏蔽门,屏蔽材料,电源滤波器,通风波导,拼装及焊接接缝,接地等。从屏蔽效能来看,固定焊接钢板式最好,拼装钢板式次之,焊接铜板式、拼装钢丝网夹心板式再次之,拼装铜网式最差。其中固定焊接钢板式、拼装钢板式均满足军标的要求,在 10～20kHz 频率范围内屏蔽效能可达到 110～120dB,屏蔽效能可达 70～110dB。在使用屏蔽室进行电磁兼容性测量时,要注意屏蔽室的谐振及反射。表 9-2 为微波屏蔽室主要参数。

表 9-2　微波屏蔽室主要参数

屏 蔽 类 别	频 段 范 围	屏 蔽 效 能
磁场	14～100kHz	优于 80dB
	0.1～1MHz	优于 100dB
电场	30～1000MHz	优于 110dB
	1～10GHz	优于 100dB
	10～18GHz	优于 85dB
	18～20GHz	优于 85dB

电波暗室是针对一般屏蔽室各内壁面的反射会影响测试结果,从而在 6 个壁面上加装吸波材料(对于模拟开阔场地测试,地板上不加吸波材料)而形成的。吸波材料一般采用介质损耗型(如聚氨酯类的泡沫塑料),为了确保其阻燃特性,需经过碳胶溶液的渗透。吸波材料通常做成棱锥状、圆锥状及楔形状,以保证阻抗的连续渐变。为了保证室内场的均匀,吸收体的长度相对于暗室工作频率下限所对应的波长要足够长(1/4 波长效果较好),因此吸收体的体积制约了吸波材料的有效工作频率(一般在 200MHz 以上),减小了屏蔽室的有效空间,电波暗室的屏蔽效能要求与屏蔽室相同。

实现上述目的的最佳方法如图 9-6 所示,测试间放置被测设备、接收传感器及输出电缆等必要物品;测量仪器、测试人员在控制间;监测间放置被测设备的监视测量仪器,供被测方监视操作。为防止干扰通过屏蔽室墙壁的转接器进入测试间,必须采取一定的措施进行隔离,如电源采用滤波器接入测试间,信号通过同轴转接器或光纤馈通器穿过屏蔽室。

表 9-3 列出了不同天线测试场的类型、特性和优缺点。大多数测试场为自由空间测试场,它们具有对测试天线的直接照射很强、间接照射很弱的特点。考虑到远场测试场,其源天线远离测试天线。这可以通过将源天线和测试天线两者或者其中的一个高架来实现,从而给出高架测试场或倾斜测试场。导向的原

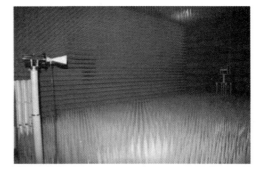

图 9-6　室内远场测量暗室

则是使源天线与测试天线之间的视线(直射)路径不被遮挡,并尽可能高于地面。倾斜测试场与高架测试场相同,除了源天线被高架外,测试天线可以方便地留在靠近地面的位置。当室内空间用于远场测试场时,房间墙壁必须填充吸波材料以减小反射。吸波材料常做成角锥形状以消除朝向测试天线的平表面反射。

表 9-3   天线测试场特性

测试场类型	描　　　述	优　　点	缺　　点
地面反射测试场	源天线和测试天线之间的地面是反射性的,增强与直射线干涉的非直射线	低测试塔 在低频(VHF)操作好	户外天气影响大
高架测试场	源天线和测试天线置于高塔、建筑	成本低	可能需要高塔 户外气候影响大
倾斜测试场	源天线或测试天线高置	成本低	可能需要高塔 户外气候影响大
暗室	房间衬有吸波材料以抑制反射	室内	吸波材料和大房间花费高
紧凑测试场	测试天线由大反射器的准直线近场照射	小空间	需要大反射器
近场测试场	采样测试天线的近场幅度和相位值,计算远场	非常小空间	需要准确的探头位置 需要准确的幅度和相位

微课视频

9.3 S 参数测量

阻抗是天线的重要参数之一,本节将给出测量天线阻抗特性的方法。天线的输入阻抗是指天线输入端电压与电流的比值,它与天线类型、电尺寸大小、材料性质、馈电位置及周围环境均有关系,天线输入阻抗的计算十分复杂,特别是结构复杂的天线或组合天线,往往不易得到精确的理论结果。因此,通过实验测定天线的输入阻抗具有重要的意义。测得天线输入阻抗后,便可根据输入阻抗设计合适的匹配装置以提高传输效率并降低损耗和噪声。

但通信系统中通常存在阻抗失配,因此馈电效率 q(阻抗失配因子)通常小于 1。在很多情况下,天线阻抗是未知的,由测得的电压驻波比替代天线的输入阻抗,而反射系数的模可从 VSWR 计算,因此沿传输线传输的功率部分的馈电效率 q 为

$$q = 1 - |\varGamma|^2 = 1 - \left| \frac{Z_0 - Z_L}{Z_0 + Z_L} \right|^2 = 1 - \left[\frac{\text{VSWR} - 1}{\text{VSWR} + 1} \right]^2 \tag{9-2}$$

当天线与传输线匹配时,VSWR$=1$ 和 $Z_L = Z_0$,得出 $q = 1$,表明没有失配损耗。对于完全失配馈电(VSWR 值过大),q 趋于零。

矢量网络分析仪(Vector Network Analyzers,VNA)是用来测量射频、微波和毫米波网络特性的仪器,它通过施加合适的激励源到被测网络并接收和处理响应信号,计算和量化被测网络的网络参数。矢量网络分析仪可以测量电网络完整的幅值特性和相位特性,包括:S 参数的幅值和相位、驻波比、插入损耗、衰减、群延迟、回波损耗、反射系数和增益压缩。矢量网络分析仪一般由扫频信号源、至少两个测试端口(含信号分离部件)、多通道、相位相干、高接收灵敏度的调谐接收机组成。矢量网络分析仪是一种高集成度的测量仪器,所需的外部

配置较少,主要是各种校准器,包括开路器、短路器、匹配负载、转接电缆以及连接被测件所需的转换装置。如图 9-7 所示,以 Ceyear 3672D 矢量网络分析仪为例,说明天线阻抗特性的测量步骤。

第一步,确保天线的工作频段在矢量网络分析仪的量程内。

第二步,在进行测量测试前要对网络分析仪进行校准。

校准可以消除实际测量中如测试环境影响、非标准线缆、测试夹具以及其他因素带来的误差。

校准的方法有两种,一种是手动校准,另一种是电子校准。手动校准通常使用矢量网络分析仪

图 9-7　Ceyear 3672D 矢量网络分析仪

提供的一套 CAL 套件,其中包含一个匹配负载(50Ω)、一个开路负载和一个短路负载。在矢量网络分析仪的菜单中找到校准按钮,按照提示运行校准程序,完成对传输线路的校准。电子校准配置简单、连接容易、校准方便,现在使用较为广泛的矢量网络分析仪一般都配备有电子校准件。使用电子校准件时,根据测试需求按校准程序提示连接校准件与矢量网络分析仪的端口,完成后执行程序可进行自动校准。

第三步,测量天线的 S 参数。

使用标准连接器将天线正确接入矢量网络分析仪,观察、记录、存储测试的 S 参数数据或进行在线调试。对于单端口的驻波天线而言,最重要的 S 参数为 S_{11},即 1 端口的反射系数。工程上,天线的谐振频点处的 S_{11} 必须要小于 -10dB。

如果天线没有实现阻抗匹配,那么在传输模式中,只会有部分能量传输给发射天线;而在接收模式中,接收天线也只能将部分接收的能量传输给接收机电路。因此,没有适当的阻抗匹配网络,天线将无法正常工作。

微课视频

9.4　阻抗测量

9.4.1　天线效率

天线的效率是衡量天线将高频电流或导波能量转换为电磁波能量的有效程度,是天线的一个重要性能参数。天线的辐射功率与输入功率之比称为天线的辐射效率。辐射效率可以通过测量天线辐射功率和输入功率来计算。

$$\eta_r = \frac{P_r}{P_{in}} = \frac{P_r}{P_r + P_l} \tag{9-3}$$

式中,P_r 为天线辐射出的功率,P_{in} 为馈入天线的功率,P_l 为天线损耗功率。为了提高天线的效率,应当尽可能提高天线的辐射电阻并降低损耗电阻。

9.4.2　天线输入阻抗

天线的输入阻抗定义如式(9-4)所示

$$Z_{in} = \frac{U}{I} = R_{in} + jX_{in} \tag{9-4}$$

式中，U 为在馈入点上的射频电压；I 为流入馈入点的射频电流。输入阻抗是决定天线与馈线匹配性能的一个参数。输入电阻 R_{in} 和输入电抗 X_{in} 分别对应输入功率的实部和虚部。

测量天线输入阻抗的常用方法有测量线法、扫频反射计法、扫频仪法等。

（1）测量线法。

用测量线测量传输线上的驻波分布，是测量天线输入阻抗的一种常用方法。其优点是精度较高，但每次测量只能给出一个频率上的结果，当要求在一个极宽频带内进行阻抗测量时，需要不断改变频率和调谐测量线，有时还需更换测量线的种类，显然这是极不方便的。

（2）扫频反射计法。

扫频反射计法用定向耦合器分离出入射波和反射波，再由比值计确定传输线上的反射系数。由于采用了扫频信号源，可以迅速获得频带内的响应曲线，但所用设备复杂，且频率范围受限于定向耦合器的工作频带。

（3）扫频仪法。

根据上述两种方法的原理，固定探针位置，连续改变信号源频率，便可由探针指示出该点的反射系数（振幅和相位），从而迅速测定在一个极宽频带内阻抗和驻波的频率特性。

微课视频

9.5 方向图测量

在距离待测天线足够远处（满足远场条件），以待测天线为圆心在同一距离上用测试天线接收信号（或向待测天线发射信号），即可测得待测天线的发射（或接收）方向图。但这种测试方式需要较大的场地，精度难以保证，在工程上很少用到。天线的辐射场在图 9-8 所示的球坐标系中可以表示为

$$E = A(r)f(\theta,\phi) \qquad (9-5)$$

式中，$A(r)$ 为幅度因子；$f(\theta,\phi)$ 为方向性因子，也称为方向性函数。在各种坐标系中，根据天线的方向性函数绘出表征天线方向特性的图，称为天线的方向图，如场强振幅方向图、功率方向图、相位方向图、极化方向图。

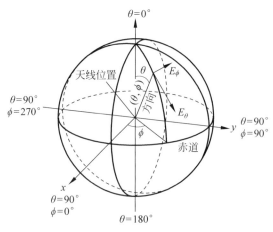

图 9-8　辐射方向图

微波暗室天线远场方向图测试系统的基本原理如图 9-9 所示。测量天线时,发射端源天线和接收端被测天线分别连接信号源和接收机,测试由计算机控制,发出指令使信号源通过源天线发射电磁波,转台转到指定角度,设置所需要测量的角度(一般设置成 360°,即转台转一周)范围,接收机对待测天线信号进行采集,然后进行处理,从而得到方向图、增益(需要测标准喇叭天线)等数据。

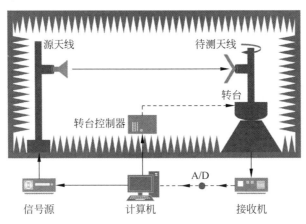

图 9-9　天线远场方向图测试系统原理

在测量之前,应该对收发功率进行估算。接收机的接收功率 P_r 由下式给出

$$P_r(\text{dB}) = 10\lg P_0 + 10\lg G_T + 10\lg G_r - 20\lg(4\pi R/\lambda) - N \tag{9-6}$$

式中,P_0 为发射天线的输入功率;G_T 为发射天线的增益;G_r 为待测天线的增益;R 为收发天线间的距离;λ 为工作波长;N 为待测天线的副瓣电平。

为了保证测量精度,一般应使最大接收功率电平大于接收机最高灵敏度 20dB。

按图 9-9 连接测量装置,对准收发天线的电轴,即找出接收的最大方向。测量天线的方向图时,将收发天线的最大辐射方向对准,同时缓慢地改变收发天线的方位角,使指示值最大,表示电轴已对好。由于对称振子方向图比较宽,可以根据天线方向图的对称性,采用相应的计算机软件来确定最大辐射方向,即在最大辐射方向两侧取相同指示值。以 θ 为 0°开始,然后每隔 5°或 10°记录相应的指示值,依次将天线旋转至 360°即可测出方向图数据,并按表 9-4 列出。

表 9-4　测量数据

天线旋转角度/(°)	0	5	10	15	20	25	30	...	355	360
指示器读数										

方向图的表示法:空间方向图是三维方向图,为了得到二维方向图,用经过最大方向的两个互相垂直的平面去切割三维方向图;绘制二维方向图时,一般取 E 面 H 面功率方向图。从 H 面和 E 面可以确定带宽、旁瓣电平、测试低波瓣电平和前后辐射比。

9.6　增益测量

天线的增益是表征天线特性的重要参数,也是天线的主要辐射特性参数之一。天线增益等于天线效率与方向性系数的乘积。各种天线都有一定的方向性,方向性函数或方向图

微课视频

仅描述天线的辐射场强在空间的相对分布,为了定量描述天线在某一特定方向上辐射能量的集中程度,需引入天线方向性系数这一参数。绝大多数天线都需要通过实际测试来确定其增益,天线增益的测量方法有比较法和绝对法。当输入功率相同时,天线在指定方向的辐射功率密度与理想点源辐射功率密度之比定义为天线的功率增益。增益的定义不含阻抗和极化失配产生的系统损能,对应于线极化或圆极化(左旋或右旋)的部分增益常用 dBi 或 dBic 来表示。

如何测量天线的增益在很大程度上取决于天线的工作频率。例如,对于工作频率在 0.1GHz 以上频段的天线,常用自由空间测试场地确定天线的增益;对于工作频率在 0.1GHz 以下的天线,常用地面反射测试场确定天线的增益。由于地面对天线的电性能有明显的影响,当关联尺寸很大时在原地测量天线的增益。对于工作频率低于 1 MHz 的天线,只需测量天线辐射地波的场强即可测得天线的增益。

天线增益的测量方法包括比较法、三天线法、方向图积分法、两相同天线法等,下面详细介绍比较法和三天线法。

9.6.1 比较法

比较法是测量天线增益最常用的方法,此方法要求必须具有已知增益的标准天线。标准增益天线应具有以下特性。

（1）天线的增益应当准确已知;

（2）天线的结构简单牢固;

（3）天线的极化特性符合测试要求。

应优先选用线极化标准增益天线,天线的极化纯度应尽可能高。在 UHF 以下频段,常用半波振子或半波折合振子作标准增益天线,它的增益为 2.15dB。微波频段的标准增益天线常用角锥喇叭天线,如图 9-10 所示。若使用圆极化天线作为测量天线,应至少准备两个极化旋向相反的标准增益圆极化天线。

图 9-10 标准增益喇叭天线

将被测天线的未知功率增益与标准增益天线的功率增益进行比较的测量方法称为增益传递测量,亦被称为增益比较测量。用比较法测量天线增益可在自由空间或地面反射测试场进行。

（1）线极化天线的测量。

理想情况下,被测天线被与其极化匹配的平面波所照射,并在匹配负载上测量接收功率。在条件相同的情况下,用标准增益天线替换被测天线,并再次测量进入其匹配负载的接收功率。由弗里斯传输公式(Friis Free Space Formula)可得出分贝表示的被测天线的功率增益 $(G_T)_{dB}$:

$$(G_T)_{dB} = (G_S)_{dB} + 10\lg\frac{P_T}{P_S} \tag{9-7}$$

式中,$(G_S)_{dB}$ 为标准增益天线的功率增益;P_T 为被测天线接收到的功率;P_S 为标准增益天线接收到的功率。

（2）圆极化与椭圆极化天线的测量。

对于圆极化被测天线这一特殊情况来说，可以设计定标正交圆极化天线。这种方法特别适用于流水线式的功率增益测量。

由于天线所辐射电磁波的总功率可分解为两个正交线极化分量，所以一般来说圆极化与椭圆极化被测天线是用线极化标准增益天线来测量的。也就是说，用两个正交线极化天线完成部分功率增益的测量，从而确定被测天线的总功率增益。例如，先用垂直极化的标准增益天线和源天线进行功率增益传递测量，然后用水平极化的标准增益天线和源天线重复这一测量。根据测得的部分功率增益，可按下式计算以分贝表示的总功率增益 $(G_T)_{dB}$：

$$(G_T)_{dB} = 10\lg(G_{TV} + G_{TH}) \tag{9-8}$$

式中，G_{TV} 为垂直极化情况的部分功率增益；G_{TH} 为水平极化情况的部分功率增益。

9.6.2　三天线法

设三个待测天线增益分别为 G_A、G_B、G_C。在三天线法中，要用三个天线的所有组合完成三组测量，如图 9-11 所示，其结果为如下所示的联立方程：

$$\begin{cases} (G_A)_{dB} + (G_B)_{dB} = 20\lg\left(\dfrac{4\pi R}{\lambda}\right) - 10\lg\left(\dfrac{P_0}{P_r}\right)_{AB} \\[2mm] (G_A)_{dB} + (G_C)_{dB} = 20\lg\left(\dfrac{4\pi R}{\lambda}\right) - 10\lg\left(\dfrac{P_0}{P_r}\right)_{AC} \\[2mm] (G_B)_{dB} + (G_C)_{dB} = 20\lg\left(\dfrac{4\pi R}{\lambda}\right) - 10\lg\left(\dfrac{P_0}{P_r}\right)_{BC} \end{cases} \tag{9-9}$$

由式（9-9）可确定三天线的增益。

图 9-11　三天线法测增益方框图

9.7　极化测量

天线的极化特性是用来描述天线在其辐射过程中，电磁波在最大辐射方向上电场强度矢量的空间取向。作为天线的固有参数之一，极化特性的测量对天线的使用有着重要意义。合适的极化形式可以大大降低天线间的干扰，提高天线的接收和发射效率。

接收天线和发射天线的极化必须一致，否则将影响接收效果。

定向功率或幅度波瓣图测量，通常是旋转置于转台上的待测天线而检测接收功率随角度的变化。待测天线所辐射的场可分解成两个正交的分量，总的功率也相应地分为两种波瓣图，即同极化波瓣图和交叉极化波瓣图。同极化波瓣图表示所希望的辐射，而交叉极化波瓣图表示"泄露"的辐射。

源天线的极化应该在同极化或交叉极化波瓣图测量中与相应的极化场匹配。例如，测量线极化待测天线时，两天线的极化矢量对同极化测量应该平行，而对交叉极化测量应该成

90°角。若待测天线具有低交叉极化电平,应十分仔细地调节该角度。

(1) 极化图法。

极化图法可确定待测天线的极化倾角和轴比,但不能直接确定旋向。偶极子天线或其他线极化待测天线在垂直入射波方向的平面内旋转时,接收电压与转角的关系曲线称为极化图。由于"哑铃型"极化图的长轴和短轴顶端与入射波的极化椭圆相切,因此可确定入射波的轴比与倾角,图 9-12 是极化图法的测试装置。

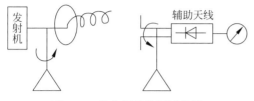

图 9-12 极化图法的测试装置

(2) 三天线绝对法。

若被测天线的极化方式是圆极化,采用 9.6 节中提到的三天线法来测量极化特性。其中一个线极化天线需要具有较大的轴比,然后选其作为圆极化被测天线极化校准的发射天线。为了减小由于反射和去极化信号产生的不确定性,以及为了平均旋转接头处振幅随旋转而发生变化,测试实验中会将被测天线以 10°为步进旋转至 360°,如图 9-13 所示。

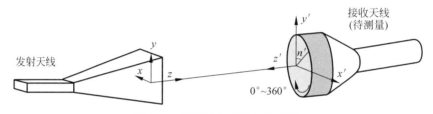

图 9-13 圆极化天线的极化测量

应用于线极化天线的大多数操作步骤都可以应用于圆极化天线。因此圆极化天线极化校准的主要步骤在下面进行概述。

第一步:使用三天线法对三个线极化天线进行校准;

第二步:从三个线极化天线中选择具有较好性能的一个作为发射天线;

第三步:决定测试回路的组件;

第四步:在接收塔安装圆极化天线;

第五步:在发射塔上安装发射天线;

第六步:配置测试回路;

第七步:处理测试数据;

第八步:不确定性估计。

9.8 轴比测量

9.8.1 圆极化天线轴比的定义

天线轴比(Axial Ratio,AR)是指任意极化波的瞬时电场矢量端点轨迹为一椭圆,椭圆的长轴和短轴之比。轴比是圆极化天线的一个重要的性能指标,它代表圆极化的纯度。当轴比 AR 趋于无穷时,为线极化;当轴比 AR 介于无穷大和 1 之间时,为椭圆极化;当轴比小于 1 时,为圆极化。工程上一般将轴比小于 3dB 的情况为圆极化。轴比不大于 3dB 的带宽,定义为天线的圆极化带宽。轴比是衡量整机对不同方向的信号增益差异性的重要指标。

9.8.2　轴比测量方法

天线轴比的测量与增益和辐射方向图测量一样,需要在微波暗室里进行。对于单探头的暗室,测量轴比的方法通常有两种:单天线旋转法和收发天线同时旋转测试法。

单天线旋转法是将源天线接网络分析仪的一端作为发射天线,待测天线接网络分析仪的另一端;待测天线固定在 0°,源天线旋转 360°,记录最大最小电平差,即为待测天线的轴比。

收发天线同时旋转法中,源天线和待测天线的安装与单天线旋转法相同,区别在于源天线在快速连续围绕收发轴旋转的同时缓慢转动待测天线,实时记录下来的图形即为待测天线的轴比方向图,方向图上任意方向的轴比就是该方向上最大和最小电平的差值。

9.9　场强测量

一个非常小的接收天线可用作场探头。探头用于测量电磁场空间幅度分布的场合。为了使探头引起的扰动最小,需要使探头相对于被测场分布的结构足够小。接收天线还用于测量绝对场强。例如,技术人员常需要知道离发射天线固定距离的场强。当然,天线方向图也可通过围绕发射机远场的一个固定距离移动接收探头来测量,这给出了相对场强的变化。因为地形和实际地面的效应很难在计算中考虑到,所以这样的测量是必要的。如果测量天线的增益已知(通常是已知的),测量出天线终端的电压后,入射于测量天线的场强即可计算出。

用图 9-14 中的模型来获取场强。传输到终端负载的功率为

$$P_L = \frac{1}{2}\frac{|V_A|^2}{R_L} = \frac{V_{A,rms}^2}{R_L} \tag{9-10}$$

式中,$V_{A,rms} = |V_A|/\sqrt{2}$,$V_A$ 是峰值电压;R_L 为终端负载阻值。

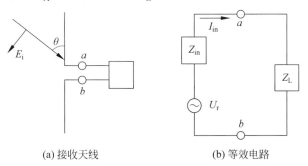

(a) 接收天线　　　　(b) 等效电路

图 9-14　接收天线的等效电路模型

传递给接收天线相连的负载功率为

$$P_L = pqP_r \tag{9-11}$$

对于非各向同性而具有增益 G_t 的发射天线,如果它指向接收机方向达到最大功率密度,则入射到接收天线的功率密度为

$$S = \frac{G_r U_{ave}}{R^2} = \frac{G_t P_t}{4\pi R^2} \tag{9-12}$$

根据式(9-11)和式(9-12)传递功率表达式的场形式是

$$P_L = pqSA_e = pq\frac{(E_{rms}^i)^2}{\eta}A_e \tag{9-13}$$

令这两个关系式相等,最后得到

$$(E_{rms}^i)^2 = \eta\frac{V_{A,rms}^2}{pqR_L}\frac{1}{A_e} = \eta\frac{V_{A,rms}^2}{pqR_L}\frac{4\pi}{G\lambda^2} \tag{9-14}$$

式中,$\lambda = c/f$ 将波长转换成频率,通过对式(9-14)两边取 $10\lg$ 将表达式用分贝表示,得

$$E_{rms}^i\left(\frac{dB\mu V}{m}\right) = V_{A,rms}(dB\mu V) + 20\lg f(MHz) - G(dB) - 10\lg R_L -$$

$$10\lg p - 10\lg q - 12.8 \tag{9-15}$$

如果电压 $V_{A,rms}$ 用 $dB\mu V$ 表示,电场强度 E 用 $dB\mu V/m$ 表示,在增益为 G 的探测天线终端测得电压 $V_{A,rms}$,该表达式可容易地计算出电场强度 E_{rms}^i。天线波束未对准的增益损失也可以考虑在内。例如,假定探测天线增益为 $6dB$,入射波在接收天线方向图比最大值低 $2dB$ 的方向到达。于是在式(9-15)应用的增益是 $4dB$ 而不是最大增益 $6dB$。

习题

1. 以被测天线工作于接收状态为例,说明如何确定最小测试距离。

2. 测试 $3cm$ 波段矩形角锥喇叭天线的方向图,待测喇叭天线和辅助喇叭天线的类型和尺寸相同,口径尺寸均为 $19.4cm \times 14.4cm$,中心波长 $\lambda_0 = 3.2cm$,试确定最小测试距离。

3. 一个发射天线,其阻抗与所连的传输线阻抗不匹配。在指定距离的辐射强度或等效功率密度比理想阻抗匹配的情况小,对传输线上的电压驻波比分别为 1.01、1.20、2.00 和 10.00 的失配情况计算减小的分贝数。

4. 对轴比为 $2dB$,倾角 $\tau = 45°$ 的右旋椭圆极化波计算复单位矢量。对以下极化的接收天线计算极化效率:

 (1) 水平线极化;

 (2) 垂直线极化;

 (3) 右旋圆极化;

 (4) 左旋圆极化;

 (5) $AR(dB) = 2$ 和 $\tau = 45°$ 的右旋椭圆极化;

 (6) $AR(dB) = 2$ 和 $\tau = 135°$ 的左旋椭圆极化。

5. 天线测试场的要求是什么?超短波和微波天线可选择什么样的测试场,采取哪些措施可消除地面反射对天线测试的影响。

6. 阐述如何测量天线的方向图。对于由实验测试数据画出的方向图,当频率改变时,方向图是否有变化?